工业用丛生竹
新种质创制与选育研究

——梁山慈竹新种质创制与选育

胡尚连 等 著

科学出版社

北京

内 容 简 介

本书从工业用丛生竹新种质创制与选育角度，较全面地总结了近年来作者在工业用大型丛生竹方面的研究成果。全书共8章，分别为梁山慈竹离体培养再生体系与遗传转化体系的研究；体细胞突变体植株遗传及株高、茎秆组成成分等相关经济性状变异；体细胞突变体早期世代耐寒能力评价；不同基因型梁山慈竹生物学特性与理化特性研究；梁山慈竹新种质的转录组分析；梁山慈竹新种质国际竹类新品种登录。

本书可为林学和园林等相关领域的专家、学者、林业科技工作者及学生提供理论参考。

图书在版编目（CIP）数据

工业用丛生竹新种质创制与选育研究：梁山慈竹新种质创制与选育/胡尚连等著．—北京：科学出版社，2022.3

ISBN 978-7-03-071808-2

Ⅰ.①工…　Ⅱ.①胡…　Ⅲ.①慈竹–选择育种–研究　Ⅳ.① S795.504

中国版本图书馆 CIP 数据核字（2022）第 042248 号

责任编辑：罗　静　岳漫宇/责任校对：宁辉彩

责任印制：吴兆东/封面设计：图阅盛世

科学出版社 出版

北京东黄城根北街 16 号

邮政编码：100717

http://www.sciencep.com

北京中科印刷有限公司 印刷

科学出版社发行　各地新华书店经销

*

2022 年 3 月第　一　版　开本：720×1000　1/16

2022 年 3 月第一次印刷　印张：14 1/2

字数：292 000

定价：220.00 元

（如有印装质量问题，我社负责调换）

著 者 名 单

主要著者　胡尚连　西南科技大学

参著人员　（按姓氏汉语拼音排序）

曹　颖　西南科技大学

陈红春　西南科技大学

黄　艳　西南科技大学

龙治坚　西南科技大学

罗学刚　西南科技大学

孙昌法　西南科技大学

徐　刚　西南科技大学

前　言

造纸行业是我国经济中的基础性产业，其与国民经济中的其他产业密切相关。随着国民经济的快速发展，我国对各类纸张的需求量越来越大。造纸原料的严重匮乏成为限制我国造纸行业快速发展的重要因素。开发优质的植物纤维原料，是降低我国对外纸浆进口依赖度和提升纸浆产品质量的重要途径。我国森林资源严重匮乏，木浆发展空间有限，发展竹浆是促进我国造纸业发展的重要途径。我国的竹林面积 600 多万 hm^2，资源丰富，种类繁多，且竹子易快繁、再生能力强，创制、筛选和培育优良浆用新竹种对解决我国造纸原料短缺问题具有重要意义。

应用基础研究是林业科技工作的源头和根本。由于竹子很难开花的特殊生物学特性，采用传统育种方法很难进行遗传改良，从而限制了竹子遗传改良进程。随着生物技术手段的长足发展，利用生物技术手段拓宽竹子遗传资源，创制高纤维/低木质素浆用竹新种质，改良和培育竹子新品种是当前研究重点。梁山慈竹是我国重要浆用竹种之一，但梁山慈竹种质比较单一，缺少用于不同类型竹浆生产的梁山慈竹新种质。因此，西南科技大学竹类植物研究所以梁山慈竹种子成熟胚离体诱导的愈伤组织为材料，采用化学诱变剂甲基磺酸乙酯进行离体诱变，获得梁山慈竹体细胞突变体植株，从 2010 年开始至 2019 年对其 M_1 代至 M_9 代植株的形态特征、生理生化特性、茎秆组成成分、遗传变异等方面进行深入研究，目的在于从创制的体细胞突变体中选育出新的种质，为梁山慈竹遗传改良提供直接或间接材料，并为其他竹类植物遗传改良的研究提供理论参考。

自 2008 年以来，西南科技大学竹类植物研究所在国家自然科学基金青年科学基金项目（31400257；31400333）、四川省“十二五”和“十三五”重点攻关项目（2011YZGG-10；2016NYZ0038）、四川省科技厅应用基础研究项目（2013JY0182；18YYJC0920）等的资助下，开展了梁山慈竹离体培养再生体系与遗传转化体系的建立；体细胞突变体 M_1 代和 M_2 代植株遗传与相关经济性状变异；体细胞突变体 M_1 代至 M_3 代植株茎秆组成成分分析；体细胞突变体早期世代耐寒能力评价；不同基因型梁山慈竹生物学特性与理化特性；梁山慈竹新种质 NO.29 和 NO.30 的转录组分析；梁山慈竹新种质国际竹类新品种登录等方面的研究，取得了一定进展，并将相关研究结果总结在《工业用丛生竹新种质创制与选育研究——梁山慈竹新种质创制与选育》一书中。本书的出版得到了四川省“十三五”和“十四五”育种攻关项目（2016NYZ0038 和 2021YFYZ0006）的支持。

全书共分 8 章。胡尚连负责全书的统稿、前言和内容简介的撰写。胡尚连、罗学刚撰写第 1 章、第 3 章，胡尚连撰写第 2 章，胡尚连、徐刚撰写第 4 章，胡尚连、龙治坚、孙昌法撰写第 5 章，胡尚连、曹颖撰写第 6 章，胡尚连、黄艳撰写第 7 章，胡尚连、龙治坚、陈红春撰写第 8 章，陈红春负责缩略语编排和全书的整理工作。感谢本研究所周建英、郭鹏飞、李晓瑞、张丽、周振华、王申昌、孙昌法硕士研究生对本研究工作的支持。

西南科技大学竹类植物研究所的研究仍处于起步阶段，尚待深入系统开展工业用丛生竹新种质创制与选育方面的研究。由于作者水平有限和经验不足，书中不妥之处，敬请有关专家、学者、科技和生产工作者及广大读者批评指正。

在本书出版之际，谨向所有关心和支持本书出版的单位、领导、专家、朋友、同学表示衷心的感谢！

胡尚连

2022 年 1 月

目　录

第 1 章　梁山慈竹离体培养再生体系与遗传转化体系的研究

竹藤资源是一种非常重要而独特的战略资源，我国竹产业已发展成为一个由资源培育、加工利用到出口贸易，再到竹林生态旅游的颇具活力和潜力的新兴产业，形成了现代竹产业链，2019 年竹产业产值达 3000 亿元。随着竹子工业化利用的快速发展及人们生活水平的不断提高，对适合不同用途的良种/新品种的定向创制和选育提出了更新更高的要求。由于竹子遗传背景的复杂性和生物学的特殊性，采用杂交育种技术对其进行遗传改良极其困难，严重制约了满足不同需求的竹新品种/种质的创制进程，问题的关键在于缺乏用于离体诱变的大型经济用竹的离体培养再生体系和通过基因工程进行竹类植物遗传改良的遗传转化体系。梁山慈竹（*Dendrocalamus farinosus*）是我国西南地区重要的经济竹种，是丛生竹中耐瘠薄、耐寒较强的优良笋材两用竹，其纤维含量高，是制浆造纸的优良原料，但以往对梁山慈竹的研究主要集中在竹材解剖（方伟等，1998）、退耕还林（笪志祥等，2007）、纤维及造纸性能（张喜，1995）、遗传多样性（蒋瑶等，2008）等方面，对梁山慈竹离体培养再生体系与遗传转化体系的研究则未见报道，因此，对其开展研究具有十分重要的意义。

1.1　梁山慈竹离体培养再生体系的研究

竹子组织培养研究有助于竹子的快速繁殖、转基因研究、无性系变异筛选等技术的发展。1968 年，Alexander 和 Rao 首次开展竹子种胚的组织培养。1982 年，Mehta 等以印度刺竹种子成熟胚为材料诱导出愈伤组织和再生植株，此后，相继出现大量竹类植物组织培养的报道。1985 年，Rao 等以牡竹成熟种子诱导形成再生植株。1986 年，Yeh 和 Chang 用绿竹的花序以体细胞胚胎发生方式再生了植株，以吊丝球竹花序和花序衍生的组织进行组织培养再生了植株；1987 年，又以麻竹种子诱导愈伤组织并再生植株。1990 年，Tasy 等报道了麻竹的花药组织培养，形成了愈伤组织和再生植株。1995 年，Chang 和 Lan 以无激素培养 1 个月的吊丝球竹再生植株根的组织成功诱导愈伤组织并再生植株。

国内也有一些竹类植物组织培养的研究，如麻竹、金丝慈竹、马来甜龙竹、巨龙竹、孝顺竹等。例如，广东省林业科学研究院于1989年开始进行竹子离体快速繁殖技术的研究，20多年来，为开发我国丛生竹资源和推广优良品种，先后进行了20余种竹子的组织培养，包括麻竹、马来甜龙竹、绿竹、印度刺竹、黄竹和牡竹等，其中多数得到生根小植株，部分已投入工厂生产。但是大部分为株型小的观赏竹类，也未见用于造纸的大型丛生竹如慈竹、梁山慈竹的离体愈伤组织诱导与植株再生体系成功建立的报道。

国内外竹的组织培养采用的外植体主要是种子、胚、竹枝、侧嫩枝顶芽、茎节间组织、茎休眠芽、幼竹笋和花药花序等，培养基有B5、MS、N_6、White和BM。不同基因型、培养基成分、激素类型和浓度及培养条件对植株诱导再生有影响。培养的途径有两种，一种是脱分化获得愈伤组织，再经过分化形成再生植株；另一种则是直接诱导芽，进一步生根获得小植株。竹的愈伤组织诱导及再生体系建立是竹遗传转化的基础和前提。

以往对竹离体培养的研究多集中在观赏竹类，而有关用于造纸的大型丛生竹离体愈伤组织诱导与植株再生体系成功建立的报道较少。本研究起始于2008年，以西南地区大型本土丛生竹——梁山慈竹种子成熟胚/茎节为材料，对其进行愈伤组织诱导与再生体系建立的研究，为纸浆用竹的遗传改良奠定基础。

1.1.1 材料

梁山慈竹种子（采自四川省泸州市）。

1.1.2 方法

1. 培养基的配制及灭菌

本研究选取MS和WPM 2种基本培养基、2种激素配方，随机组合成4种培养基进行梁山慈竹愈伤组织的诱导（4种培养基分别命名为MS1、MS2、WPM1和WPM2，由于培养基的配方和培养方法已申请国家发明专利，在此不详细列出）。各培养基中分别加入相应激素，加蔗糖30g，于1L烧杯中，调节pH至5.8，加入琼脂条7g后于电炉上熬至透明，分装于三角瓶中，封口后于高压灭菌锅内121℃灭菌20min。

2. 外植体消毒与接种

将梁山慈竹种子用70%乙醇搓洗干净后于25℃无菌水中泡胀，浸泡约24h。在超净台内用70%乙醇浸泡30s，无菌水冲洗3次，0.1% $HgCl_2$ 消毒30min，无菌水冲洗 6 次。消毒完毕的种子取胚接种于 4 种愈伤组织诱导培养基上。

3. 愈伤组织诱导

种胚接种后，暗培养 1 周，取出放在光照下培养，23 ～ 25℃，每天辅助光照 12h。每天观察记录愈伤组织诱导情况和生长情况，分别在 3 天、7 天、15 天统计愈伤组织诱导率。

4. 植株再生与移栽

愈伤组织经过继代培养获得分化愈伤组织后，将其转至丛生芽诱导培养基，诱导丛生芽分化，待丛生芽长出后转至生根培养基中诱导生根。

将长势良好的竹苗取出，洗净根部培养基，移栽至营养钵中，放置在温室内，待竹苗适应土壤后移栽至大盆。

1.1.3　结果与分析

1. 梁山慈竹种子愈伤组织的诱导

（1）种子消毒时间的确定

有活力的梁山慈竹种子经过浸泡之后能明显看出鼓起的胚，无活力的胚则仍然干瘪。挑选有活力的种子于超净台中，用 0.1% $HgCl_2$ 分别消毒 10min、20min 和 30min 后取胚接种于 MS1 中，最终确定污染率分别为 46.7%、30% 和 10%。因消毒时间过长毒害作用较大，外植体褐化死亡，故选择消毒条件为 70% 乙醇浸泡 30s，无菌水冲洗 3 次，0.1% $HgCl_2$ 消毒 30min，无菌水冲洗 6 次。

（2）愈伤组织诱导培养基的筛选

2 种激素配方、2 种基本培养基随机组合成 4 种愈伤诱导培养基，分别命名为 WPM1、WPM2、MS1 和 MS2，暗培养 3 天个别胚开始启动，7 天左右基本全部启动，脱分化形成愈伤组织。4 种培养基与愈伤组织诱导情况见表 1-1。

表 1-1　不同培养基上的愈伤组织诱导率

配方	培养基	愈伤组织诱导率		
		3 天	7 天	15 天
1 号配方	WPM1	29.6%	77.8%	81.5%
	MS1	34.5%	69.0%	82.8%
2 号配方	WPM2	48.1%	81.5%	92.6%
	MS2	48.0%	84.0%	96.0%

在 WPM1、MS1、WPM2 和 MS2 4 种培养基上，梁山慈竹种胚接种 3 天后均有膨大迹象，进入愈伤组织诱导的启动期，7 天后基本形成愈伤组织，15 天左右出愈率分别达到 81.5%、82.8%、92.6% 和 96.0%。从激素配比来看，2 号配方的 WPM2 和 MS2 愈伤组织诱导率明显高于 1 号配方的 WPM1 和 MS1。由此可知，2 号激素配方更有利于愈伤组织的发生与形成。从基本培养基来看，WPM 培养基容易诱导芽和根，这在诱导初期不利于愈伤组织的生长和增殖，MS 培养基则极少出现生根现象，且愈伤组织的长势快，状态良好。综合比较 4 种培养基，MS2 为诱导梁山慈竹愈伤组织的最佳培养基。

（3）愈伤组织的诱导及分化

为记录梁山慈竹愈伤组织各时期的生长情况和形态，以及各类型愈伤组织产生的时间，以 MS2 培养基中的愈伤组织为对象，观察记录梁山慈竹愈伤组织的生长情况。

愈伤组织接种 3 天后开始膨大，进入愈伤组织诱导启动期（图 1-1B），15 天左右基本形成愈伤组织，主要性状为白色至乳白色，外表光滑较透明，质地外松内硬（图 1-1C）。在 15 ～ 30 天，进入愈伤组织分裂期，愈伤组织除体积变大外，在形态和性状上变化不大，有少部分胚诱导的愈伤组织开始褐化，这与接种胚的质量有关（图 1-1D）。

图 1-1　梁山慈竹种子成熟胚愈伤组织诱导与分化

A. 梁山慈竹成熟种子；B. 诱导时期的愈伤组织；C. 分裂时期的愈伤组织；D. 褐化愈伤组织；E. 带紫红色斑点的愈伤组织；F. 分化时期的愈伤组织

30 天后，愈伤组织进入分化期，大部分愈伤组织体积迅速变大，长出疏松易碎的颗粒状愈伤组织，乳白色至黄绿色，非水渍状，质地均匀较硬，增殖能力强（图 1-1F）；少部分愈伤组织未能进入分化期，仍然为白色或乳白色，外表光滑，水渍状，质地外松内硬，不易分离，随继代时间延长，逐渐褐化死亡（图 1-1D）；另外，还发现有一些愈伤组织在分化过程中，表面出现紫红色斑点（图 1-1E），这类愈伤组织分化前整体颜色为白色至浅黄色，呈干爽松散的颗粒状，增殖能力极强，且不易褐化，在分化阶段出现紫红色斑点，最终分化出白化苗。白化苗转至生根培养基同样诱导出根（图 1-2D），但本研究中的白化苗发生率极低，仅为 0.02%。

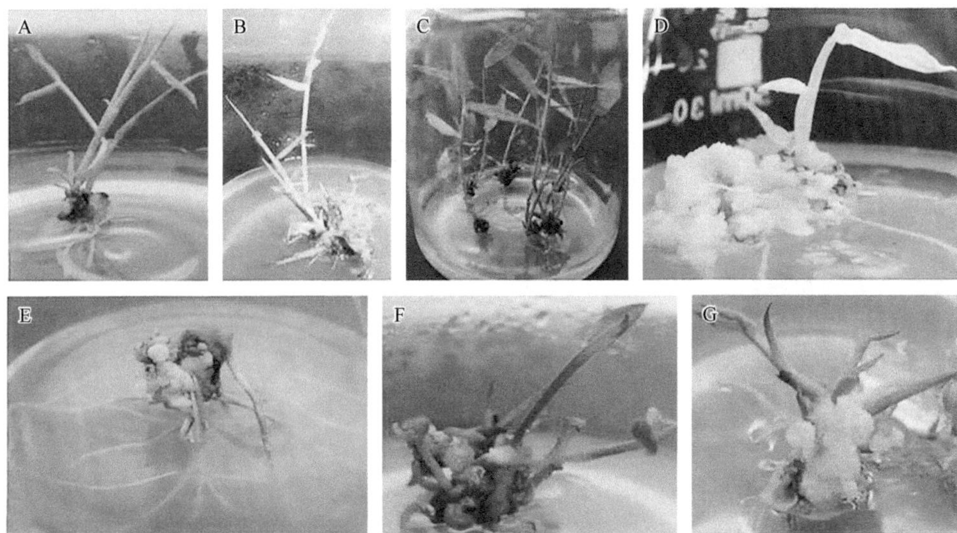

图 1-2　愈伤组织的器官发生与植株再生

A. 从生芽和从生根同时发生的再生植株；B. 浅绿色丛生芽；C. 再生小植株；D. 由紫红色斑点的愈伤组织分化出白化苗；E. 愈伤组织先分化出丛生根再分化出芽；F、G. 愈伤组织先分化出芽，然后在下方诱导生根

2. 梁山慈竹植株再生

（1）愈伤组织的器官发生和植株再生

接种 30 天左右，处于分化时期的愈伤组织开始器官发生，出现不同类型：第一种类型是深绿色丛生芽和丛生根同时发生，且再生小植株不易分株（图 1-2A）；第二种类型是深绿色丛生芽和丛生根同时发生，发生后易将植株分开，且可以成活（图 1-2C）；第三种类型为分化出浅绿色丛生芽，诱导生根后，再生小植株移栽失绿死亡（图 1-2B）；第四种类型为先分化出丛生根，在其上方分化出丛生芽，形成小植株（图 1-2E）；第五种类型是先分化出深绿色丛生芽，转入生根培养基上可进一步在其下方诱导出丛生根，形成小植株（图 1-2F 和图 1-2G）。梁山慈竹愈伤组织植株再生过程绝大多数以第二种和第五种类型为主。

（2）芽诱导生根

分化愈伤组织直接诱导出芽后，将其转至生根培养基，15 天左右可诱导出茁壮的根系（图 1-3A）。一种类型为丛生芽的下方诱导出呈辐射状生长的多条茁壮不定根，在初始不定根上再长出侧根（图 1-3B 和图 1-3C）；另一种类型为芽的下方长出茁壮的多条不定根，在初始不定根上无侧根发生（图 1-3D 和图 1-3E）。

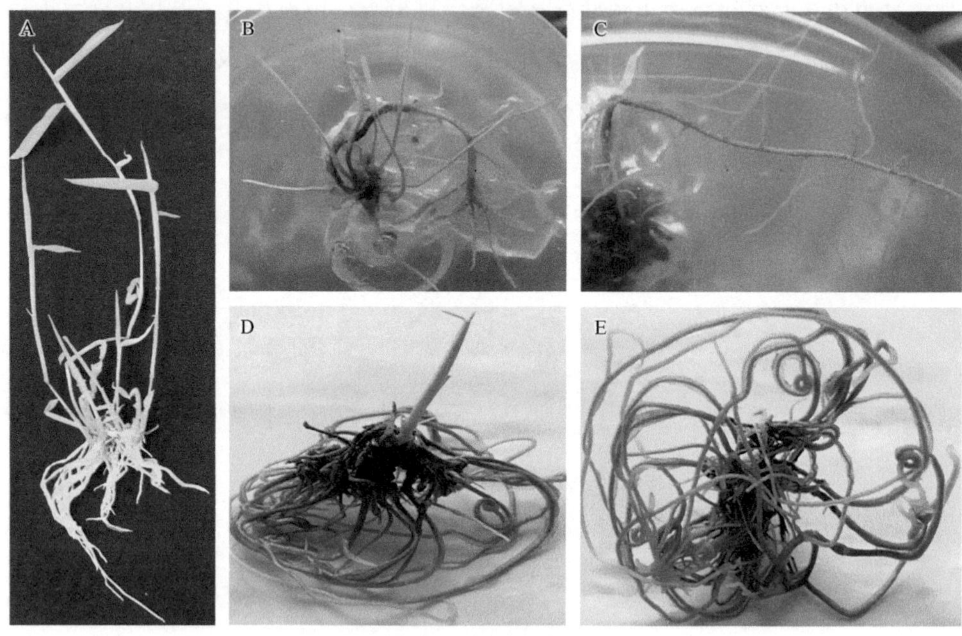

图 1-3　芽诱导生根

A. 经过生根诱导的再生植株；B. 辐射状的不定根系；C. 初始不定根上长出侧根；D、E. 初始不定根上无侧根长出

3. 梁山慈竹无菌苗愈伤组织的诱导及植株再生

在超净台内剪取梁山慈竹无菌苗幼嫩枝条、嫩芽或嫩叶，接种于愈伤诱导培养基 MS2 上，观察并统计愈伤组织生长情况，结果如表 1-2 所示。

表 1-2　不同外植体的愈伤组织诱导率和性状

接种材料	出愈率	发生部位	愈伤情况
嫩芽	91.3%	切口处和芽尖	白色团状，水渍状，质地软，易褐化
带节嫩枝	90.6%	节部	白色球状，非水渍状，质地硬，不易褐化

本研究选取无菌苗的嫩芽、带节嫩茎段、不带节嫩茎段、嫩叶和叶鞘 5 种外植体接种于愈伤组织诱导培养基 MS2 中进行预实验，结果表明，嫩叶、叶鞘和不带节嫩茎段接种 1 周左右开始黄化，然后逐渐萎蔫死亡，完全不形成愈伤组织；只

有嫩芽和带节嫩茎段形成愈伤组织。嫩芽在接种 10 天左右即有愈伤组织发生，带节嫩茎段愈伤组织发生稍晚于嫩芽。嫩芽在切口处（图 1-4A）和芽尖处（图 1-4C）均能形成白色团状愈伤组织，该愈伤组织水渍状、质地柔软、易褐化；而带节嫩茎段在节处膨大形成非水渍状的球状愈伤组织（图 1-4B），在后期会直接分化出芽和根，且多数为单芽，不易于增殖（图 1-4E）。当愈伤组织发生后，原外植体渐渐黄化枯萎，若不及时将愈伤组织与原外植体分离，愈伤组织则会随着原外植体褐化而死亡。

图 1-4　梁山慈竹无菌苗不同外植体诱导的愈伤组织

A. 嫩芽创口处诱导的愈伤组织；B. 带节嫩茎段在节部诱导出愈伤组织；C. 嫩芽芽尖诱导出愈伤组织；D. 分化出芽体的愈伤组织；E. 节部处愈伤组织分化出芽和根；F. 截除顶芽的竹苗

将嫩芽愈伤组织取下转接至新鲜培养基，15 天左右可形成新的表面干爽且质地较硬的黄绿色新鲜愈伤组织，随即进入丛生芽分化阶段。将其转至分化培养基和生根培养基上可以顺利分化出丛生芽和根，形成完整植株（图 1-5D）。在诱导初期，较老的带节茎段的节部明显膨大，进入诱导后期则在膨大部位长出芽和根，

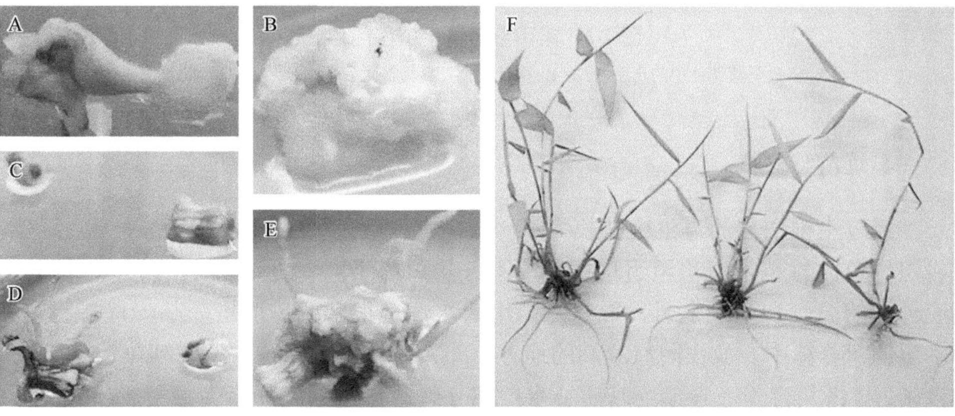

图 1-5　嫩芽芽尖胚性愈伤组织与植株再生

A. 嫩芽芽尖诱导出的愈伤组织；B. 进入分化阶段的芽尖愈伤组织；C. 剥离愈伤组织的胚状体；D. 胚状体萌发成小植株；E. 由芽尖愈伤组织发生的胚状体；F. 由芽尖愈伤组织得到的再生植株

这类芽多数为较纤细微弱的单芽（图 1-5E），不利于存活，可以采取截去顶芽的方式促进侧芽生成，进而获得强壮的再生植株（图 1-5F）。

研究还发现，嫩芽芽尖处发生的愈伤组织生长速度快、增殖能力强，且增殖的愈伤组织经过长期继代仍然保持良好的胚性，可以形成胚性愈伤组织，进而获得再生植株，是非常优良的增殖材料（图 1-6）。但是芽尖愈伤组织在诱导过程中很少发生，在本试验中只发现 3 个此类愈伤组织无性系。

图 1-6　梁山慈竹再生植株的移栽

A. 移栽至营养钵中的再生植株；B. 移栽 1 个月后转至大盆；C. 移栽 6 个月后的竹苗；D. 移栽后一部分竹苗逐渐黄化死亡

4. 炼苗与移栽

经过生根诱导的再生植株长势不一致，有的颜色为深绿色，有的则是浅绿色，将深绿色的竹苗带瓶移至组培室外，不开封口膜于温室外炼苗 2 ～ 3 天，使其适应外面的温度和光照之后，取出竹苗用清水洗净根部的琼脂培养基，移栽至装满基质的营养钵中，放在阴凉湿润的地方，并人工辅助光照，温度控制在 25℃左右，以 1/2 霍格兰营养液定期给基质补水，部分竹苗在这期间渐渐失绿最后萎蔫死亡。成活竹苗适应土壤后，移栽至大盆（图 1-6），移栽结果见表 1-3。

表 1-3　再生植株移栽成活率统计

盆土基质	成活率	生长势
腐叶土：石英砂：壤土 =1：1：1	31.6%	良好，初期缓慢
腐叶土：石英砂：壤土 =2：1：1	74.2%	良好，长势稳定迅速

腐叶土：石英砂：壤土 =2：1：1 基质的移栽成活率达到 74.2%，明显高于 1：1：1 的基质，这应该与基质的通透性和养分有关，试验中所用的壤土比较贫瘠，竹苗所需养分主要靠腐叶土供给，而且腐叶土有利于增加基质通透性。

1.1.4　小结

1. 梁山慈竹愈伤组织的类型

Armstrong（1985）认为愈伤组织诱导因为 2,4-D 的浓度不同会产生以下 3 种愈伤组织：Ⅰ型，结构致密、复杂多样、生长缓慢，通过器官发生途径分化芽和根，产生胚状体较少，不易长期继代；Ⅱ型，结构松散易碎、呈颗粒状、生长较快，长期继代仍有胚性，能通过胚状体途径再生，该类型多在 2,4-D 浓度为 5mg/L 时形成；Ⅲ型，白色透明或半透明、结构黏软、水浸状，容易继代培养，但几乎都为丧失分化能力的非胚性愈伤组织，此类愈伤组织多在 2,4-D 浓度为 8 ～ 12mg/L 时形成。根据该标准，本研究中的疏松易碎型愈伤组织易于分化成苗。

在研究中发现，两类愈伤组织的发生也受到培养基水分和硬度的影响。干爽的培养基利于愈伤组织的增殖分化，湿润的培养基容易诱导出水渍状愈伤组织，且增加褐化率。

2. 影响梁山慈竹愈伤组织再分化的因素

愈伤组织在离体培养过程中，组织和细胞的潜在发育能力可以在某种程度上得到表达，伴随着反复的细胞分裂，又开始新的分化。将脱分化的细胞团或组织经重新分化而产生出新的具有特定结构和功能的组织或器官的现象，称为再分化。前人研究证明影响愈伤组织细胞分化的因素有蔗糖浓度、植物激素等，其中植物激素影响较大。还有研究表明，不同光质照射对愈伤组织诱导分化也有影响。梁钾贤等（2006）对甘蔗愈伤组织分化出苗受光质影响做了研究，结果表明，红光对甘蔗愈伤组织的诱导分化出苗有明显的促进作用，白光次之，而蓝光最差。

本研究中梁山慈竹种胚诱导 3 天左右进入愈伤组织启动期，最短 30 天可分化获得再生植株。由分裂期转入分化期的愈伤组织，可以不断继代增殖半年以上，每次继代均有分化，再生周期也不同。本研究中用同一种培养基诱导的愈伤组织再分化时间因愈伤组织的类型不同而有较大差异，同一类型愈伤组织之间也有差异。认为其原因在于个别愈伤组织分化出芽后，未及时剥离并转出芽体，芽在生长过程中产生一些植物激素，使培养基中的激素浓度失衡，影响愈伤组织的其他部位和瓶中的其他愈伤组织。愈伤组织快速分化，不定期分化在很大程度上影响愈伤组织的继代增殖，是今后研究中需要克服的一大问题。

3. 梁山慈竹愈伤组织生根特性

研究发现，梁山慈竹愈伤组织极易生根。不管是在种胚愈伤组织诱导期还是分化期，都很容易生根，这与其他竹类植物的报道相同。而在诱导初期，不定根的生长会影响愈伤组织的增殖和进一步分化，对愈伤组织不利，在继代时应该剪去根再继代。

竹类植物容易生根的特性还体现在带节嫩茎段诱导的愈伤组织很快长出单芽和根，这个特性更接近以芽繁芽的快速繁殖方式。

此外，研究还发现，除了愈伤组织和丛生芽容易诱导生根外，离体的根也同样具有很强的活性和长势，取其根接种于愈伤诱导培养基 MS2 中，初期和中期膨大成愈伤组织形式（图 1-7A 和图 1-7B），随即分化成许多根，而且具有向地性，多数根扎入培养基不断伸长，颜色多为绿色，形成强壮的根系（图 1-7C）。这除与竹容易生根的特性有关外，还与培养基中激素的比例有关。当生长素和细胞分裂素的比例较高时，促进根的分化；中等浓度的生长素和细胞分裂素的比例维持愈伤的生长；较低的生长素和细胞分裂素比例促进芽的分化。对于容易生根的竹来说，在愈伤组织诱导和丛生芽分化阶段应该尽量降低生长素和细胞分裂素的比例。

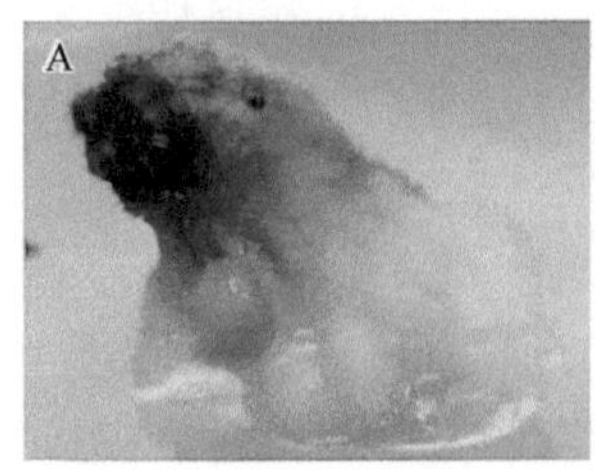

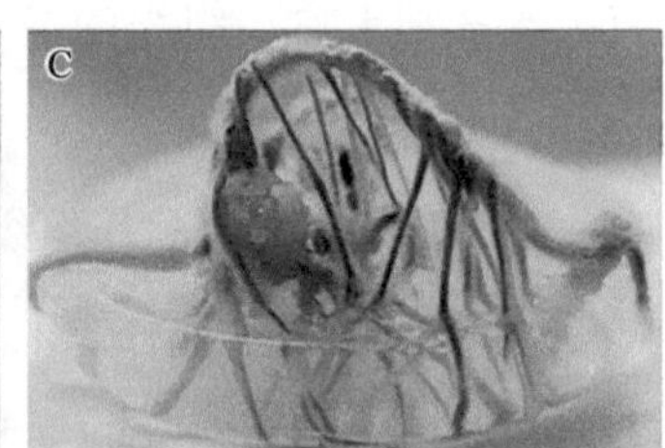

图 1-7 离体培养的根组织

A. 离体的根诱导初期；B. 离体的根诱导中期；C. 离体的根诱导末期

4. 愈伤组织的褐化

愈伤组织褐化是组织培养中常见的现象和问题。关于解决愈伤组织褐化、降低褐化率的方法，国内外的研究已有很多，常用抗褐化剂有抗氧化剂维生素 C、表面活性剂聚乙烯吡咯烷酮、吸附物质活性炭等。竹类植物，尤其是大型竹类植物组织培养的褐化现象更是严重。但本研究所用的培养基均未添加任何抗褐化剂，通过适当继代培养可有效控制梁山慈竹成熟胚愈伤组织褐化率，另外将培养基放置一段时间，待培养基干爽后再使用对降低褐化率也有帮助。

5. 白化苗的发生

白化苗是由于基因突变导致的叶绿素缺乏，表现出与正常植株不一样的颜色（多数表现为白色），不能正常生长。在多数植物组培苗中都存在白化现象。本研究中发现有少数白色至浅黄色的愈伤组织，呈干爽松散颗粒状，生命力旺盛，增殖能力极强，褐化率低。但这些愈伤组织经过进一步诱导后出现紫红色斑点，分化出白化苗。取白化苗的嫩芽和嫩茎段作为外植体同样可以诱导愈伤组织的发生，但其愈伤组织仍然分化出白化苗。白化苗在培养基中能长高，且易于诱导生根，但是移栽后全部死亡，基本无繁殖和利用价值。本研究中白化苗发生率极低，仅为 0.02%。

1.1.5　结论

以梁山慈竹种胚为外植体，在 4 种培养基上进行愈伤组织诱导。结果表明，4 种培养基均能诱导梁山慈竹种胚形成愈伤组织。但 MS 诱导效果优于 WPM；2 号激素配比更有利于愈伤组织的发生。种胚接种到 MS2 上 3 天后开始膨大，进入愈伤组织诱导启动期；15 天左右进入分裂期；30 天后进入分化期，形成乳白色至黄绿色、非水渍状、质地均匀较硬、疏松易碎、增殖能力强的颗粒状组织，愈伤组织诱导率高达 96%。

研究中发现，梁山慈竹愈伤组织有多种器官发生形式，如丛生芽和丛生根同时发生、先分化丛生芽再诱导生根、先分化出丛生根再分化丛生芽等。不同发生形式的再生小植株的分株性能存在较大差异。再生植株移栽至腐叶土∶石英砂∶壤土 =2∶1∶1 的基质中成活率为 74.2%。

在培养基 MS2 上，以梁山慈竹无菌苗不同部位为外植体也能诱导出愈伤组织，并形成再生植株，嫩芽和幼嫩带节茎段诱导效果较好。

1.2　梁山慈竹农杆菌介导法遗传转化体系的研究

在竹类植物分子标记、功能基因的分离与鉴定等方面的研究取得了一定的进展，但仍滞后于如水稻（*Oryza sativa*）、玉米（*Zea mays*）、小麦（*Triticum aestivum*）等禾本科（Gramineae）农作物。由于竹子本身很难开花的特殊生物学特性，限制了竹子遗传改良进程。近年来在调控木质素合成酶基因克隆（金顺玉等，2010；胡尚连等，2009）、纤维素合成酶基因克隆（张智俊等，2010；杜亮亮等，2010）等方面的研究取得了一定的进展，但仍未见遗传转化竹的相关报道，这也严重制约了基因工程在竹遗传改良方面的应用。

梁山慈竹（*Dendrocalamus farinosus*）为竹亚科（Bambusoideae）牡竹属（*Dendrocalamus*）植物，是四川省本土大型丛生竹种之一，耐寒性较强，是优质高产纸浆用材的原料，具有较好的水土保持作用，能够明显地减少地表径流和泥沙侵蚀。长期以来对梁山慈竹的研究主要集中在竹材解剖（方伟等，1998）、退耕还林中的水土保持效应（笪志祥等，2007）、纤维及造纸性能（张喜，1995）、遗传多样性（蒋瑶等，2008）及愈伤组织诱导与植株再生（Hu et al.，2011）等方面，而遗传转化方面的研究至今尚未见报道。西南科技大学竹类植物研究所采用 RACE 技术已克隆到慈竹（*Bambusa emeiensis*）的 4CL（4-香豆酸 CoA 连接酶，4-coumarate: CoA ligase）全长 cDNA 序列（GenBank：EU327341）（胡尚连等，2009），并已构建好具有降低木质素含量的 pBI121-4CL-RNAi 表达载体（周建英等，2010），同时也建立了梁山慈竹愈伤组织培养与植株再生体系（Hu et al.，2011），为本研究奠定了良好的基础。鉴于此，本节以梁山慈竹种子成熟胚的愈伤组织为材料，采用根癌农杆菌（*Agrobacterium tumefaciens*）介导法将构建好的 pBI121-4CL-RNAi 表达载体导入梁山慈竹愈伤组织，通过研究影响梁山慈竹遗传转化的因素，建立农杆菌遗传转化梁山慈竹的方法，获得转基因植株，为梁山慈竹遗传转化研究奠定基础，为竹功能基因组学研究提供了一个平台。

1.2.1 材料与方法

1. 植物材料

本研究起始于 2009 年，以梁山慈竹两种类型的成熟胚愈伤组织（第 1 种类型为淡黄色、颗粒状、疏松易碎的胚性愈伤组织；第 2 种类型为有绿色芽点的颗粒状胚性愈伤组织）作为转化受体（图 1-8）。

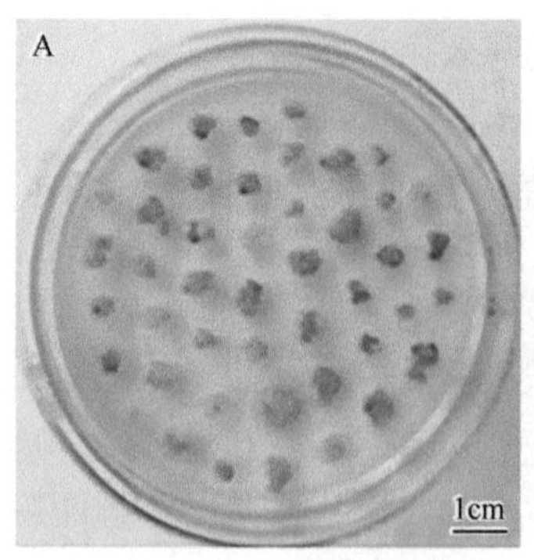

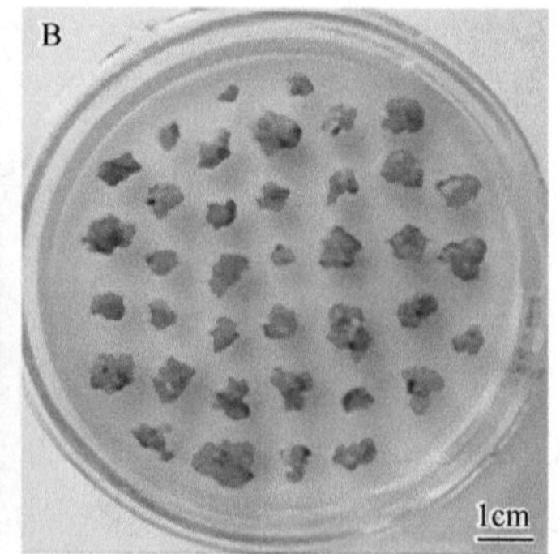

图 1-8 两种不同的转化受体

A. 第 1 种类型的愈伤组织；B. 第 2 种类型的愈伤组织

2. 主要培养基

基本培养基：改良的愈伤组织诱导培养基（MS2）。侵染培养基：由液体 MS2、稀释后的根癌农杆菌菌液和 100μmol/L 的乙酰丁香酮（AS）组成。共培养的培养基：由固体 MS2 培养基和 100μmol/L 的 AS 组成。抗性筛选培养基：由固体 MS2、55mg/L 卡那霉素（Kana）和 500mg/L 羧苄青霉素（Carb）组成，筛选 30 天后，抗性愈伤组织转接到固体 MS2+300mg/L Carb 的继代培养基上。芽诱导培养基：当抗性愈伤组织分化出绿色芽点时，将其转接到用于诱导芽分化的固体培养基（MA1）上，同时加入 300mg/L Carb。根诱导培养基：当芽长到 3 ～ 5cm 高时，将其转接到含 100mg/L Carb 的生根培养基（Hu et al.，2011）上，进行根的诱导。

3. 根癌农杆菌菌株及质粒

根癌农杆菌菌株为 EHA105，采用冻融法，将构建好的 pBI121-4CL-RNAi 质粒转化根癌农杆菌 EHA105，该质粒携带 *4CL* 基因和抗卡那霉素的 *NPTII* 选择基因。

4. 根癌农杆菌的活化

挑取已转入 pBI121-4CL-RNAi 质粒的农杆菌，在含有 50mg/L 利福平和 100mg/L Kana 的 LB 平板上划线，在 28℃培养箱中培养 2 天，挑单菌于 3mL 摇菌管中，28℃摇动培养 2 天，以菌液为模板，采用周建英等（2010）设计的引物，在 PTC-200 PCR 自动扩增仪上分别扩增正向 *Na4CL-F* 和反向 *Na4CL-R* 基因目标片段约 600bp（图 1-9），电泳验证正确的菌液保存备用。

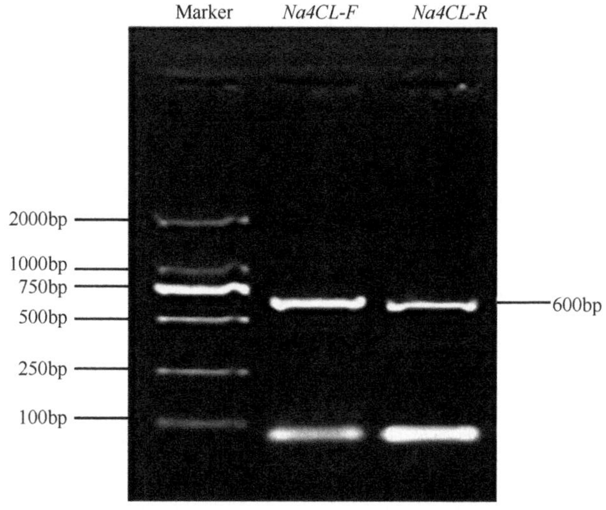

图 1-9　pBI121-4CL-RNAi 根癌农杆菌菌液 PCR 验证

5. 根癌农杆菌遗传介导梁山慈竹愈伤组织的方法

（1）Kana 抗性筛选浓度的确定

将梁山慈竹第 1 种类型的愈伤组织接种在含 15mg/L、35mg/L、55mg/L、75mg/L、100mg/L Kana 的 MS2 培养基上，共 5 个处理，每个处理 3 次重复，每次 30 ～ 40 块愈伤组织。30 天后统计愈伤组织褐化率，以确定抗性筛选时 Kana 的使用浓度。经试验，Kana 以 55mg/L 为宜。

（2）外植体的筛选

用含有 pBI121-4CL-RNAi 质粒的根癌农杆菌遗传转化两种不同类型的愈伤组织，在 MS2+55mg/L Kana+500mg/L Carb 的固体培养基上筛选 30 天后，观察并统计其褐化率，选择适宜的转化受体。

（3）预培养时间的确定

以预培养 0 天、4 天、8 天、15 天的第 1 种类型的愈伤组织作为受体材料，在 OD_{600}=0.2 的菌液中，110r/min、28℃的条件下侵染 20min，然后接种在表面加有 1 层无菌滤纸的共培养基上，25℃黑暗培养 2 天，再将其置于 MS2+55mg/L Kana+500mg/L Carb 的固体培养基上，共 4 个处理，每个处理 3 次重复，每次 30 ～ 40 块愈伤组织。筛选培养 30 天，观察并统计愈伤组织褐化率，选择合适的预培养时间。

（4）根癌农杆菌菌液浓度与侵染时间的确定

将已确定较适宜预培养天数的第 1 种类型愈伤组织，分别在 OD_{600} 值为 0.05、0.2、0.5 的菌液中，110r/min、28℃的条件下侵染 10min、20min、30min，然后将其接种在表面加有 1 层无菌滤纸的共培养基上，25℃黑暗培养 2 天，再将其置于 MS2+55mg/L Kana+500mg/L Carb 的固体培养基上，每个处理 3 次重复，每次 30 ～ 40 块愈伤组织。筛选培养 30 天，观察并统计愈伤组织褐化率，确定抗性愈伤组织获得率较高的组合。

（5）共培养时间、温度及方式的确定

将已确定较适宜预培养天数的第 1 种类型愈伤组织，分别在 OD_{600} 值为 0.05、0.2、0.5 的菌液中，110r/min、28℃的条件下侵染 20min 后，分别在 25℃、28℃条件下，将其接种在表面加有 1 层无菌滤纸和不加无菌滤纸的共培养基上，分别黑暗培养 2 天、3 天，然后将其置于 MS2+55mg/L Kana+500mg/L Carb 的固体培养基上，每个处理 3 次重复，每次 30 ～ 40 块愈伤组织。抗性筛选 30 天，确定最佳共培养时间、温度和共培养方式。

（6）AS 浓度的确定

将预培养 8 天的第 1 种类型的愈伤组织，在 OD_{600}=0.05 的菌液中，110r/min、28℃的条件下侵染 20min 后，将其接种在表面加有 1 层无菌滤纸的共培养基上，在 25℃条件下，黑暗培养 2 天，在侵染液和共培养基中同时添加 AS，AS 浓度分别设置为 0μmol/L、50μmol/L、100μmol/L 和 200μmol/L 4 个处理，每个处理 3 次重复，每次 30 ～ 40 块愈伤组织，需准备约 480 块愈伤组织。通过筛选培养后，统计抗性愈伤组织获得率。

（7）共培养后脱菌处理对愈伤组织生长的影响

将预培养 8 天的第 1 种类型的愈伤组织，在 OD_{600}=0.05 的菌液中，110r/min、28℃的条件下侵染 20min 后，将其接种在表面加有 1 层无菌滤纸的共培养基上，25℃黑暗培养 2 天，侵染液和共培养基中 AS 浓度为 100μmol/L。共培养后的愈伤组织，用含有 200mg/L Carb 的无菌水进行洗菌或不洗菌处理，然后用无菌滤纸吸干表面的水分，转接在固体筛选培养基上，观察愈伤组织生长状况，统计抗性愈伤组织获得率。

（8）抗性愈伤组织筛选与植株再生

共培养结束后，将愈伤组织转接到抗性筛选培养基（MS2+55mg/L Kana+500mg/L Carb）上，然后将筛选 30 天的抗性愈伤组织，转入含有 300mg/L Carb 的 MS2 培养基上继代培养，每 2 ～ 3 周继代 1 次，将培养至泛绿的愈伤组织转接到芽诱导分化培养基（MA1+300mg/L Carb）上，待芽长至 3 ～ 5cm 后，将其转接到生根培养基上。

6. PCR 与 RT-PCR 检测

以筛选培养 2 个月的抗性愈伤组织及其抗性植株为材料，分别在液氮中迅速研磨后，采用无根生化科技（北京）有限公司的试剂盒分别提取 DNA 和 RNA。

扩增 *NPTⅡ* 全长引物序列为 F：AGAGGCTATTCGGCTATGACTG；R：ACTCGTCAAGAAGGCGATAGAA。

扩增 *4CL* 基因引物序列为 F：TAGGACAGGGCTATGGGATG；R：ATGCAAATCTCCCCTGACTG。

扩增 *Tublin* 内参基因引物序列为 F：AACATGTTGCCTGAGGTTCC；R：GTTCTTGGCATCCCACATCT。序列由生工生物工程（上海）股份有限公司合成。

NPTⅡ-PCR 检测：PCR 扩增体系为 20μL。反应程序：95℃预变性 3min；95℃变性 30s，65℃退火 30s，72℃延伸 50s，35 个循环；72℃延伸 5min。取 PCR 产物 5μL 在 1% 琼脂糖凝胶上进行电泳检测。

RT-PCR 检测：选择已导入 *4CL* 基因的愈伤组织和植株的 RNA 为模板，由宝生物工程（大连）有限公司的 Reverse Transcriptase M-MLV（RNase H$^-$）反转录试剂盒提供的试剂，进行 cDNA 合成反应，然后通过 Bio-Rad 公司的 PTC-200 PCR 自动扩增仪进行扩增。反应体系为 20μL，42℃保温 1.5h，70℃保温 15min，停止反转录反应，取出合成的 cDNA 产物，–20℃条件下保存。*4CL* 基因、*Tublin* 基因的 RT-PCR 扩增反应体系都为 20μL，取 2μL cDNA 模板，95℃ 3min，95℃ 30s，56℃ 30s，72℃ 45s，72℃ 10min，30 个循环。PCR 反应产物在 1% 琼脂糖凝胶上进行电泳。

1.2.2 结果与分析

1. Kana 抗性筛选浓度的确定

Kana 浓度的敏感性试验结果表明，随着浓度不断提高，没有转基因的梁山慈竹第 1 种类型愈伤组织表现出明显褐化现象，由表 1-4 可知，Kana 对梁山慈竹愈伤组织具有强烈的抑制作用，30 天后，在 Kana 浓度为 55mg/L 的培养基上，愈伤组织的褐化率为 48.7%; Kana 浓度为 100mg/L 的培养基上，62.0% 的愈伤组织褐化死亡。由于竹愈伤组织再生植株较难，所以本研究以 55mg/L 的 Kana 作为抗性筛选浓度。

表 1-4 Kana 浓度对梁山慈竹第 1 种类型愈伤组织的作用

Kana 浓度 /（mg/L）	愈伤组织的褐化率 /%
	27.0（±3.65）
15	34.0（±2.95）
35	36.0（±3.17）
55	48.7（±2.18）
75	53.0（±0.31）
100	62.0（±4.37）

2. 外植体的筛选

在遗传转化过程中，受体材料的类型十分重要。用含有 pBI121-4CL-RNAi 质粒的农杆菌遗传转化两种不同类型的愈伤组织、无菌苗嫩茎段，共培养 2 ～ 3 天后，转到筛选培养基上，筛选培养 30 天。

第 1 种类型的愈伤组织（图 1-10A），即淡黄色、颗粒状和疏松易碎的胚性愈伤组织，在抗性培养基上筛选时，其抗性愈伤组织获得率可达 90%，生长状况较好，有部分愈伤组织表面产生绿色芽点，进入分化阶段。

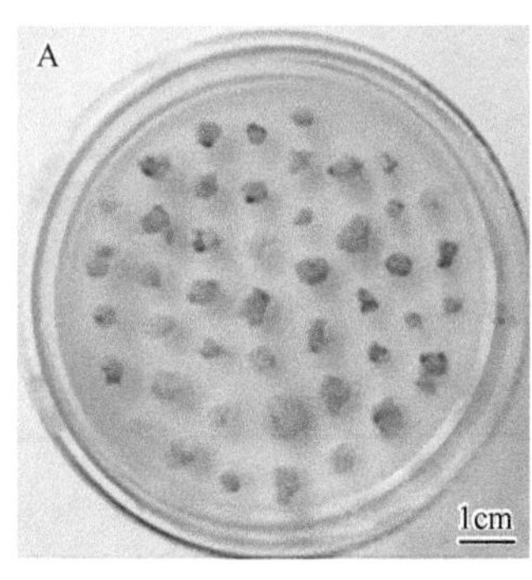

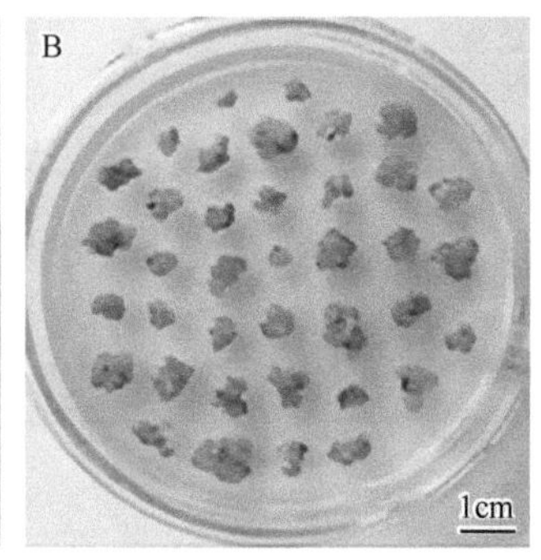

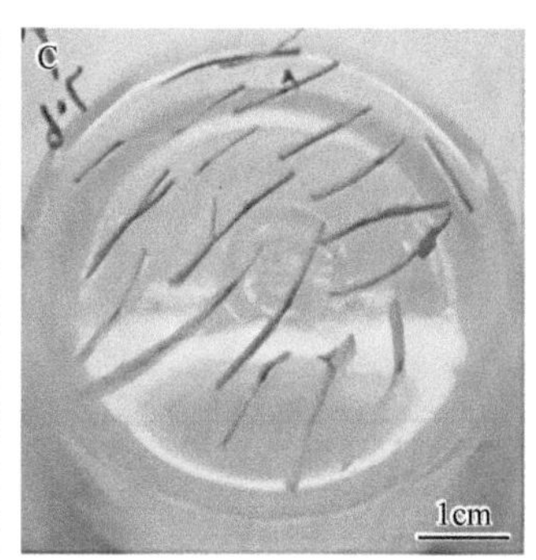

图 1-10　三种不同的转化受体

A. 第 1 种类型的愈伤组织；B. 第 2 种类型的愈伤组织；C. 无菌苗嫩茎段

第 2 种类型的愈伤组织（图 1-10B），即表面有绿色芽点的颗粒状胚性愈伤组织，在抗性培养基上筛选时，其抗性愈伤组织获得率为 50%，但是在诱导芽分化时，其易受农杆菌和抗生素的影响，大部分褐化死亡，且褐化的愈伤组织周围有农杆菌生长。

无菌苗嫩茎段（图 1-10C）在共培养 3 天后，茎的两端褐化，而在筛选 30 天后全部褐化死亡，不适合作为遗传转化受体。

综上所述，淡黄色、颗粒状和疏松易碎的第 1 种类型胚性愈伤组织，在抗性培养基上筛选时，其抗性愈伤组织获得率最高，生长状况良好，易于分化，比表面有绿色芽点的第 2 种类型胚性愈伤组织、无菌苗嫩茎段，更适合用于梁山慈竹遗传转化的受体。因此，在后续的研究中，采用第 1 种类型的胚性愈伤组织为遗传转化受体。

3. 外植体预培养时间对愈伤组织遗传转化的影响

在遗传转化过程中，受体材料的状态也很重要。选择淡黄色、颗粒状、疏松易碎、生长分裂旺盛的胚性愈伤组织作为转化受体材料。试验结果表明，以预培养 8 天、生长良好的愈伤组织为受体材料，更有利于遗传转化（图 1-11）。

4. 农杆菌菌液浓度、侵染时间对愈伤组织遗传转化的影响

农杆菌接种侵染的过程是农杆菌侵入植物组织并吸附在植物细胞上的过程，侵染时间越久，农杆菌吸附在植物细胞上的数量也就越多。而在本研究中，菌液浓度过高、侵染时间过长，梁山慈竹抗性愈伤组织获得率呈降低趋势（图 1-12）。所以，对梁山慈竹愈伤组织侵染时，农杆菌浓度以 OD_{600}=0.05 和 OD_{600}=0.2 较为适宜，侵染时间为 20min。

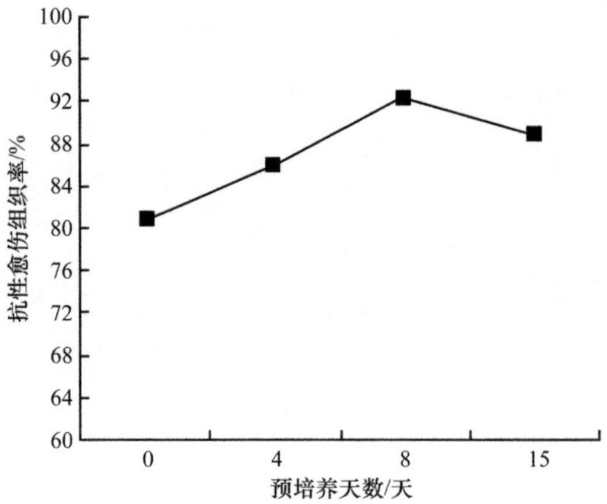

图 1-11 外植体预培养对遗传转化的影响

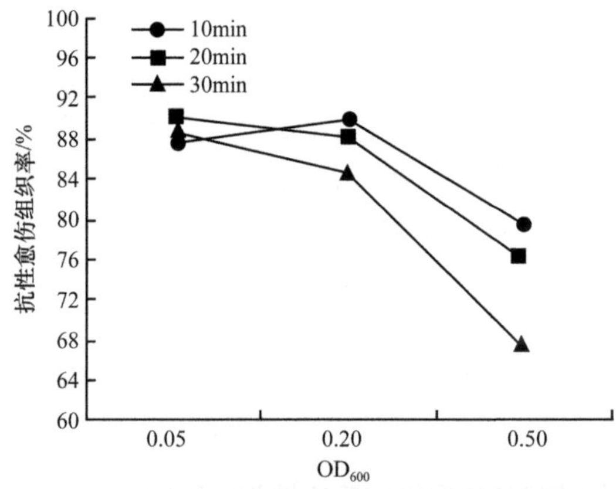

图 1-12 菌液浓度和侵染时间对遗传转化的影响

5. 共培养时间、温度及方式对愈伤组织遗传转化的影响

共培养时间的长短对遗传转化有着很大的影响。本研究表明，菌液浓度越高，共培养时间越久，愈伤组织褐化越严重，抗性愈伤组织获得率也越低（图 1-13），且周围有农杆菌生长，没有褐化的愈伤组织表面呈暗黄色。侵染后的愈伤组织分别在 25℃、28℃下共培养时，愈伤组织褐化程度较低的共培养温度是 25℃，且在共培养基表面加 1 层无菌滤纸，能有效抑制农杆菌的生长和减少愈伤组织的褐化。在共培养 2 天时，OD_{600}=0.05 侵染愈伤组织 20min 时，可获得较高的抗性愈伤组织获得率（90%）。在共培养 3 天时，随菌液浓度增加，抗性愈伤组织获得率也在降低。通过对影响抗性愈伤组织获得率的共培养时间、温度及方式的研究，认为以较低菌液浓度 OD_{600}=0.05 侵染的愈伤组织，并在表面加有 1 层无菌滤纸的共培养基上生长，25℃暗培养 2 天，可以获得较高的抗性愈伤组织获得率。

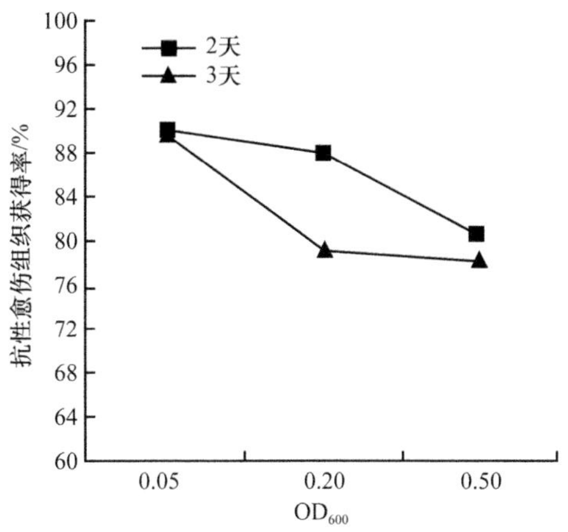

图 1-13　共培养时间对遗传转化的影响

6. AS 对转化效率的影响

植物在被农杆菌侵染过程中是否能积累足够量的酚类物质，是影响农杆菌介导的植物遗传转化效率的重要因素，因此，在遗传转化中通常添加酚类物质以提高转化率。本研究在侵染液和共培养基中分别加 0μmol/L、50μmol/L、100μmol/L、200μmol/L 的 AS，研究结果表明（图 1-14），AS 对梁山慈竹第 1 种类型的抗性愈伤组织的获得有明显的促进作用，AS 浓度为 0 ～ 100μmol/L 时，随 AS 浓度的

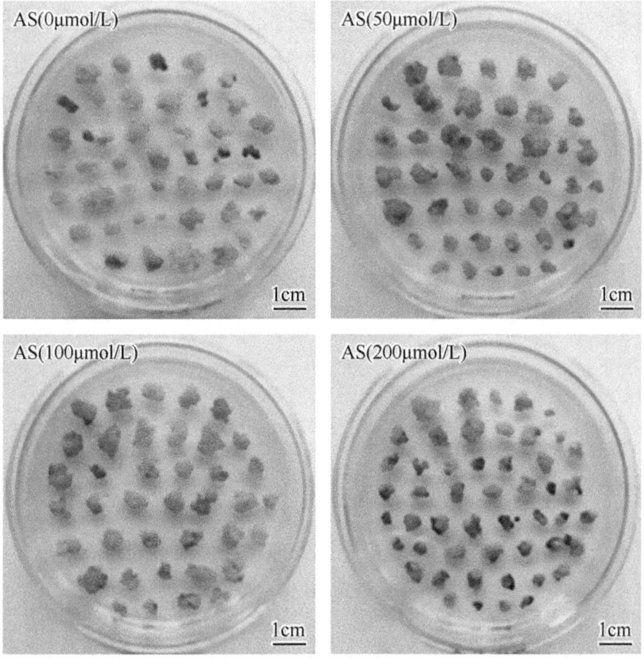

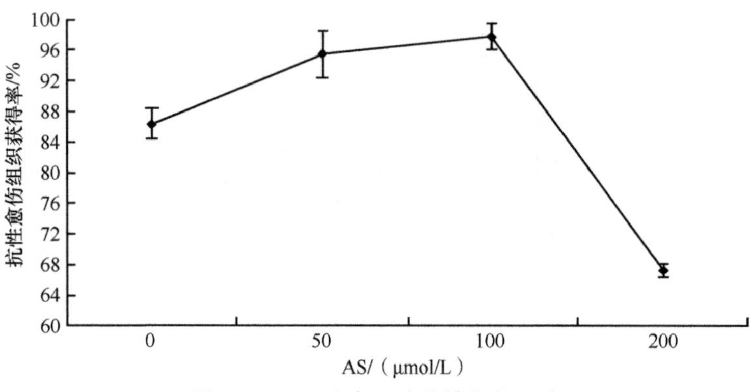

图 1-14　AS 浓度对遗传转化的影响

增加，抗性愈伤组织获得率增加，但是，当 AS 浓度增加到 200μmol/L 时，抗性愈伤组织获得率明显下降，主要是 AS 对愈伤组织的毒害作用所致，侵染后的愈伤组织在共培养后出现褐化，筛选 15 天时，褐化的愈伤组织周围长出农杆菌，将褐化的愈伤组织浸没，导致愈伤组织死亡。虽然 AS 有促进遗传转化的作用，但是不可避免地对愈伤组织造成一定的影响，所以不易采用高浓度的 AS 进行遗传转化。

7. 共培养后脱菌处理对转化效率的影响

共培养后的第 1 种类型的愈伤组织，即淡黄色、颗粒状和疏松易碎的胚性愈伤组织，用含有 200mg/L Carb 的无菌水进行洗菌或不洗菌处理，然后分别进行抗性筛选，结果表明，脱菌处理对抗性愈伤组织获得率影响不大，但是通过脱菌处理的愈伤组织（图 1-15A）比未脱菌处理的（图 1-15B）生长状况较好，愈伤组织表面比较有光泽，而且比较容易分化，形成绿色芽点。

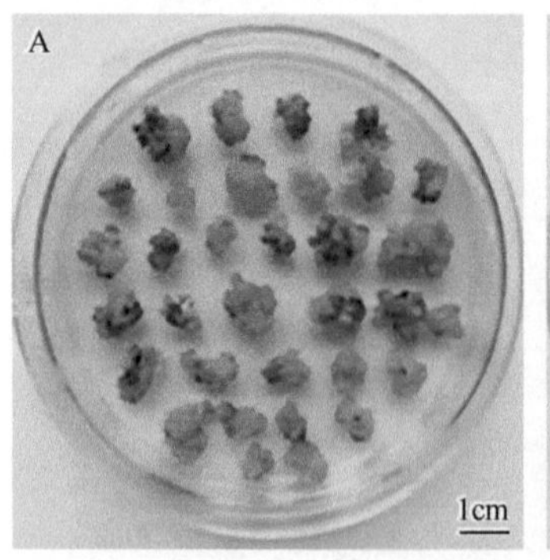

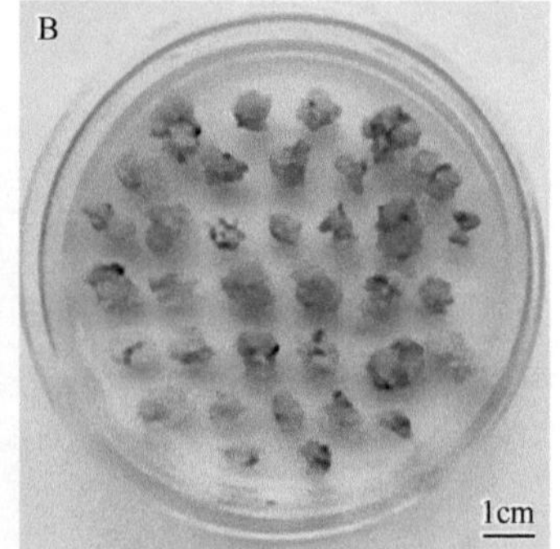

图 1-15　共培养后脱菌处理对转化效率的影响

A. 脱菌；B. 未脱菌

8. 抗生素对生根的影响

本研究发现，在诱导生根时，加入 500mg/L Carb 时，强烈抑制生根，而加入 300mg/L Carb 时，可以生根，但是与正常生根（图 1-16A）相比较，诱导时间长，根较短、较粗（图 1-16C）。因此，采用较低浓度 100mg/L Carb 有利于梁山慈竹生根（图 1-16B）。

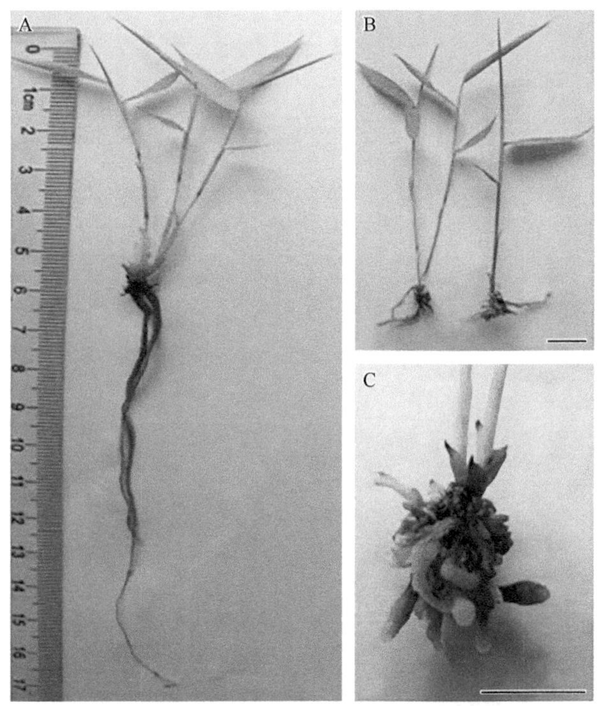

图 1-16　不同浓度抗生素对生根的影响

A. 0mg/L Carb；B. 100mg/L Carb；C. 300mg/L Carb

9. 转基因植株的获得与 RT-PCR 检测

将预培养 8 天的梁山慈竹第 1 种类型胚性愈伤组织，在 OD_{600}=0.05 的菌液中、110r/min、28℃条件下侵染 20min，25℃暗培养 2 天后（图 1-17A），转接到含有 55mg/L Kana 的筛选培养基上筛选 30 天（图 1-17B），获得抗性愈伤组织，经 PCR 检测，pBI-4CL-RNAi 质粒已导入愈伤组织内（图 1-18）。将已导入 *4CL* 基因的抗性愈伤组织转入诱导芽的 MA1 培养基上（图 1-17C），诱导 30 天后，可以获得丛生芽（图 1-17D），待丛生芽长至 3 ～ 5cm 时（图 1-17E），将其转入生根培养基，经过 20 ～ 30 天的诱导（图 1-17F），可产生 1 ～ 8 条根，获得梁山慈竹抗性植株（图 1-17G）。经 PCR 检测，扩增出约 750bp 的目的条带，证明 pBI-4CL-RNAi 质粒已转入梁山慈竹抗性小植株内（图 1-18），表明已获得转 *4CL* 的梁山慈竹小植株，转化效率为 9%，将获得的转基因植株移栽至小盆中生长（图 1-17H）。在本研究中，Carb 对梁山慈竹生根影响很大，转基因植株的根比未转基因的（图 1-17I）短。

图 1-17　梁山慈竹愈伤组织遗传转化与植株再生

A. 愈伤组织共培养；B. 抗性愈伤组织筛选；C. 抗性愈伤组织分化；D. 抗性芽的诱导；E. 抗性芽的生长；F. 抗性芽的生根；G. 转基因植物；H. 转基因植株移栽；I. 未转基因植株的根（左）和转基因植株的根（右）

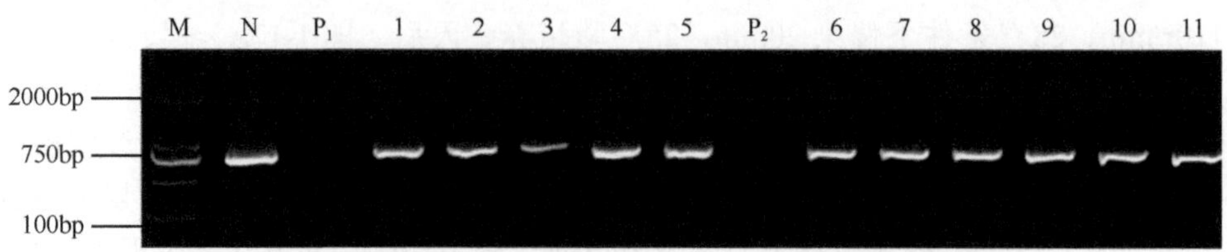

图 1-18　转慈竹 *4CL* 基因抗性愈伤组织和再生植株的 PCR 检测

M. Marker（DL2000）；N.（阳性对照）质粒 DNA；P_1.（阴性对照）未转化愈伤组织 DNA；1 ～ 5. 转基因愈伤组织；P_2.（阴性对照）未转基因植株 DNA；6 ～ 11. 转基因植株

以转慈竹 *4CL* 基因抗性愈伤组织和再生植株的 cDNA 为模板，分别用 *4CL* 和 *Tublin* 引物进行 RT-PCR 扩增，如图 1-19 所示，转基因愈伤组织和植株中均可获得特异性扩增产物，但与未转基因的对照相比，其表达量明显降低，说明采用 RNAi 技术将慈竹 *4CL* 基因导入梁山慈竹愈伤组织和再生植株后，能有效抑制梁山慈竹转基因愈伤组织和植株的内源 *4CL* 基因的表达水平。

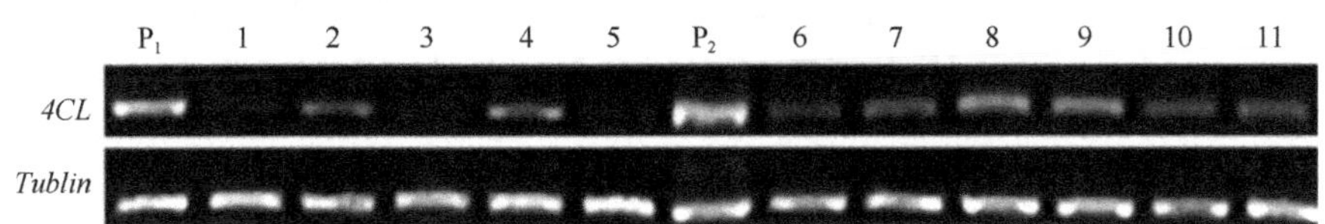

图 1-19　转慈竹 *4CL* 基因的愈伤组织和再生植株的 RT-PCR 检测

P_1.（阴性对照）未转化愈伤组织 cDNA；1 ～ 5. 转基因愈伤组织；P_2.（阴性对照）未转基因植株 cDNA；6 ～ 11. 转基因植株；*Tublin*. 内参

1.2.3　小结

1）通过对梁山慈竹愈伤组织的继代培养、诱导分化、生根，为遗传转化准备了充分的受体材料，如第 1 种类型的愈伤组织（淡黄色、颗粒状、疏松易碎的），第 2 种类型的愈伤组织（表面有绿色芽点、颗粒状、疏松易碎的），无菌苗嫩茎段。通过对外植体的筛选，发现第 1 种类型的愈伤组织更适合作为遗传转化受体。

2）通过探讨菌液浓度、侵染时间和温度、侵染方式对梁山慈竹第 1 种类型抗性愈伤组织获得率的影响，结果表明：在菌液浓度为 OD_{600}=0.05 的 EHA105 中，110r/min、28℃侵染 20min，有利于遗传转化。

3）通过对共培养温度、时间、方式的研究表明，愈伤组织侵染后，共培养基表面加 1 层无菌滤纸，在 25℃、黑暗条件下共培养 2 天，有利于外源基因导入梁山慈竹第 1 种类型的愈伤组织中。

4）本研究在侵染液和共培养基中同时添加 100μmol/L 的 AS，取得较好的转化效果。Kana 的筛选浓度确定为 55mg/L，共培养后的愈伤组织用含 200mg/L Carb 的无菌水进行洗菌，再用无菌滤纸吸干表面的水分，转接至含 55mg/L Kana 的筛选培养基上，就可以获得抗性愈伤组织，抗性愈伤组织获得率为 90%。

5）抗性愈伤组织在含 100mg/L Carb 的生根培养基中生根，可获得再生植株。

6）通过对影响遗传转化效率的以上各个因素进行研究，建立了梁山慈竹遗传转化体系，遗传转化效率为 9%。

第 2 章　梁山慈竹体细胞突变体 M_1 代和 M_2 代植株遗传与相关经济性状变异的研究

自 20 世纪 70 年代以来，随着生物技术的迅速发展，离体培养物获得的突变体及其变异成为研究的新热点。尤其是 Heinz 和 Mee（1969，1971）在甘蔗的突变体植株中发现抗病性明显提高的变异体，以及 Carlson（1970）从烟草细胞中成功地筛选出突变体后，利用离体培养的植物细胞在细胞水平上直接进行诱变和筛选突变体的研究，引起科学工作者的重视，并相继在甘蔗、菠萝、香蕉、苹果、柑橘、草莓、番茄、马铃薯、烟草、水稻、小麦、玉米、小黑麦、燕麦、高粱、谷子、大麦、大豆、棉花、小麦和大麦的杂种、挪威云杉、甜菜、辣椒、苎麻、猕猴桃、油菜、苜蓿等多种植物上得到成功的应用，拓宽了其遗传资源，为植物遗传改良提供了特殊的中间材料或直接筛选获得新品种。目前，在全世界 50 多个国家中，已培育出 1000 多个由直接突变获得的或由这些突变体杂交而衍生的新品种，被改良的主要性状包括品质性状、产量性状、抗病性和抗逆性等。此外，离体诱导的体细胞突变体还可以用于基于克隆和标记的筛选、植物发育生物学及生化代谢途径研究，尤其是在作为代谢活动调控研究的工具方面正显示出巨大的应用潜力。梁山慈竹（*Dendrocalamus farinosus*）是竹亚科牡竹属植物，是四川本土大型丛生竹种之一，耐寒性较强，可作为优质竹浆生产的原料，具有较好的水土保持作用。但有关梁山慈竹离体诱导的体细胞突变体变异的研究鲜见报道。因此，以梁山慈竹种子成熟胚离体诱导的愈伤组织为材料，采用化学诱变剂甲基磺酸乙酯进行离体诱变，于 2009 年获得梁山慈竹体细胞突变体当代（M_0 代）植株，从 2010 年开始至 2019 年对其 M_1 代至 M_{10} 代（图 2-1）植株的形态特征、生理生化特性、茎秆组成成分、遗传变异等方面进行深入研究，目的在于从创制的体细胞突变体中筛选出新的种质，为梁山慈竹遗传改良提供直接或间接材料，为其他竹类植物遗传改良研究提供理论依据。

图 2-1　梁山慈竹体细胞突变体世代关系

2.1　梁山慈竹体细胞突变体 M_1 代植株遗传变异研究

梁山慈竹体细胞突变体 M_1 代植株在遗传上是否存在变异，是对体细胞突变体植株后代进行筛选的前提条件。因此，2010 年用 RAPD-PCR 技术对梁山慈竹体细胞突变体植株在分子水平上进行了检测和分析。

2.1.1　材料

以梁山慈竹体细胞突变体 M_1 代植株为材料，以未经培养的实生植株为对照（CK），于 2010 年 8 月分别取其叶片，提取总 DNA 作为 RAPD-PCR 检测的模板。体细胞突变体植株编号如下：NO.64、NO.9、NO.13、NO.14、NO.17、NO.19、NO.22、NO.26、NO.29、NO.30、NO.34、NO.35、NO.40、NO.60、NO.61、NO.66-1、NO.66-2、NO.74、NO.90-1、NO.90-2、NO.97、NO.101-1、NO.102、NO.103-1、NO.103-2、NO.125、NO.126-2、NO.208-1、NO.212 和 NO.213。

2.1.2 方法

1. 基因组 DNA 的提取

采用植物基因组 DNA 提取试剂盒［天根生化科技（北京）有限公司］提取 30 个梁山慈竹体细胞突变体和未经培养的种子实生植株叶片总 DNA。

2. RAPD 扩增

本研究采用 14 个 RAPD 引物（表 2-1，由北京奥科生物技术有限责任公司合成）进行筛选，并对其中能扩增出重复性条带较好的 5 个引物进一步分析。PCR 扩增反应体系（20μL）最终确定为 10×PCR buffer 2μL，$MgCl_2$（25mmol/L）1.6μL，dNTP mix（2.5mmol/L）1.6μL，引物（10μmol/L）0.6μL，模板（100ng/μL）0.5μL，r*Taq*（5U/μL）0.15μL［宝生物工程（大连）有限公司］，ddH_2O 13.55μL。PCR 扩增反应于 Bio-Rad 公司 DNA Engine PTC-200 PCR 仪上进行，同时测试了 RAPD 最佳退火温度，经优化的 PCR 扩增程序为 94℃预变性 3min，94℃变性 30s，36℃退火 1min，72℃延伸 2min，共 40 个循环，72℃延伸 10min。反应产物在含有 EB 的 1.5% 琼脂糖凝胶中电泳检测，用 DL 2000 的 DNA ladder marker［宝生物工程（大连）有限公司］为分子质量标记，在 Bio-Rad 凝胶成像系统下观察拍照。

表 2-1 RAPD 引物

引物	序列（5′→3′）	引物	序列（5′→3′）	引物	序列（5′→3′）
OPAA-04	AGG ACT GCT C	OPU-12*	TCA CCA GCC A	OPY-19*	TGA GGG TCC C
OPC-05	GAT GAC CGC C	OPU-14	TGG GTC CCT C	RAPD-R8*	CTG GGC ACG A
OPC-06	GAA CGG ACT C	OPU-18*	GAG GTC CAC A	RAPD-R9	ACG CCA GAG G
OPC-18	TGA GTG GGT G	OPY-15*	AGT CGC CCT T	OPK-09	CCC TAC CGA C
OPH-13	GAC GCC ACA C	OPY-18	GTG GAG TCA G		

* 表示扩增出的 RAPD 谱带清晰，且多态性好，用于计算遗传距离和构建系统树的引物

3. 数据分析

RAPD 为显性标记，同一引物扩增产物中电泳迁移率一致的条带被认为具有同源性，属于同一位点的产物并按扩增阳性（1）和扩增阴性（0）手工记录电泳谱带，形成 RAPD 型数据矩阵用于进一步分析。采用 NTSYSpc 软件（版本 2.10）计算遗传距离，并构建系统发生树。

2.1.3 结果与分析

1. 体细胞突变体 M_1 代植株分子水平上的变异

不同梁山慈竹体细胞突变体植株总 DNA 和未经培养的对照总 DNA，采用 14 条 RAPD-PCR 引物，通过 RAPD-PCR 技术对其进行扩增，其中有 13 条引物扩增出了谱带。与未经培养的对照总 DNA 扩增谱带相比，梁山慈竹体细胞突变体总 DNA 扩增的谱带出现了 4 种类型（图 2-2）：①仅对照原有特异性谱带缺失；②仅出现新谱带；③对照原有特异性谱带缺失，出现新谱带；④与对照的谱带相同。无论谱带的增加或缺失，都表明梁山慈竹体细胞突变体在分子水平上发生了变异。

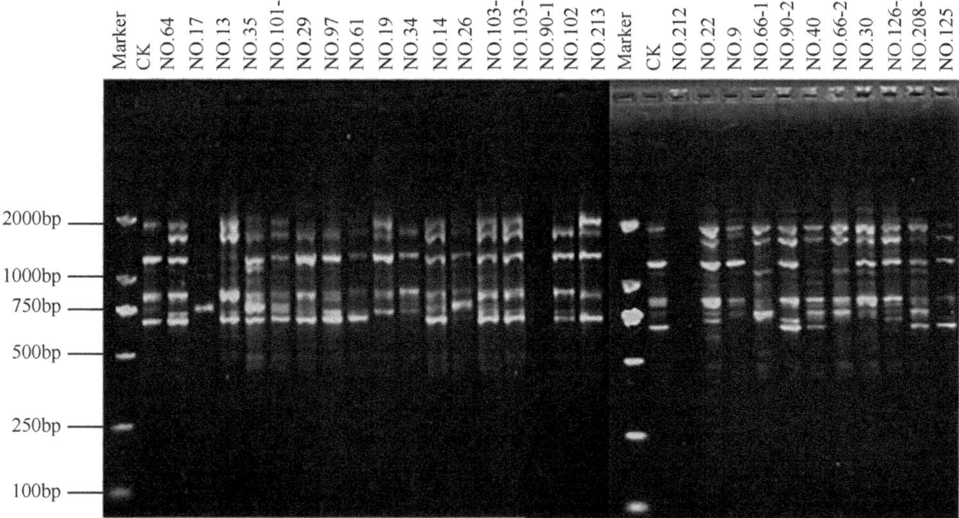

图 2-2 不同梁山慈竹体细胞突变体植株总 DNA 用 OPU-14 引物 RAPD-PCR 扩增结果

2. 体细胞突变体植株间的聚类与遗传关系分析

利用 NTSYS 软件得出不同的梁山慈竹体细胞突变体 M_1 代植株与对照之间的遗传距离（表 2-2）。遗传距离变幅为 0.1153 ～ 0.9122，其中遗传距离最小的是 NO.208-1 和 NO.125，遗传距离最大的是 NO.101-1 和 NO.97。与对照遗传距离最远的体细胞突变体植株为 NO.101-1（遗传距离为 0.6143），其次为 NO.74、NO.19 和 NO.66-1；与对照遗传距离最近的体细胞突变体植株是 NO.103-2（遗传距离为 0.2660），其次为 NO.103-1（遗传距离为 0.2959）；对照与其他体细胞突变体植株间的遗传距离在 0.3034 ～ 0.4542。进一步研究表明，经离体诱导获得的梁山慈竹体细胞突变体 M_1 代植株在遗传物质上发生了改变。

表 2-2　梁山慈竹体细胞突变体 M_1 代植株与对照之间的遗传距离

编号	NO.64	NO.17	CK	NO.13	NO.35	NO.101-1	NO.29	NO.97	NO.61	NO.19	NO.34	NO.14	NO.26	NO.103-1	NO.103-2	NO.90-1
NO.64	0.0000															
NO.17	0.2599	0.0000														
CK	0.3463	0.3583	0.0000													
NO.13	0.3149	0.2346	0.3477	0.0000												
NO.35	0.2878	0.2998	0.4419	0.2541	0.0000											
NO.101-1	0.6715	0.6835	0.6143	0.5956	0.7030	0.0000										
NO.29	0.5605	0.3982	0.3862	0.4215	0.5670	0.9113	0.0000									
NO.97	0.5020	0.5141	0.3928	0.4281	0.5310	0.9122	0.5161	0.0000								
NO.61	0.3149	0.3269	0.3477	0.3830	0.4772	0.7674	0.3823	0.2989	0.0000							
NO.19	0.7147	0.6214	0.5140	0.5958	0.6782	0.8312	0.5521	0.6071	0.5493	0.0000						
NO.34	0.5300	0.5028	0.3149	0.4520	0.6108	0.9010	0.4623	0.3942	0.4520	0.5493	0.0000					
NO.14	0.6690	0.4675	0.3463	0.3149	0.5754	0.6143	0.6093	0.3589	0.4908	0.7147	0.4530	0.0000				
NO.26	0.5901	0.5596	0.3583	0.4651	0.6363	0.7442	0.5726	0.4400	0.4651	0.7267	0.3936	0.2599	0.0000			
NO.103-1	0.4965	0.4032	0.2959	0.3937	0.5207	0.8109	0.3880	0.3126	0.3312	0.4258	0.2723	0.4251	0.3387	0.0000		
NO.103-2	0.6569	0.4722	0.2660	0.4604	0.6077	0.5878	0.4258	0.2836	0.3620	0.5058	0.3937	0.2959	0.2781	0.2336	0.0000	
NO.90-1	0.4986	0.6060	0.4542	0.3669	0.6628	0.1836	0.7085	0.4581	0.4469	0.6479	0.5339	0.5451	0.6573	0.5774	0.6239	0.0000
NO.102	0.4415	0.4536	0.3034	0.4054	0.5527	0.6381	0.4508	0.3499	0.2762	0.4934	0.3387	0.4415	0.4172	0.3197	0.2898	0.3946
NO.213	0.4354	0.4135	0.3062	0.3116	0.5310	0.7035	0.4361	0.3229	0.2004	0.5161	0.4040	0.3370	0.2312	0.3262	0.2439	0.3466
NO.212	0.4455	0.4236	0.3163	0.3824	0.5837	0.8959	0.4462	0.3330	0.4141	0.4462	0.3516	0.4806	0.3909	0.2281	0.3653	0.4700
NO.22	0.5067	0.6466	0.3934	0.5028	0.6876	0.8087	0.5260	0.4763	0.5028	0.5726	0.5421	0.6346	0.5596	0.4032	0.5086	0.3828
NO.9	0.4602	0.4371	0.4251	0.4265	0.6543	0.6931	0.4258	0.3424	0.3937	0.4258	0.4265	0.4251	0.4032	0.3159	0.3747	0.4904

续表

编号	NO.64	NO.17	CK	NO.13	NO.35	NO.101-1	N0.29	NO.97	NO.61	NO.19	NO.34	NO.14	NO.26	NO.103-1	NO.103-2	NO.90-1
NO.66-1	0.4038	0.4159	0.5130	0.4391	0.5420	0.9232	0.5271	0.4165	0.3724	0.4845	0.4742	0.5522	0.5643	0.4487	0.5177	0.4283
NO.90-2	0.3092	0.4390	0.3862	0.4623	0.3759	0.8312	0.7885	0.6071	0.4623	0.4520	0.5958	0.6093	0.5726	0.4650	0.6393	0.4854
NO.40	0.4697	0.4425	0.3927	0.4658	0.3369	0.8406	0.5843	0.4393	0.5458	0.5355	0.4658	0.5105	0.4817	0.4715	0.5093	0.5201
NO.66-2	0.3788	0.5667	0.3788	0.4808	0.5411	0.7707	0.6132	0.4581	0.4469	0.7598	0.4141	0.4806	0.3909	0.4259	0.4259	0.5108
NO.30	0.4947	0.5901	0.3463	0.4908	0.5754	0.7321	0.6093	0.5020	0.3477	0.6093	0.4530	0.4947	0.3244	0.3267	0.3584	0.4986
NO.126-2	0.4842	0.4554	0.4041	0.5195	0.6783	0.7453	0.5092	0.4507	0.3653	0.6093	0.4787	0.6177	0.5388	0.4452	0.4452	0.4938
NO.208-1	0.5541	0.4448	0.4046	0.4125	0.5272	0.7347	0.3532	0.4512	0.4399	0.4139	0.6561	0.4916	0.6329	0.3781	0.2828	0.5684
NO.125	0.6935	0.4672	0.4253	0.4606	0.5622	0.6982	0.4419	0.4428	0.4606	0.3773	0.6196	0.5176	0.7056	0.3169	0.2692	0.6088
NO.74	0.6343	0.5129	0.5326	0.4465	0.5771	0.8673	0.4240	0.4577	0.5361	0.4568	0.6346	0.5992	0.8431	0.4344	0.4344	0.4086
NO.60	0.5798	0.4667	0.4257	0.4328	0.5201	0.7276	0.4385	0.4441	0.4610	0.4068	0.5824	0.5798	0.7742	0.3222	0.3463	0.4559

编号	NO.102	NO.213	NO.212	NO.22	NO.9	NO.66-1	NO.90-2	NO.40	NO.66-2	NO.30	NO.126-2	NO.208-1	NO.125	NO.74	NO.60
NO.64															
NO.17															
CK															
NO.13															
NO.35															
NO.101-1															
N0.29															
NO.97															
NO.61															
NO.19															

续表

编号	NO.102	NO.213	NO.212	NO.22	NO.9	NO.66-1	NO.90-2	NO.40	NO.66-2	NO.30	NO.126-2	NO.208-1	NO.125	NO.74	NO.60
NO.34															
NO.14															
NO.26															
NO.103-1															
NO.103-2															
NO.90-1															
NO.102	0.0000														
NO.213	0.2156	0.0000													
NO.212	0.3709	0.2910	0.0000												
NO.22	0.4536	0.3808	0.2413	0.0000											
NO.9	0.3505	0.3262	0.2540	0.3387	0.0000										
NO.66-1	0.4627	0.4590	0.3150	0.3820	0.3236	0.0000									
NO.90-2	0.5378	0.4361	0.3370	0.4390	0.4258	0.4845	0.0000								
NO.40	0.4165	0.4455	0.3866	0.4817	0.4352	0.4880	0.2127	0.0000							
NO.66-2	0.4354	0.3756	0.2744	0.3591	0.4259	0.3440	0.5688	0.4556	0.0000						
NO.30	0.3034	0.2763	0.3471	0.4298	0.4251	0.5931	0.5140	0.4697	0.2293	0.0000					
NO.126-2	0.5080	0.3841	0.4293	0.4554	0.4830	0.3876	0.4182	0.4184	0.5034	0.4434	0.0000				
NO.208-1	0.4566	0.4137	0.4498	0.3626	0.3781	0.4347	0.5838	0.6673	0.5908	0.5541	0.5695	0.0000			
NO.125	0.5097	0.4854	0.4955	0.5297	0.4195	0.5752	0.5850	0.6685	0.7550	0.5176	0.5330	0.1153	0.0000		
NO.74	0.5246	0.5293	0.4548	0.3951	0.3565	0.4687	0.5258	0.5075	0.6000	0.5326	0.4495	0.1807	0.1441	0.0000	
NO.60	0.4495	0.4866	0.4967	0.3822	0.3710	0.5421	0.5052	0.4903	0.6145	0.5153	0.5975	0.2125	0.1760	0.1230	0. 0000

采用 NTSYS 软件对不同梁山慈竹体细胞突变体 M_1 代植株构建了 RAPD 系统树，将其与 CK 分为三大类群（图 2-3）。

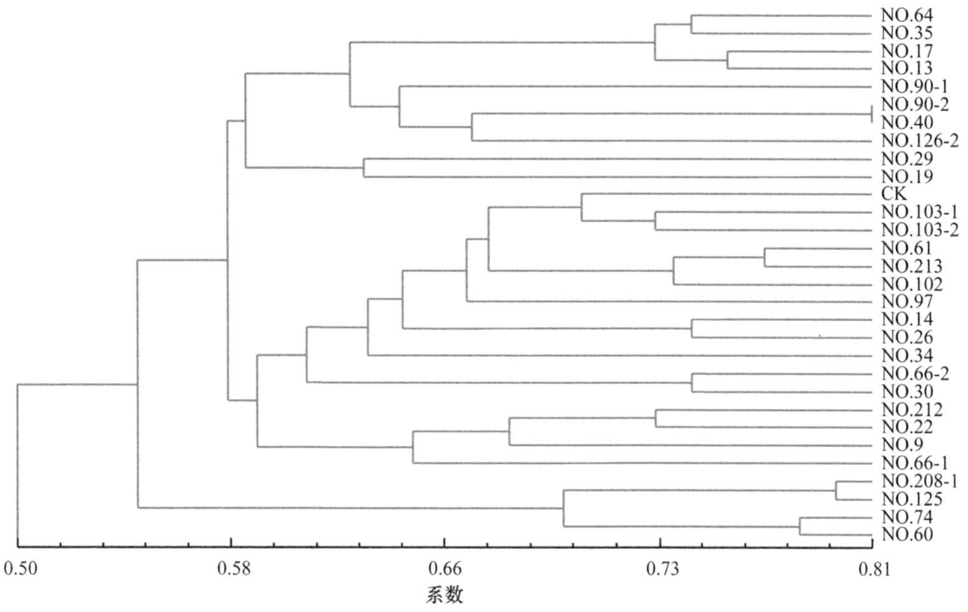

图 2-3　不同梁山慈竹体细胞突变体 M_1 代植株和对照的聚类图

第一大类群分为 3 个亚类群。第一亚类群包括 NO.64、NO.35、NO.17 和 NO.13；第二亚类群包括 NO.90-1、NO.90-2、NO.40 和 NO.126-2；第三亚类群包括 NO.29 和 NO.19。

第二大类群分为 5 个亚类群。第一亚类群包括 NO.103-1、NO.103-2 和 CK；第二亚类群包括 NO.61、NO.213、NO.102 和 NO.97；第三亚类群包括 NO.14、NO.26 和 NO.34；第四亚类群包括 NO.66-2 和 NO.30；第五亚类群包括 NO.212、NO.22、NO.9 和 NO.66-1。

第三大类群分为 2 个亚类群。第一亚类群包括 NO.208-1 和 NO.125；第二亚类群包括 NO.74 和 NO.60。

2.1.4　小结

通过 RAPD-PCR 技术，对不同梁山慈竹体细胞突变体 M_1 代植株总 DNA 和未经培养的对照总 DNA 进行扩增，结果表明，与未经培养的对照比较，梁山慈竹体细胞突变体在分子水平上发生了改变；与对照遗传距离最远的体细胞突变体植株为 NO.101-1，其次为 NO.74、NO.19 和 NO.66-1；与对照遗传距离最近的体细胞突变体植株是 NO.103-2，其次为 NO.103-1；与其他体细胞突变体植株间的遗传距离在

0.3034 ～ 0.4542，进一步研究表明，梁山慈竹体细胞突变体的遗传物质与对照有差异，说明梁山慈竹体细胞突变体 M_1 代植株在分子水平上发生了变异，为突变体植株的进一步筛选奠定了基础。

2.2　梁山慈竹体细胞突变体 M_2 代植株相关经济性状变异的研究

植物经离体和化学诱变产生的体细胞突变能否为人类利用，关键在于所产生的突变能否稳定遗传给后代，而且产生突变的利用价值要明显高于其亲本。因此，本研究以 M_2 代梁山慈竹体细胞突变体植株为材料，对其相关经济性状变异情况进行评价，为进一步筛选有经济利用价值的梁山慈竹体细胞突变体提供理论依据。

2.2.1　材料

2011 年以梁山慈竹体细胞突变体 M_2 代植株为材料，每个体细胞突变体植株栽培在直径为 30cm 、高为 35cm 的塑料桶内，以同期生长的实生植株为对照。

2.2.2　方法

2011 年 8 月 1 日对每个体细胞突变体 M_2 代植株的株高、最大叶的长度和宽度、茎秆直径进行测量；2011 年 4 ～ 8 月调查发笋数量。

采用 Excel 对试验数据进行统计分析。

2.2.3　结果与分析

1. 株高

株高是衡量竹子生长快慢和能否成为工业用竹的一个指标。与未经培养的对照植株株高（133cm）相比，本研究获得的 49 个体细胞突变体植株的株高发生了明显的变化（图 2-4），株高变幅为 16 ～ 163cm。比对照植株高的突变体植株有 5 个，占突变体植株总数的 10.2%，株高变幅为 135 ～ 163cm；株高变幅为 100 ～ 131cm 的突变体植株有 12 个，占突变体植株总数的 24.5%；株高变幅为 81 ～ 99cm 的突变体植株有 12 个，占突变体植株总数的 24.5%；株高变幅为 70 ～ 79cm 的突变体植株有 6 个，占突变体植株总数的 12.2%；株高变幅为 50 ～ 66cm 的突变体植株有 9 个，占突变体植株总数的 18.4%；株高变幅为 16 ～ 43cm 的突变体植株有 5 个，占突变体植株总数的 10.2%，分别为 NO.121、

NO.42-1、NO.74、NO.60、NO.73。由此可以看出，梁山慈竹种子成熟胚离体诱导可使突变体植株的株高呈变矮的趋势，但仍有 10.2% 的突变体植株的株高高于对照，这些突变体植株分别为 NO.13、NO.101-1、NO.9、NO.30 和 NO.97。

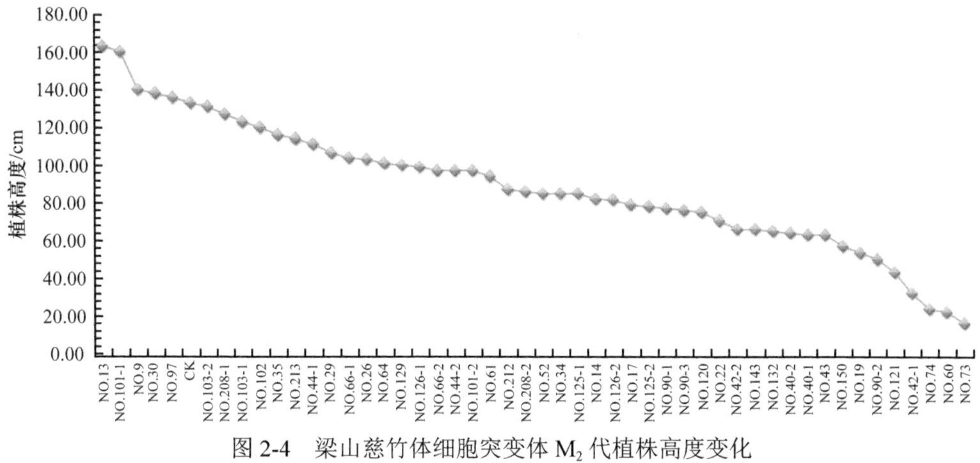

图 2-4　梁山慈竹体细胞突变体 M_2 代植株高度变化

2. 最大叶长

与未经培养的对照植株最大叶长（27.0cm）相比，49 个体细胞突变体植株的最大叶长发生了明显的变化（图 2-5），其变幅为 8.7 ～ 33.4cm。比对照植株最大叶长长的植株有 7 个，占突变体植株总数的 14.3%，其变幅为 27.4 ～ 33.4cm，分别为 NO.102、NO.126-1、NO.43、NO.213、NO.9、NO.30 和 NO.208-2；最大叶长变幅为 25 ～ 27cm 的突变体植株占突变体植株总数的 14.3%；最大叶长变幅为 23.0 ～ 24.9cm 的突变体植株占突变体植株总数的 24.5%；最大叶长变幅为 20.5 ～ 22.8cm 的突变体植株占突变体植株总数的 26.5%；最大叶长变幅为 16.4 ～ 19.9cm 的突变

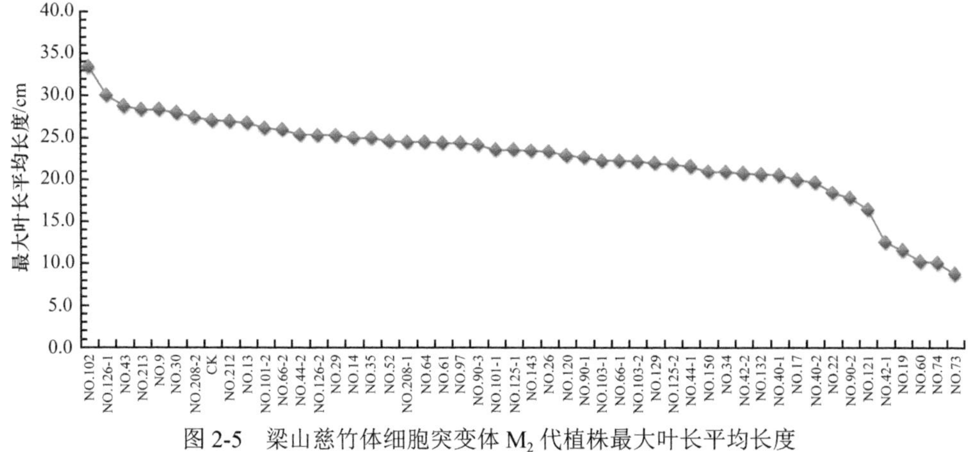

图 2-5　梁山慈竹体细胞突变体 M_2 代植株最大叶长平均长度

体植株占突变体植株总数的 10.2%；最大叶长变幅为 8.7 ～ 12.5cm 的突变体植株占突变体植株总数的 10.2%，分别为 NO.42-1、NO.19、NO.60、NO.74 和 NO.73。

3. 最大叶宽

与未经培养的对照植株最大叶宽（7.5cm）相比，49 个体细胞突变体植株的最大叶宽也发生了明显的变化（图 2-6），其变幅为 1.9 ～ 8.8cm。其中有 4 个体细胞突变体植株的最大叶宽高于对照，占总突变体植株的 8.2%，其变幅为 7.7 ～ 8.8cm，分别为 NO.212、NO.30、NO.64 和 NO.101-2；最大叶宽变幅为 7.0 ～ 7.4cm 的突变体植株占突变体植株总数的 24.5%；最大叶宽变幅为 6.0 ～ 6.9cm 的突变体植株占突变体植株总数的 28.6%；最大叶宽变幅为 5.0 ～ 5.8cm 的突变体植株占突变体植株总数的 26.5%；最大叶宽变幅为 1.9 ～ 3.5cm 的突变体植株占突变体植株总数的 10.2%，分别为 NO.19、NO.42-1、NO.74、NO.73 和 NO.60。只有无性系 NO.102 的最大叶宽与对照的相同。

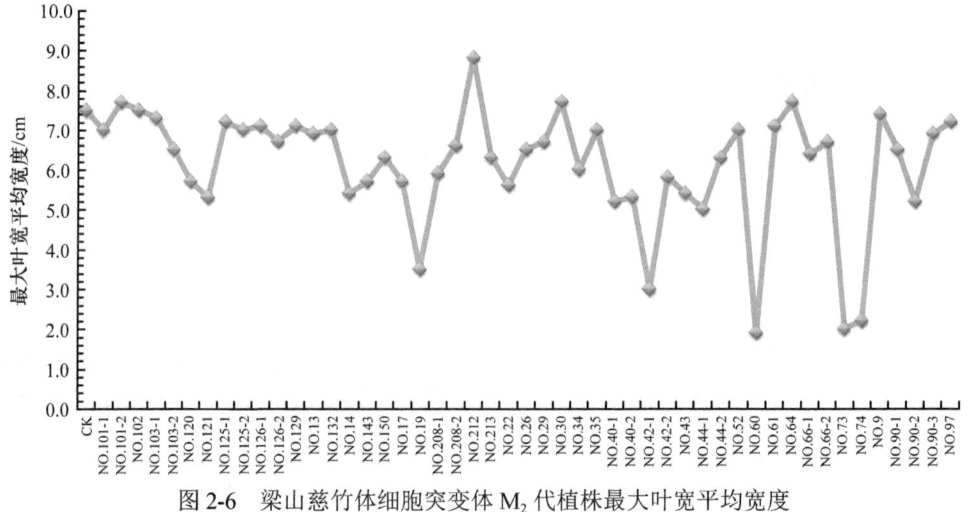

图 2-6　梁山慈竹体细胞突变体 M_2 代植株最大叶宽平均宽度

4. 发笋数量

与未经培养的对照植株的发笋数量（9 个）相比，不同体细胞突变体植株的发笋数量也不同（图 2-7），变幅为 2 ～ 26 个。与对照相比，49 个体细胞突变体植株中有 26 个突变体植株的发笋数量高于对照，占突变体植株总数的 53.1%，其变幅为 10 ～ 26 个，其中有 5 个突变体植株的发笋数量在 21 个以上，分别为 NO.42-2、NO.42-1 、NO.40-2、NO.74 和 NO.120，但它们都属于矮秆植株，最高的为 NO.120（75cm），最矮的为 NO.74（23.6cm）；发笋数量 10 ～ 20 个的突变体植株中，NO.26（株高 103.2cm，发笋数量 15 个）、NO.213（株高 114.0cm，发笋数量 13 个）、

NO.208-1（株高 127.0cm，发笋数量 10 个）、NO.103-1（株高 123.0cm，发笋数量 10 个）和 NO.66-1（株高 104.0cm，发笋数量 12 个）的株高都在 100cm 以上。

NO.14、NO.17、NO.121 和 NO.125-1 突变体植株发笋数量与对照的相同，但株高都在 82cm 以下。发笋数量为 7 ～ 8 个的突变体植株有 11 个，占突变体植株总数的 22.4%；有 4 个突变体植株的发笋数量为 5 ～ 6 个，占突变体植株总数的 8.2%；发笋数量为 2 ～ 3 个的突变体植株有 4 个，占突变体植株总数的 8.2%，分别为 NO.9、NO.13、NO.30 和 NO.19，除 NO.19 外，其他 3 个突变体植株的株高都在 138cm 以上。

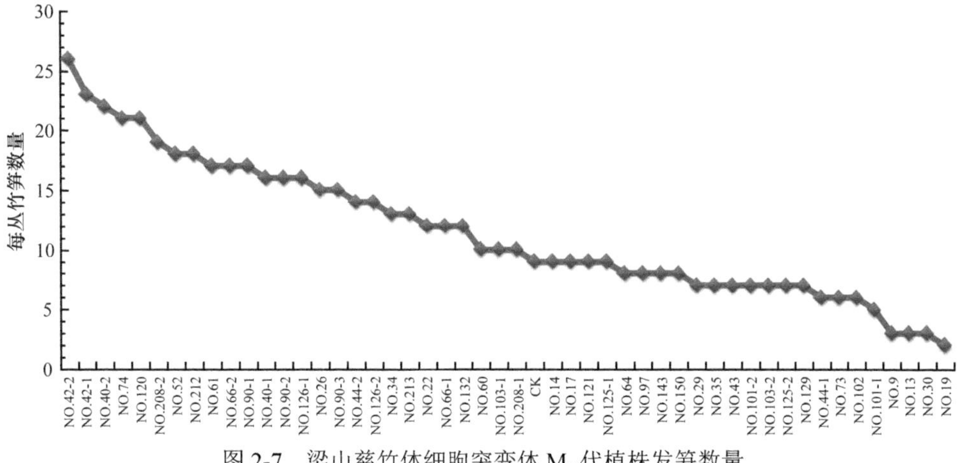

图 2-7　梁山慈竹体细胞突变体 M_2 代植株发笋数量

5. 茎秆直径

与未经培养的对照植株的茎秆直径（0.73cm）相比，体细胞突变体植株茎秆直径发生了一定的改变（图 2-8），其变幅为 0.22 ～ 1.00cm。有 14 个突变体植株的茎秆直径为 0.73 ～ 1.00cm，占突变体植株总数的 28.6%，分别为 NO.30、NO.9、

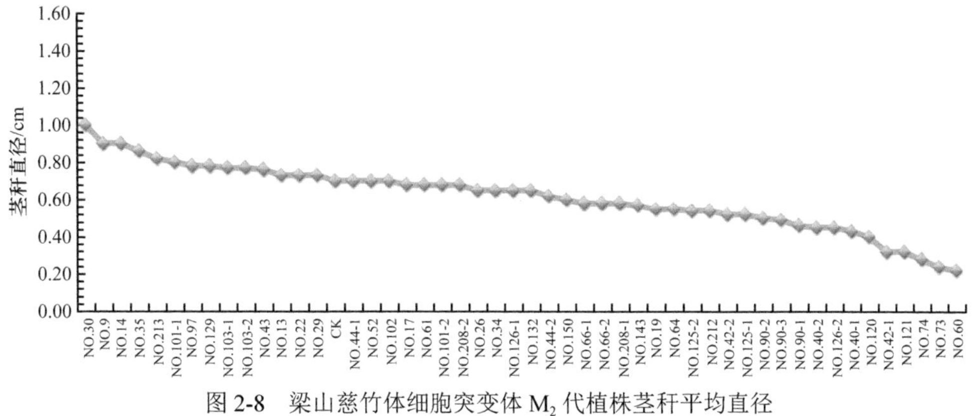

图 2-8　梁山慈竹体细胞突变体 M_2 代植株茎秆平均直径

NO.14、NO.35、NO.213、NO.101-1、NO.97、NO.129、NO.103-1、NO.103-2、NO.43、NO.13、NO.22 和 NO.29；茎秆直径为 0.60 ～ 0.68cm 的突变体植株占突变体植株总数的 20.4%；茎秆直径为 0.50 ～ 0.58cm 的突变体植株占突变体植株总数的 22.4%；茎秆直径为 0.40 ～ 0.49cm 的突变体植株占突变体植株总数的 12.2%；茎秆直径为 0.22 ～ 0.32cm 的植株占突变体植株总数的 10.2%，分别为 NO.42-1、NO.121、NO.74、NO.73 和 NO.60。NO.44-1、NO.52 和 NO.102 突变体植株的茎秆直径与对照的相同，占突变体植株总数的 6.1%。

2.2.4 小结

梁山慈竹体细胞突变体 M_2 代植株，在株高、最大叶长和叶宽、茎秆直径和发笋数量方面都发生了改变。

第 3 章　梁山慈竹体细胞突变体 M_1 代至 M_3 代植株茎秆组成成分分析

在制浆造纸过程中，来源不同的植物纤维原材料用于造纸，得到的纸浆及纸张的质量都会存在差异，而这些差异与所使用的各种原料的纤维素和木质素含量及纤维形态有着紧密的联系。一般而言，纤维素含量越高，制浆得率越高，经济效益越好；纤维细胞长宽比越大，纤维柔韧性好；木质素含量越低，消耗化学药品越少，制浆漂白越容易；灰分含量越高，化学药品耗费越大，碱回收的难度越大，并且会污染环境。因此，选育高纤维/低木质素的梁山慈竹新种质对竹浆造纸业的发展具有重要意义。梁山慈竹体细胞突变体茎秆组成成分能否产生变异，在世代间能否稳定遗传，是选育高纤维/低木质素新种质的前提和基础。因此，有必要对突变体植株茎秆纤维和木质素开展研究，为后续定向筛选奠定基础。

3.1　梁山慈竹体细胞突变体 M_1 代植株茎秆组成成分分析

2010 年对部分盆栽的梁山慈竹体细胞突变体 M_1 代植株茎秆的组成进行了分析，目的在于了解其茎秆组成是否发生改变，为进一步筛选高纤维/低木质素突变体提供参考。

3.1.1　材料与方法

1. 材料

2010 年以同期出笋且生长 7 个月的部分盆栽梁山慈竹体细胞突变体 M_1 代植株 NO.26、NO.61、NO.102、NO.34、NO.213、NO.103-1、NO.29、NO.103-2、NO.66-1、NO.30 和实生植株的茎秆为材料，开展茎秆组成成分和纤维形态方面的研究。

以同期出笋且生长 30 天的梁山慈竹体细胞突变体 NO.26、NO.102、NO.213、NO.29、NO.103-2、NO.30 和实生植株的 M_1 代植株茎秆中部为材料，开展维管束形态观察和木质素沉积状况观察。

2. 方法

（1）茎秆组成成分含量测定

水分与灰分含量测定分别参照国家标准 GB/T 2677.2—1993 干燥法和 GB/T 2677.3—1993 的测定方法。纤维素与木质素含量的测定采用 FOSS 公司的 M6 1020/1021 纤维测定仪进行测定。

（2）纤维形态测定方法

取长约 2cm 体细胞突变体植株茎秆中部，将其削成火柴棍状于 1.5mL 离心管内，倒入 Tefferg 氏离析液（按 10% 铬酸与 10% 硝酸等比例配制）浸没竹棍，离析 36 ～ 72h，待竹棍被浸透（以用镊子轻轻一夹竹棍即完全散开为宜），将离析液倒出，用蒸馏水冲洗至中性，然后在 LDA02 型纤维质量分析仪上进行纤维长度、宽度等各项指标测定。

（3）维管束形态观察与木质素沉积状况观察方法

将梁山慈竹体细胞突变体茎秆中部经甲醛-乙酸-酒精（FAA）固定液固定后，徒手切片，将薄片置于载玻片上，先在 2% 的间苯三酚溶液中染色 2min（间苯三酚溶于 95% 乙醇溶液中）再用 50% 盐酸封片，在 LEICA（DMI3000B）倒置荧光显微镜偏光条件下观察并照相。

（4）统计分析方法

数据采用 Excel 和 SAS 分析软件进行统计分析。利用 DPS3.01 软件对主要化学成分和纤维形态指标进行聚类分析。

3.1.2 结果与分析

与未经培养的对照比较，被测试的 10 个梁山慈竹体细胞突变体 M_1 代植株茎秆的主要组成成分和纤维形态发生了改变（表 3-1）。

表 3-1 梁山慈竹体细胞突变体 M_1 代植株主要组成成分纤维形态指标

植株	水分含量 /%	灰分含量 /%	纤维素含量 /%	木质素含量 /%	纤维素/木质素	纤维长度 / mm	纤维宽度 / μm	纤维长宽比
CK	9.25	1.98	49.26	22.14	2.22	0.45	20.31	22.17
NO.26	9.18	2.06	52.78	25.51**	2.07	0.54	17.80	30.45
NO.61	7.79**	2.17**	46.83	24.59*	1.90	0.42	19.61	21.22
NO.102	7.62**	2.24**	41.65**	23.73	1.76	0.38	19.12	20.00

续表

植株	水分含量 /%	灰分含量 /%	纤维素含量 /%	木质素含量 /%	纤维素/木质素	纤维长度 / mm	纤维宽度 / μm	纤维长宽比
NO.34	8.16*	2.10*	51.20	20.66	2.48	0.37	17.74	20.74
NO.213	9.45	1.87	56.88**	22.59	2.52	0.49	17.17	29.18
NO.103-1	8.34	1.96	50.40	21.37	2.36	0.45	18.35	24.43
NO.29	10.47**	2.05	48.63	25.56**	1.90	0.34	17.96	19.05
NO.103-2	8.72	1.93	51.41	20.71	2.48	0.49	17.37	28.32
NO.66-1	8.43	2.04	51.79	21.16	2.15	0.67	16.74	40.00
NO.30	10.18	2.03	52.84	19.65**	2.69	0.48	18.64	25.81

* 代表与未经培养的对照（CK）相比 0.05 水平差异显著，** 代表与未经培养的对照（CK）相比 0.01 水平差异极显著

1. 水分与灰分含量

被测试的 10 个梁山慈竹体细胞突变体 M_1 代植株茎秆水分含量变幅为 7.62% ～ 10.47%。其中有 7 个突变体植株茎秆水分含量低于未经培养的对照（9.25%），其中 NO.34 茎秆水分含量显著低于对照，NO.61 和 NO.102 的水分含量极显著低于对照，只有 NO.29 的水分含量极显著高于对照（图 3-1）。

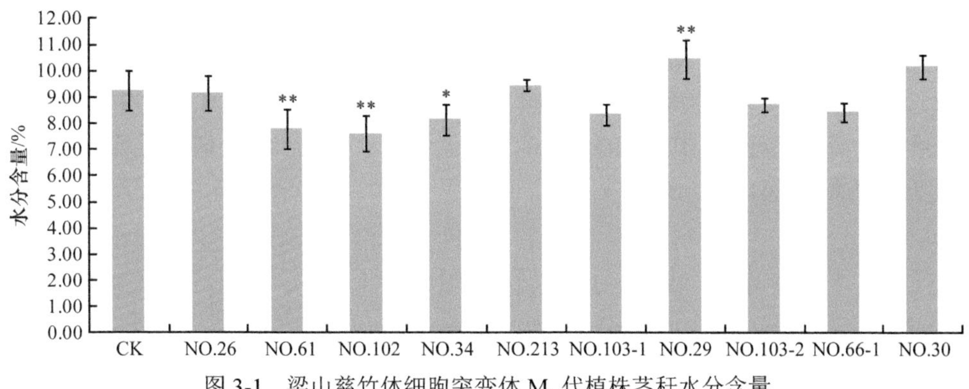

图 3-1　梁山慈竹体细胞突变体 M_1 代植株茎秆水分含量

* 代表与未经培养的对照（CK）相比 0.05 水平差异显著，

** 代表与未经培养的对照（CK）相比 0.01 水平差异极显著

被测试的 10 个梁山慈竹体细胞突变体 M_1 代植株茎秆灰分含量变幅为 1.87% ～ 2.24%。其中 NO.102、NO.61 和 NO.34 的灰分含量极显著或显著高于对照（图 3-2）。

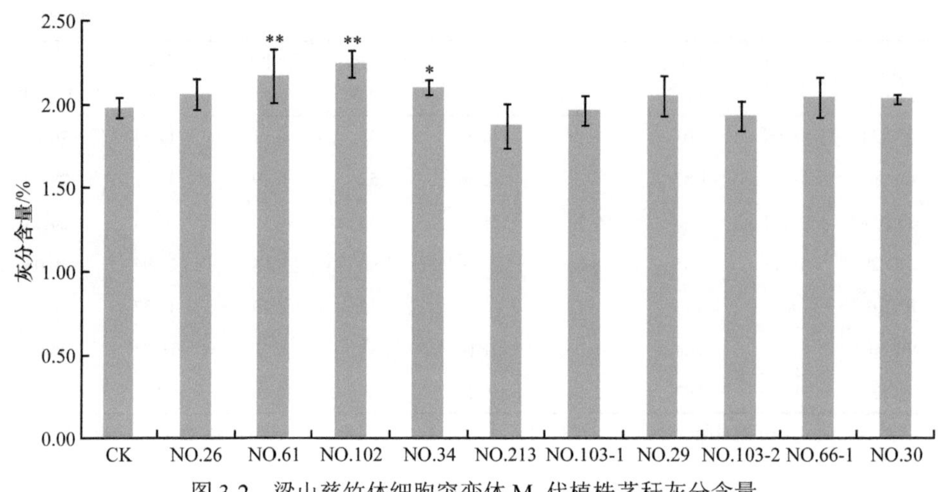

图 3-2 梁山慈竹体细胞突变体 M_1 代植株茎秆灰分含量

* 代表与未经培养的对照（CK）相比 0.05 水平差异显著，

** 代表与未经培养的对照（CK）相比 0.01 水平差异极显著

2. 纤维素含量

被测试的 10 个梁山慈竹体细胞突变体 M_1 代植株茎秆纤维素含量都在 40% 以上，变幅为 41.65% ～ 56.88%。与实生植株纤维素含量（49.26%）相比，被测试的 10 个体细胞突变体植株中，有 7 个突变体植株（NO.26、NO.34、NO.213、NO.103-1、NO.103-2、NO.66-1、NO.30）的纤维素含量高于对照，其中只有 NO.213 的纤维素含量极显著高于对照（比对照高出 7.62%）；有 3 个突变体植株的纤维素含量低于对照，其中 NO.102 的纤维素含量（41.65%）最低，极显著低于对照（比对照低 7.61%）（图 3-3）。

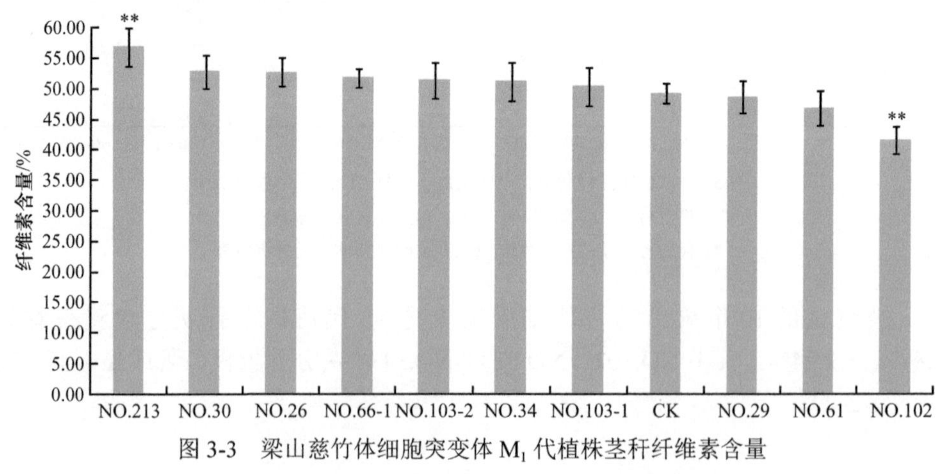

图 3-3 梁山慈竹体细胞突变体 M_1 代植株茎秆纤维素含量

** 代表与未经培养的对照（CK）相比 0.01 水平差异极显著

3. 木质素含量

被测试的 10 个梁山慈竹体细胞突变体 M_1 代植株木质素含量变幅为 19.65% ～ 25.56%。有 5 个突变体植株（NO.26、NO.61、NO.102、NO.213 和 NO.29）的木质素含量高于对照，其中 NO.29、NO.26 和 NO.61 突变体植株的木质素含量极显著或显著高于对照；其余 5 个突变体植株的木质素含量低于对照，其中只有 NO.30 的木质素含量（19.65%）极显著低于对照（图 3-4）。

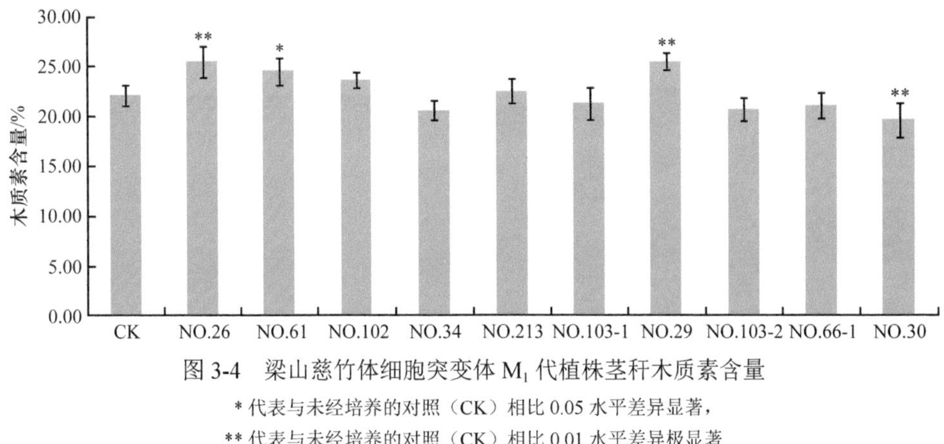

图 3-4　梁山慈竹体细胞突变体 M_1 代植株茎秆木质素含量

* 代表与未经培养的对照（CK）相比 0.05 水平差异显著，

** 代表与未经培养的对照（CK）相比 0.01 水平差异极显著

梁山慈竹体细胞突变体 M_1 代植株茎秆中部木质素含量的高低可以采用 Wiesner 组织化学染色法进行粗略的衡量。Wiesner 反应中间苯三酚主要对木质素中的醛类物质特异性染色，染色的深浅可以大致反映木质化部位的木质素沉积状况（图 3-5、图 3-6、图 3-7）。下面针对 Wiesner 组织化学染色的结果进行说明。

图 3-5 ～图 3-7 中 NO.30 木质部染色明显比对照浅；NO.26 和 NO.29 的木质部染色明显比对照深；NO.213、NO.103-2 和 NO.102 的木质部染色程度与对照差异不明显，这些结果与其木质素含量的测定结果一致。

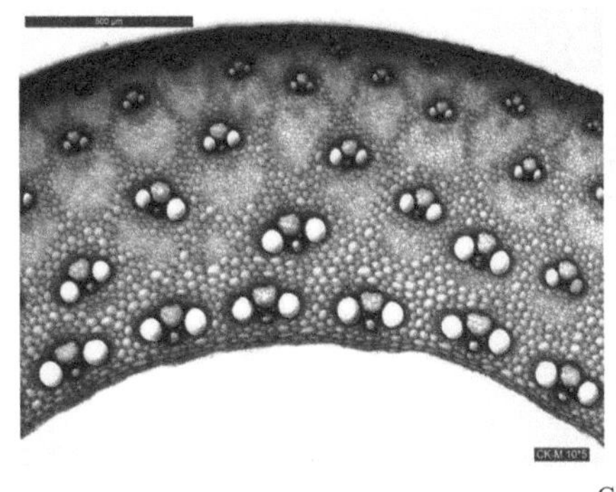

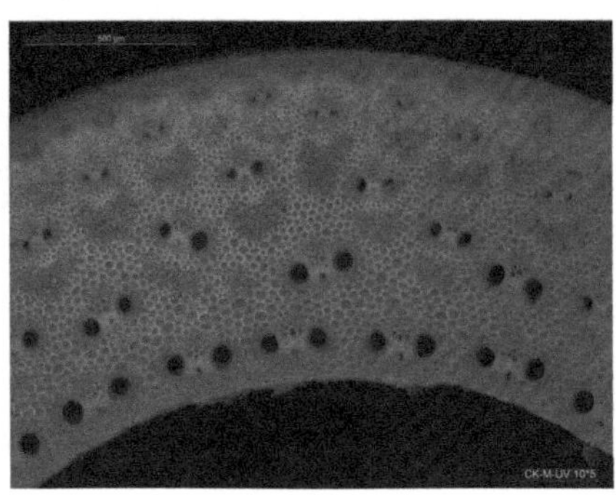

CK

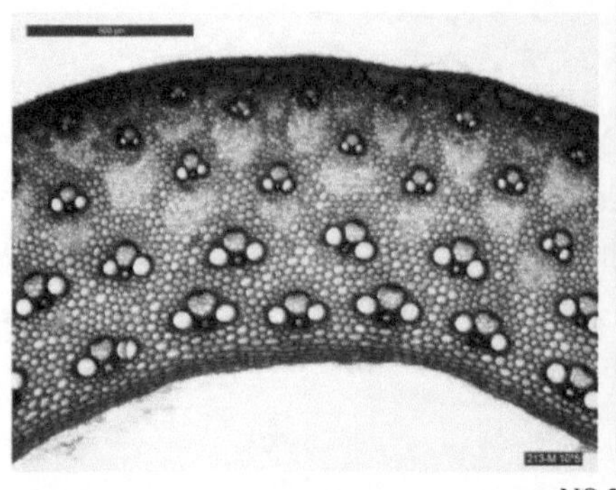
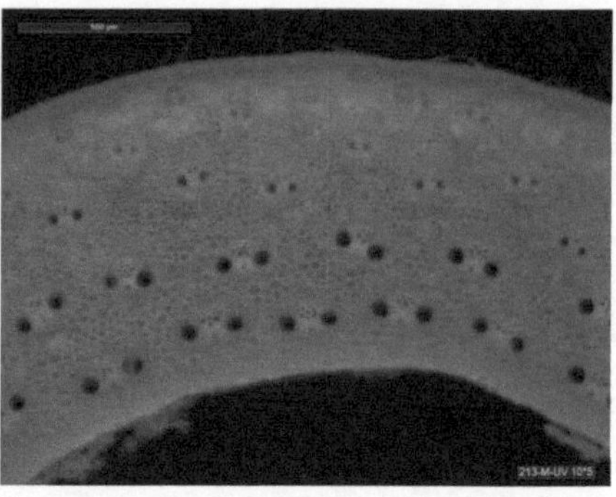

NO.213

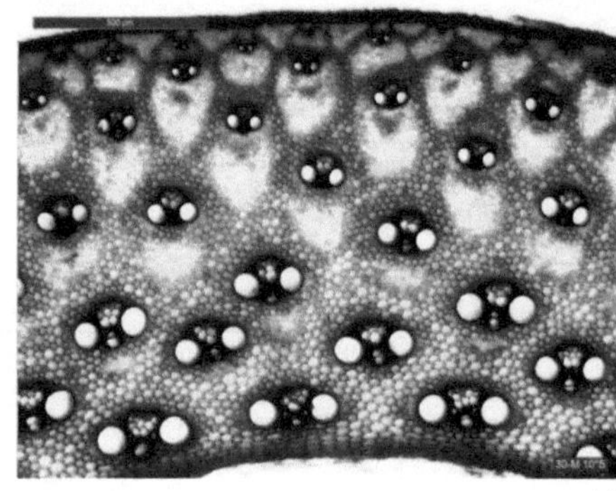
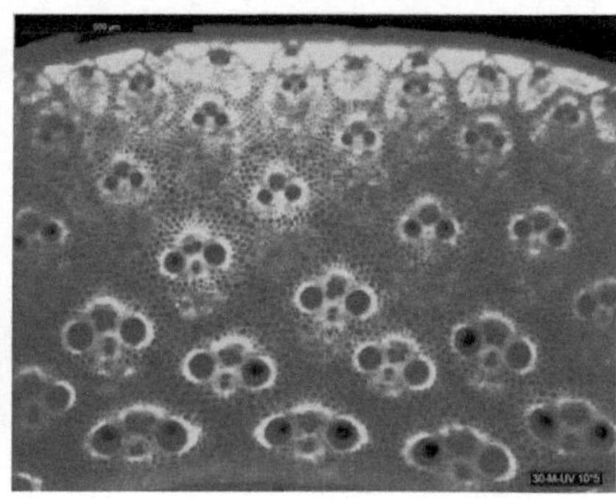

NO.30

用间苯三酚染色的茎秆中部横截面木质素的沉积　经过紫外自发荧光呈现出的茎秆中部横截面木质素的沉积

图 3-5　梁山慈竹体细胞突变体 M_1 代植株茎秆中部横截面维管束形态与木质素沉积状况（×50）

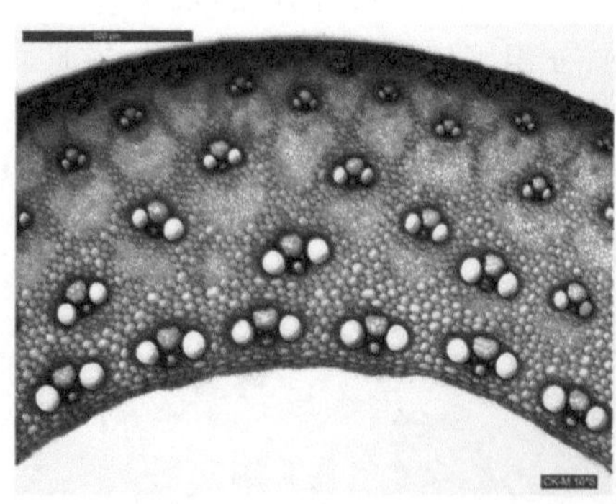
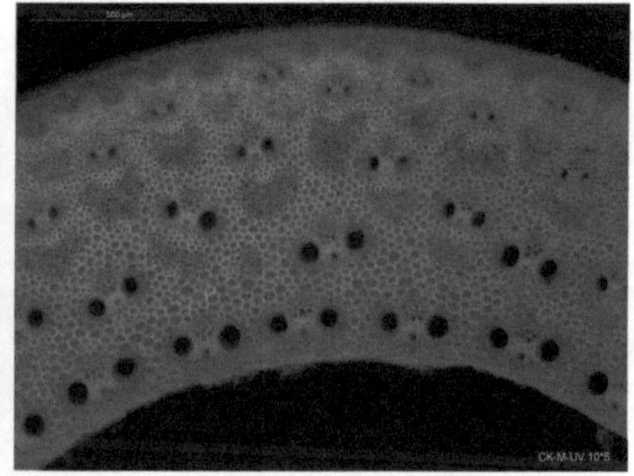

CK

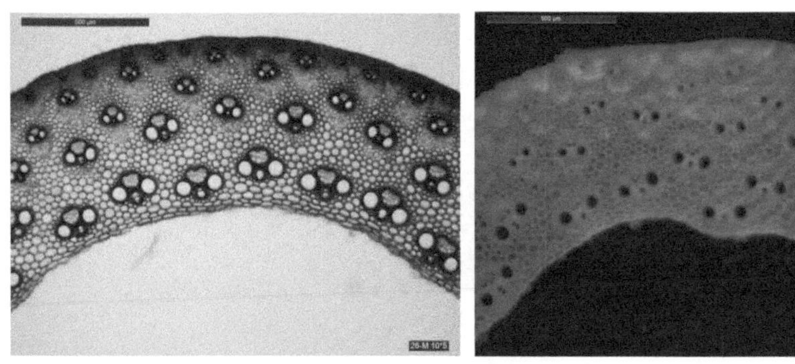

NO.26

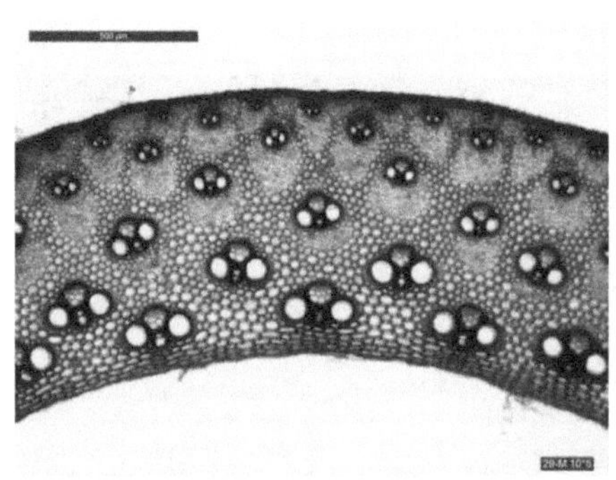

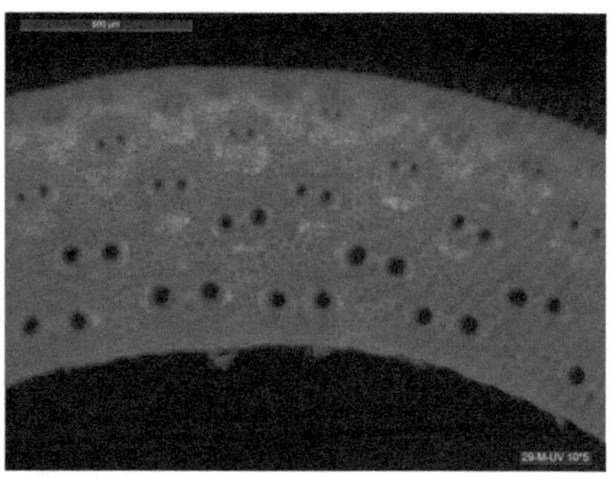

NO.29

用间苯三酚染色的茎秆中部横截面木质素的沉积　经过紫外自发荧光呈现出的茎秆中部横截面木质素的沉积

图 3-6　梁山慈竹体细胞突变体 M_1 代植株茎秆中部横截面维管束形态与木质素沉积状况（×50）

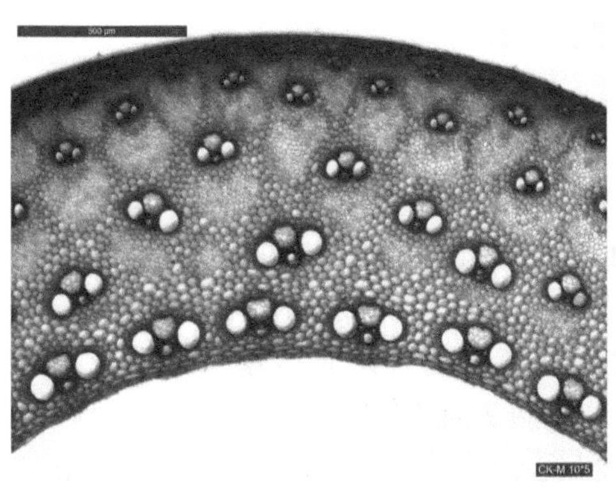

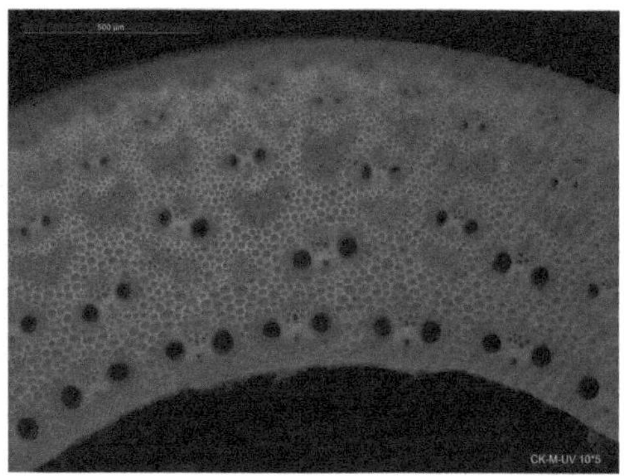

CK

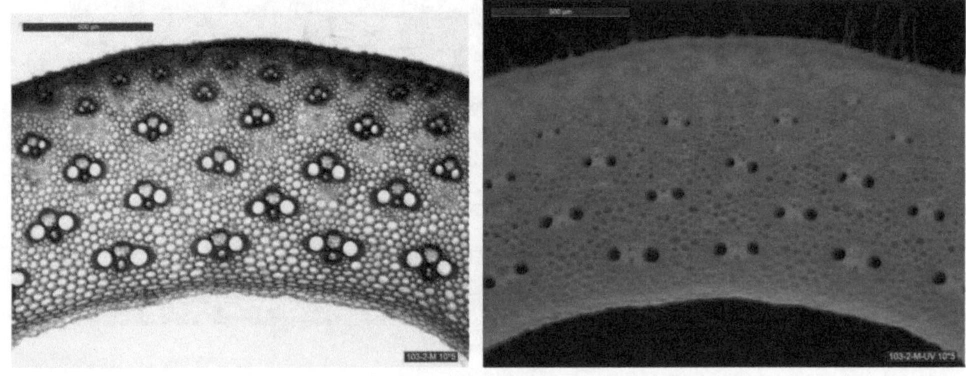

NO.103-2

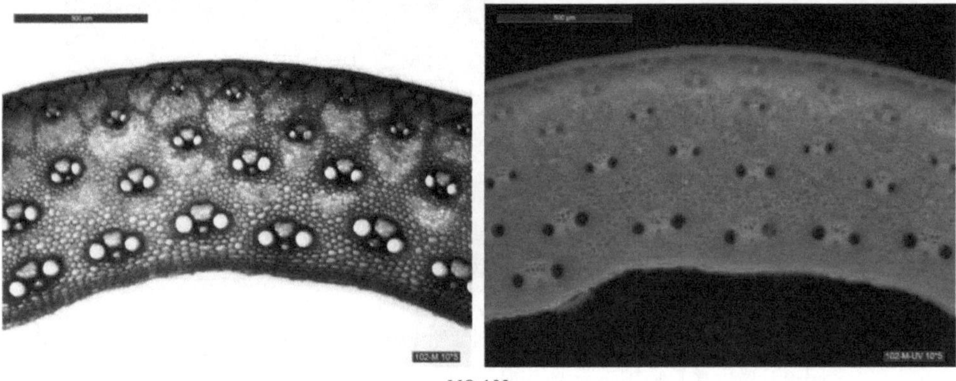

NO.102

用间苯三酚染色的茎秆中部横截面木质素的沉积　　经过紫外自发荧光呈现出的茎秆中部横截面木质素的沉积

图 3-7　梁山慈竹体细胞突变体 M_1 代植株茎秆中部横截面维管束形态与木质素沉积状况（×50）

4. 纤维形态

由图 3-8 可以看出，与未经培养的对照相比，梁山慈竹体细胞突变体纤维形态发生了变化。纤维长度的变幅为 0.341 ～ 0.668mm。被测试的 10 个体细胞突变体植株中，纤维长度大于对照的有 6 个，占总被测试突变体植株的 60%。最长的为 NO.66-1，达到 0.668mm；其余突变体植株的纤维长度小于对照，最短的为 NO.29（0.341mm）（表 3-1）。10 个体细胞突变体植株的纤维宽度变幅为 16.74 ～ 19.61μm，均比对照的纤维窄，其中纤维宽度最窄的为 NO.66-1（16.74μm），比对照少 3.57μm（表 3-1）。

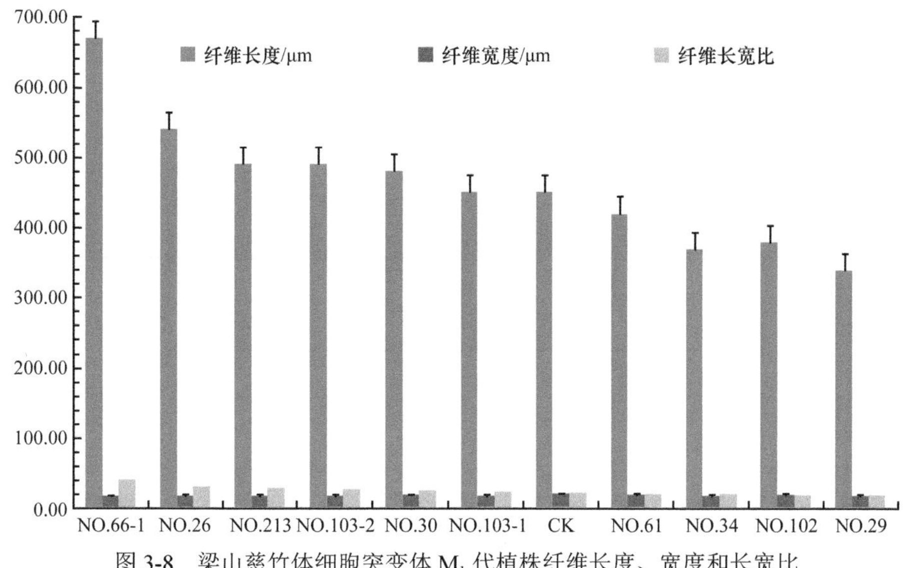

图 3-8　梁山慈竹体细胞突变体 M_1 代植株纤维长度、宽度和长宽比

造纸工艺和浆纸性能与纤维形态密切相关，一般而言，竹子纤维越长，长宽比值越大，纤维组织比量高，才有可能成为造纸的好原料。被测的 10 个体细胞突变体植株的纤维长宽比变幅为 19.05 ～ 40.00。其中有 6 个突变体植株的纤维长宽比高于对照，纤维长宽比最大的是 NO.66-1，比对照高出 17.83，其次是 NO.26，比对照高出 8.28（表 3-1）。

5. 聚类分析

根据水分含量、灰分含量、纤维素含量、木质素含量、纤维长度和纤维宽度对各突变体植株和对照进行聚类分析。结果表明以未经培养的对照为分界线，将部分梁山慈竹体细胞突变体 M_1 代植株分为四大类群（图 3-9）。

第一大类群包括 NO.34、NO.103-2、NO.66-1、NO.103-1 和 NO.30，该类群的特征为体细胞突变体植株茎秆纤维素含量高于对照（49.26%），变幅为 50.40% ～ 52.84%，但与对照的差异均未达到显著水平；木质素含量低于对照（22.14%），变幅为 19.65% ～ 21.37%；80% 突变体植株的纤维长度变幅在 0.45 ～ 0.67mm，等于或大于对照（0.45mm）；纤维宽度都低于对照（20.31μm），变幅为 16.74 ～ 18.64μm；80% 突变体植株的水分含量和灰分含量与对照无明显差异。NO.30 的木质素含量极显著低于对照，而纤维素含量比对照高出 3.58%，纤维长宽比大于对照。

第二大类群包括 NO.26 和 NO.213，该类群的特征为体细胞突变体植株茎秆纤维素含量不显著或极显著高于对照，变幅为 52.78% ～ 56.88%；木质素含量极显著或不显著高于对照，变幅为 22.59% ～ 25.51%；纤维长度大于对照，变幅为

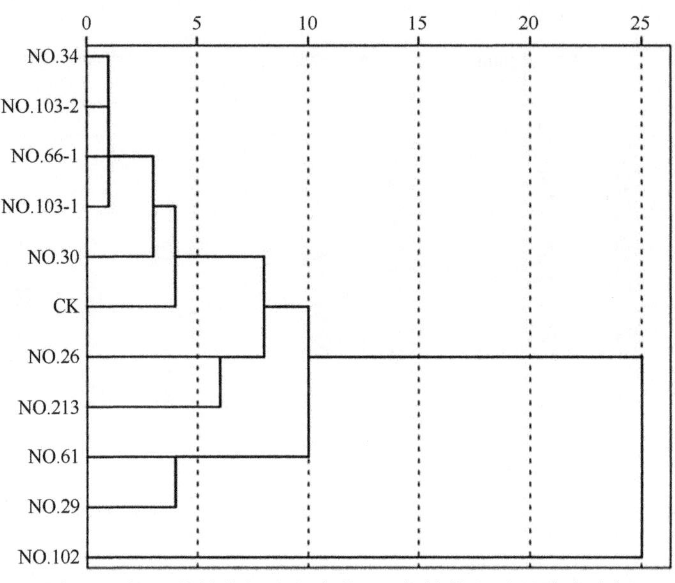

图 3-9　梁山慈竹体细胞突变体 M_1 代植株和对照聚类分析

0.49 ～ 0.54mm；纤维宽度都低于对照，变幅为 17.17 ～ 17.80μm；灰分和水分含量与对照差异不明显。NO.213 的纤维素含量极显著高于对照，比对照高出 7.62%，而木质素含量与对照的差异不明显，纤维长宽比大于对照。NO.26 的纤维素含量比对照高出 3.52%，但木质素含量极显著高于对照。

第三大类群包括 NO.61 和 NO.29，该类群的特征为体细胞突变体植株茎秆纤维素含量低于对照，但与对照的差异不显著，变幅为 46.83% ～ 48.63%；木质素含量显著或极显著高于对照，变幅为 24.59% ～ 25.56%；纤维长度和宽度都低于对照，变幅分别为 0.34 ～ 0.42mm 和 17.96 ～ 19.61μm。

第四大类群只有 NO.102 无性系，该类群的特征为体细胞突变体植株茎秆纤维素含量极显著低于对照，木质素含量与对照的差异不明显，纤维长度和宽度、纤维长宽比都比对照低，而水分含量和灰分含量极显著低于和高于对照。

3.1.3　小结

通过对梁山慈竹体细胞突变体 M_1 代植株茎秆主要组成成分含量及纤维形态的初步研究，结果表明，体细胞突变体植株 NO.213 的纤维素含量极显著高于对照，比对照高出 7.62%，木质素含量与对照的差异不明显，纤维长宽比大于对照；NO.30 的木质素含量极显著低于对照，而纤维素含量比对照高出 3.58%，纤维长宽比大于对照。这两个突变体植株的产量性状较好，耐低温的能力明显好于对照，通过进一步筛选，有可能筛选出直接用于生产的新种质。

3.2　梁山慈竹体细胞突变体 M_2 代植株茎秆组成成分分析

梁山慈竹体细胞突变体 M_2 代植株由 M_1 代植株长出的竹笋生长发育而成，对其茎秆组成成分进行分析，可以帮助我们进一步了解纤维和木质素性状等在世代间的变化情况，为进一步定向筛选高纤维/低木质素突变体提供参考。

3.2.1　材料与方法

1. 材料

2011 年 8 月 15 日至 2011 年 9 月 15 日以盆栽同期出笋且生长 30 天的梁山慈竹体细胞突变体 M_2 代植株和实生植株的茎秆中部为材料。

2. 方法

（1）茎秆组成成分含量测定

水分与灰分含量测定分别参照国家标准 GB/T 2677.2—1993 干燥法和 GB/T 2677.3—1993 的测定方法。纤维素与木质素含量的测定采用 FOSS 公司的 M6 1020/1021 纤维测定仪进行测定。

（2）纤维形态测定方法

取长约 2cm 体细胞突变体植株茎秆中部，将其削成火柴棍状于 1.5mL 离心管内，倒入 Tefferg 氏离析液（按 10% 铬酸与 10% 硝酸等比例配制）浸没竹棍，离析 36 ～ 72h，待竹棍被浸透（以用镊子轻轻一夹竹棍即完全散开为宜），将离析液倒出，用蒸馏水冲洗至中性，然后在 LDA02 型纤维质量分析仪上进行纤维长度、宽度等各项指标测定。

（3）组织化学染色和 RT-PCR 检测

采用组织化学染色（Wiesner 反应），对突变体植株和对照植株的茎秆横切面进行观察。

采用 RT-PCR 的方法对突变体植株和对照植株中相关木质素合成过程中的关键酶的表达进行半定量分析，所用相关基因的引物见表 3-2。

表 3-2 RT-PCR 中所用的引物

基因名称	正向引物（5′→3′）	反向引物（5′→3′）
4CL	TAGGACAGGGCTATGGGATG	ATGCAAATCTCCCCTGACTG
C3H	GAGATGGACCGTGTTGTTGG	TGTTCGTGCTGGCCTTGTG
C4H	CATCCTCGGCATCACCATC	CAAGCCCTGCTCAGTGTTCT
COMT	GACGCTGCTCAAGAACTGCTAT	CGATGGATCGATCTACTTGAT
CCoAOMT1	GTCACCGCCAAGCACCCAT	AGAGCGTGTTGTCGTAGCC
tublin	AACATGTTGCCTGAGGTTCC	GTTCTTGGCATCCCACATCT

（4）统计分析方法

数据采用 Excel 和 SAS 分析软件进行统计分析。

3.2.2 结果与分析

1. 纤维素含量

被测试的 28 个体细胞突变体植株的纤维素平均含量变幅为 34.58% ～ 50.90%（表 3-3）。与实生植株（44.02%）相比，有 16 个突变体植株（NO.14、NO.30、NO.42-2、NO.64、NO.44-1、NO.90-3、NO.29、NO.44-2、NO.26、NO.66-2、

表 3-3 梁山慈竹体细胞突变体 M_2 代植株茎秆纤维素和木质素含量

编号	纤维素含量 /%	木质素含量 /%	编号	纤维素含量 /%	木质素含量 /%
CK	44.02±2.15	4.81±0.27	NO.90-3	40.27±3.15	6.15±0.83
NO.14	34.58±1.91**	4.59±0.41	NO.97	44.13±3.60	4.80±0.37
NO.22	46.40±4.67	3.60±0.40*	NO.102	42.97±4.15	3.48±0.25**
NO.26	41.35±4.21	6.31±0.19**	NO.103-1	43.33±4.62	7.33±1.18*
NO.29	40.57±4.16	7.31±0.29**	NO.103-2	43.80±3.76	4.30±0.41
NO.30	35.34±3.02*	5.21±0.40	NO.120	49.63±3.43	9.10±0.43**
NO.40-1	42.81±3.78	6.01±0.28**	NO.121	47.42±4.86	8.85±0.39**
NO.42-2	39.69±2.67	5.01±0.62	NO.125-2	47.18±5.37	7.85±0.31**
NO.43	49.60±3.40*	6.23±0.24**	NO.126-1	47.66±0.61*	3.61±0.33**
NO.44-1	40.00±4.42	5.96±0.38	NO.129	50.25±3.72*	8.63±0.45**
NO.44-2	40.77±2.83	5.94±0.41	NO.132	45.14±4.29	3.48±0.47*
NO.64	39.87±1.53*	6.56±0.68*	NO.143	50.90±2.17**	5.01±0.36
NO.66-1	49.18±4.26*	3.74±0.20**	NO.208-2	43.84±5.31	7.72±1.13
NO.66-2	41.45±3.16	5.07±0.43	NO.213	42.12±4.55	4.07±0.23*
NO.90-2	48.72±2.78	7.89±0.45**			

* 表示与 CK 的差异达到显著水平（$P < 0.05$）；** 表示与 CK 的差异达到极显著水平（$P < 0.01$）

NO.213、NO.40-1、NO.102、NO.103-1、NO.103-2、NO.208-2）的纤维素含量低于对照植株，其中 NO.30、NO.64 与对照的差异达到显著水平，NO.14 比对照植株低 9.44%，差异达到极显著水平；有 12 个突变体植株（NO.97、NO.132、NO.22、NO.125-2、NO.121、NO.126-1、NO.90-2、NO.66-1、NO.43、NO.120、NO.129、NO.143）的纤维素含量高于对照植株，其中 NO.126-1、NO.129 与对照的差异达到显著水平，NO.143 高出对照植株 6.88%，达到差异极显著水平。

2. 突变体植株木质素含量

30 个体细胞突变体植株的木质素平均含量变幅为 3.48% ～ 9.10%（表 3-3）。与实生植株（4.81%）相比，有 2 个突变体植株（NO.64、NO.103-1）的木质素含量高于对照植株，且差异达到显著水平；有 10 个突变体植株（NO.26、NO.29、NO.40-1、NO.43、NO.90-2、NO.120、NO.121、NO.125-2 和 NO.129）的木质素含量高于对照植株，且差异达到极显著水平。突变体植株 NO.22、NO.132 和 NO.213 的木质素含量低于对照，且差异达到显著水平；有 3 个突变体植株（NO.66-1、NO.102 和 NO.126-1）的木质素含量低于对照植株，且差异达到极显著水平。

综上所述，突变体植株 NO.66-1 与对照植株的木质素含量差异达到极显著水平，纤维素含量高于对照植株，但没有达到显著水平；突变体植株 NO.102 与对照植株的木质素含量差异达到极显著水平，但纤维素含量略低于对照植株；突变体植株 NO.126-1 的纤维素含量高于对照植株，而木质素含量低于对照植株，且差异分别达到了显著和极显著水平；突变体植株 NO.143 与对照植株的纤维素含量差异达到极显著水平，木质素含量高于对照，但没有达到显著水平。

3. 纤维形态分析

（1）纤维长度、纤维宽度和纤维长宽比分析

造纸工业通常采用纤维加权平均长度（LW）来代表纤维的平均长度，因此，本研究也采用纤维加权平均长度来代表纤维长度。与实生植株相比，梁山慈竹体细胞突变体植株纤维长度的变幅为 0.388 ～ 0.853mm（表 3-4）。与对照植株（0.509mm）相比，21 个突变体植株纤维长度大于对照植株。其中 NO.22、NO.29、NO.40-2、NO.66-1、NO.66-2、NO.125、NO.132 和 NO.208-2 的纤维长度均在 0.700mm 以上。

表 3-4　梁山慈竹体细胞突变体 M_2 代植株纤维形态变异

编号	纤维加权平均长度 /mm	平均宽度 /μm	纤维长宽比*	细小纤维含量 /%	卷曲指数	扭结指数 /mm^{-1}
CK	0.509	15.3	33.27	29.26	0.070	0.51
NO.14	0.453	16.0	28.31	31.95	0.049	0.44

续表

编号	纤维加权平均长度 /mm	平均宽度 /μm	纤维长宽比*	细小纤维含量 /%	卷曲指数	扭结指数 /mm^{-1}
NO.22	0.816	13.6	60.00	18.63	0.027	0.19
NO.26	0.534	12.7	42.05	25.17	0.017	0.15
NO.29	0.746	17.7	42.15	17.32	0.032	0.22
NO.30	0.618	12.7	48.66	12.95	0.027	0.28
NO.40-1	0.626	13.7	45.69	18.03	0.031	0.36
NO.40-2	0.770	11.8	65.25	12.19	0.018	0.17
NO.43	0.631	11.8	53.43	19.03	0.036	0.58
NO.44-1	0.598	11.5	52.00	17.93	0.042	0.63
NO.44-2	0.695	11.7	59.40	14.01	0.041	0.75
NO.52	0.420	12.0	35.00	25.71	0.059	1.04
NO.64	0.514	13.1	39.24	20.58	0.034	0.54
NO.66-1	0.805	12.5	64.40	12.93	0.018	0.16
NO.66-2	0.714	11.7	61.03	11.33	0.024	0.29
NO.90-2	0.428	12.8	33.44	22.88	0.025	0.45
NO.90-3	0.394	13.5	29.19	36.22	0.049	0.51
NO.97	0.388	22.0	17.68	35.38	0.031	0.19
NO.103-1	0.417	14.4	28.96	24.22	0.027	0.35
NO.120	0.687	12.9	53.26	14.03	0.014	0.10
NO.121	0.673	12.0	56.08	12.53	0.024	0.26
NO.125	0.828	12.8	64.90	11.84	0.016	0.18
NO.125-2	0.651	12.5	52.08	16.88	0.016	0.18
NO.126-1	0.629	15.5	40.58	16.48	0.023	0.16
NO.126-2	0.435	22.9	19.00	30.49	0.161	0.79
NO.129	0.699	13.0	53.73	13.27	0.029	0.44
NO.132	0.853	11.9	71.68	10.85	0.024	0.31
NO.143	0.599	12.8	46.80	20.78	0.020	0.18
NO.208-2	0.735	12.3	59.76	15.50	0.044	0.74

* 纤维长宽比 = 纤维加权平均长度/平均宽度

梁山慈竹体细胞突变体植株纤维宽度的变幅为 11.5 ～ 22.9μm（表 3-4）。与对照植株（15.3μm）相比，有 5 个突变体植株（NO.14、NO.29、NO.97、NO.126-2 和 NO.126-1）纤维宽度大于对照植株。

被测试的突变体植株纤维长宽比变幅为 17.68 ～ 71.68（表 3-4）。与对照植株

（33.27）相比，有 23 个突变体植株纤维长宽比大于对照。其中 NO.66-2（61.03）、NO.66-1（64.40）、NO.125（64.90）、NO.40-2（65.25）、NO.132（71.68）远远高于对照。

（2）细小纤维含量、卷曲指数和扭结指数分析

通常把可以通过直径为 75μm 圆孔或纤维筛分仪 200 目筛的颗粒看作细小纤维，细小纤维影响平均长度，细小纤维含量的降低使得纤维的平均长度增加，纤维长度的增加导致纸张的撕裂度和抗张强度增加。无性系突变体植株细小纤维含量的变幅为 10.85% ～ 36.22%（表 3-4），与实生植株相比，24 个突变体植株的细小纤维含量小于对照植株（29.26%）。其中，7 个体细胞突变体植株（NO.30、NO.40-2、NO.66-1、NO.66-2、NO.121、NO.125、NO.132）的细小纤维含量在 13% 以下，最低的为 NO.132（10.85%）。

纤维卷曲是指纤维平直方向的弯曲，单根纤维卷曲的程度可以由卷曲指数来表示，纤维卷曲指数增加，使得弯曲的纤维比平直的纤维有更多的交联点，具有更好的弹性，从而改善纤维之间结合强度，在打浆时不易被切断，为成纸性能的提高打下了良好的结构基础。梁山慈竹突变体植株纤维卷曲指数的变幅为 0.014 ～ 0.161（表 3-4）。与实生植株相比，突变体植株 NO.40-2（0.018）、NO.66-1（0.018）、NO.121（0.024）、NO.132（0.024）的纤维卷曲指数远小于对照植株，仅有 NO.126-2（0.161）的纤维卷曲指数大于对照植株（0.070）。

纤维的扭结是指由于纤维细胞壁受损而产生的突然而生硬的转折，扭结程度高的纤维在纸张的物理性质，如抗张强度、撕裂强度等方面会受到较大的削弱。无性系突变体植株纤维扭结指数的变幅为 0.10 ～ 1.04mm^{-1}（表 3-4）。与实生植株相比，21 个无性系突变体植株纤维扭结指数小于或等于对照植株（0.51mm^{-1}）。其中，17 个无性系突变体植株（NO.120、NO.26、NO.66-1、NO.126-1、NO.40-2、NO.125、NO.125-2、NO.143、NO.97、NO.22、NO.29、NO.121、NO.30、NO.66-2、NO.132、NO.103-1、NO.40-1）的纤维扭结指数在 0.40mm^{-1} 以下，占被测试突变体植株总数的 60.7%，最小的为 NO.120（0.10mm^{-1}）。

4. 组织化学染色和 RT-PCR 检测

突变体植株茎秆中木质素含量的高低可以采用 Wiesner 组织化学染色法进行粗略的估算。在 Wiesner 反应中，间苯三酚对木质素中的醛类物质特异性染色，木质化的部位会被染成红色，染色的深浅可大致反映木质化部位的木质素沉积状况。

通过 Wiesner 组织化学染色，观察到突变体植株茎秆中木质素的积累与对照植株相比有一定的差异（图 3-10），这与突变体植株和对照植株茎秆木质素含量的测量结果相吻合（表 3-3）。

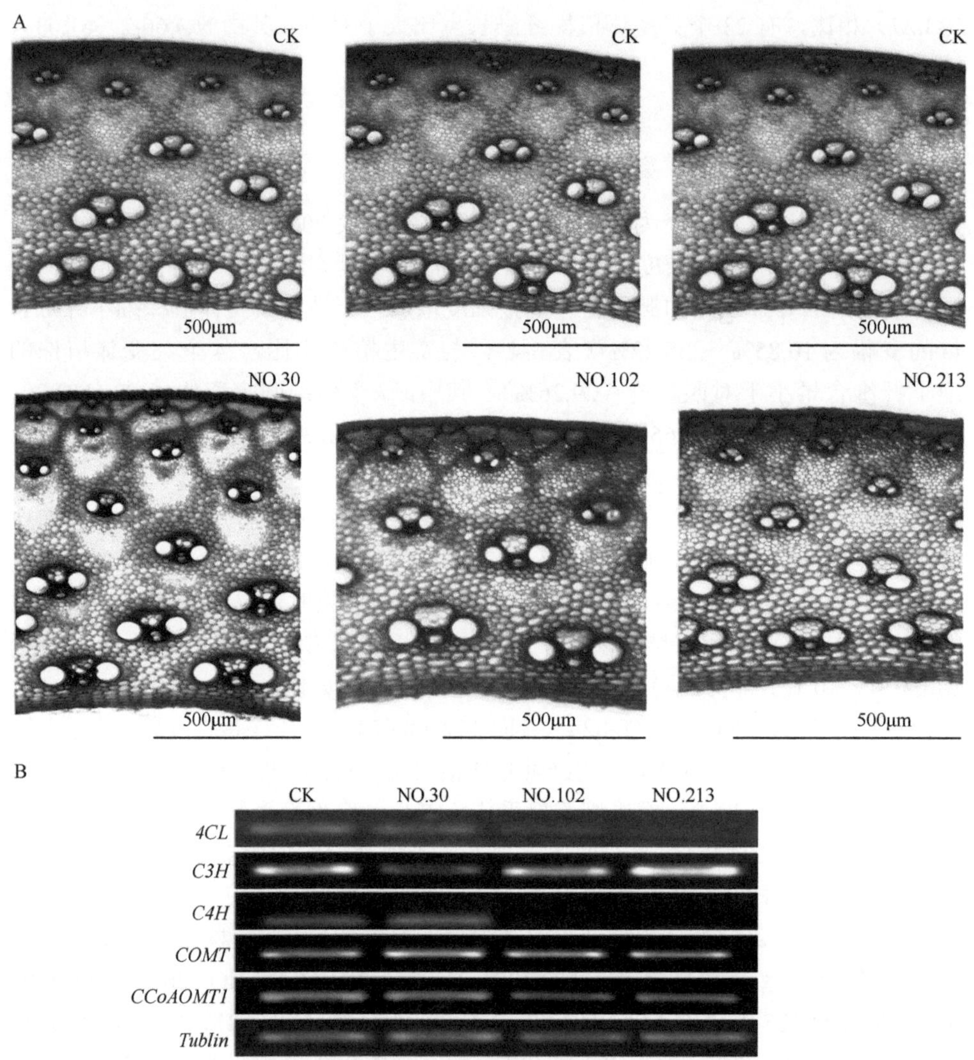

图 3-10　梁山慈竹体细胞突变体 M_2 代植株茎秆组织化学染色及 RT-PCR 检测

RT-PCR 检测结果显示，突变体植株 NO.30、NO.102、NO.213 与对照植株相比，*4CL*、*C3H*、*C4H*、*COMT*、*CCoAOMT1* 基因的表达水平发生了变化（图 3-10）。突变体植株 NO.30、NO.102、NO.213 中 *COMT*、*CCoAOMT1* 基因的表达水平与对照植株相比，没有明显差异；突变体植株 NO.30 中 *4CL* 基因的表达水平与对照植株相同，而突变体植株 NO.102、NO.213 中 *4CL* 基因的表达水平明显低于对照植株；各突变体植株中 *C3H* 基因的表达水平，突变体植株 NO.30 低于对照植株，突变体植株 NO.213 高于对照植株，而突变体植株 NO.102 与对照植株的相同；突变体植株 NO.102、NO.213 中 *C4H* 基因的表达水平明显低于对照植株，而突变体植株 NO.30 中 *C4H* 基因的表达水平要高于对照植株。

3.2.3　小结

通过对梁山慈竹体细胞突变体 M_2 代植株茎秆纤维素及木质素含量的初步研究，结果表明，突变体植株茎秆在纤维素和木质素含量及纤维形态方面发生了明显改变，如 M_2 代突变体植株 NO.66-1 和 NO.126-1 相对于对照植株，纤维素含量有了一定的升高；木质素含量下降，且差异达到了极显著水平；突变体植株 NO.143 和 NO.213 有部分性状优于对照植株，可以作为进一步研究的材料。RT-PCR 检测结果证明了木质素含量的变化具有遗传基础。

3.3　梁山慈竹体细胞突变体 M_3 代植株茎秆组成成分分析

植物在盆栽中生长发育受制于营养成分、水分等一些环境因子的影响，其遗传潜力很难充分表现出来，不利于突变体的定向筛选。前期对盆栽中的梁山慈竹体细胞突变体 M_1 代和 M_2 代植株茎秆主要组成成分含量及纤维形态的分析仅供进一步筛选时作为参考，而对大田生长条件下的梁山慈竹体细胞突变体植株茎秆组成的分析，对进一步筛选高纤维/低木质素的新种质才更具有参考价值。

3.3.1　材料与方法

1. 材料

在大田生长条件下，2012 年 8 月 18 日至 2012 年 9 月 1 日取同期出笋且生长 30 天的梁山慈竹体细胞突变体 M_3 代植株和实生植株的茎秆中部为材料。

2. 方法

（1）组成成分含量测定

水分与灰分含量测定分别参照国家标准 GB/T 2677.2—1993 干燥法和 GB/T 2677.3—1993 的测定方法。纤维素与木质素含量的测定采用 FOSS 公司的 M6 1020/1021 纤维测定仪进行测定。

（2）纤维形态测定方法

取长约 2cm 体细胞突变体植株茎秆中部，将其削成火柴棍状于 1.5mL 离心管内，倒入 Tefferg 氏离析液（按 10% 铬酸与 10% 硝酸等比例配制）浸没竹棍，离析 36 ～ 72h，待竹棍被浸透（以用镊子轻轻一夹竹棍即完全散开为宜），将离析液倒出，用蒸馏水冲洗至中性，然后在 LDA02 型纤维质量分析仪上进行纤维长度、宽度等各项指标测定。

（3）统计分析方法

数据采用 Excel 和 SAS 分析软件进行统计分析，利用 DPS3.01 软件对主要化学成分和纤维形态指标进行聚类分析。

3.3.2 结果与分析

1. 纤维素和木质素含量

被测试的 11 个梁山慈竹体细胞突变体 M_3 代植株的纤维素平均含量变幅为 48.7% ～ 65.1%（表 3-5）。与实生植株（53.8%）相比，突变体植株 NO.14、NO.30、NO.103-1 和 NO.102 的纤维素含量低于对照植株，但与对照植株的差异均未达到显著水平；突变体植株 NO.61、NO.66-1、NO.129 和 NO.150 的纤维素含量都明显高于对照植株，其中突变体植株 NO.66-1、NO.129 和 NO.150 的纤维素含量与对照植株的差异达到了极显著水平（表 3-5）；突变体植株 NO.29 相对于盆栽的情况（表 3-3），有不同程度的提高。

表 3-5 大田条件下梁山慈竹体细胞突变体 M_3 代植株茎秆纤维素和木质素含量

编号	纤维素含量 /%	木质素含量 /%
CK	53.8±3.7	6.43±0.33
NO.14	50.6±2.55	6.46±0.47
NO.29	56.4±3.40	8.09±0.72*
NO.30	48.7±3.32	10.82±0.54**
NO.35	54.5±2.85	6.58±0.31
NO.61	59.7±1.20*	9.97±0.27**
NO.66-1	63.4±1.58**	4.78±0.57*
NO.102	51.3±3.22	3.96±0.46**
NO.103-1	52.1±2.97	7.50±0.59
NO.129	62.5±1.35**	6.55±0.29
NO.150	65.1±2.05**	7.34±0.47
NO.212	55.1±3.85	8.16±0.71*

* 表示与 CK 的差异达到显著水平（$P < 0.05$）；** 表示与 CK 的差异达到极显著水平（$P < 0.01$）

与对照植株相比，被测试的 11 个体细胞突变体植株的木质素含量（表 3-5）变化不同，NO.30 和 NO.61 的木质素含量极显著高于对照植株；而突变体植株

NO.66-1（4.78%）和 NO.102（3.96%）的木质素含量低于对照，差异分别达到显著水平和极显著水平。

综上所述，突变体植株 NO.66-1 具有纤维素含量极显著高于对照植株，而木质素含量显著低于对照植株的特征；突变体植株 NO.129 和 NO.150 具有纤维素含量极显著高于对照植株，而木质素含量与对照植株无明显差异的特征。

2. 纤维形态分析

梁山慈竹体细胞突变体 M_3 代植株茎秆纤维形态与对照相比发生了不同程度的改变（表 3-6）。

表 3-6　梁山慈竹体细胞突变体 M_3 代植株茎秆纤维形态变异

编号	纤维加权平均长度 /mm	平均宽度 /μm	纤维长宽比*	细小纤维含量 /%	卷曲指数	扭结指数 /mm^{-1}
CK	0.651	16.03	40.60	37.95	0.070	0.65
NO.14	0.701	13.47	52.05	32.31	0.040	0.16
NO.29	0.782	15.13	51.67	13.91	0.039	0.35
NO.30	0.636	13.23	49.56	31.32	0.030	0.31
NO.35	0.549	12.83	41.49	35.18	0.037	0.43
NO.61	0.571	12.90	44.26	23.55	0.045	0.50
NO.66-1	0.802	16.83	47.64	13.03	0.045	0.38
NO.102	0.793	13.70	57.88	19.63	0.128	0.84
NO.103-1	0.643	14.80	43.45	29.12	0.035	0.34
NO.129	0.869	14.77	58.85	18.51	0.038	0.40
NO.150	0.532	14.27	37.29	33.51	0.037	0.44
NO.212	0.803	12.63	63.56	14.09	0.036	0.30

* 纤维长宽比 = 纤维加权平均长度/平均宽度

（1）纤维长度、纤维宽度和纤维长宽比分析

梁山慈竹体细胞突变体 M_3 代植株茎秆纤维长度的变幅为 0.532 ～ 0.869mm（表 3-6）。与对照植株（0.651mm）相比，突变体植株 NO.14、NO.29、NO.66-1、NO.102、NO.129 和 NO.212 的纤维长度大于对照植株。其中 NO.66-1、NO.129 和 NO.212 的纤维长度均在 0.800mm 以上。

与未经培养的对照相比，梁山慈竹体细胞突变体植株纤维宽度的变幅为 12.63 ～ 16.83μm（表 3-6）。与对照植株（16.03μm）相比，有 10 个突变体植株（NO.14、NO.29、NO.30、NO.35、NO.61、NO.102、NO.103-1、NO.129、NO.150 和 NO.212）纤维宽度小于对照植株。

被测试的 11 个突变体植株纤维长宽比变幅为 37.29 ～ 63.56（表 3-6，图 3-11）。与对照植株（40.60）相比，突变体植株 NO.150 的纤维长宽比小于对照植株。其中 NO.102（57.88）、NO.129（58.85）、NO.212（63.56）远远高于对照。

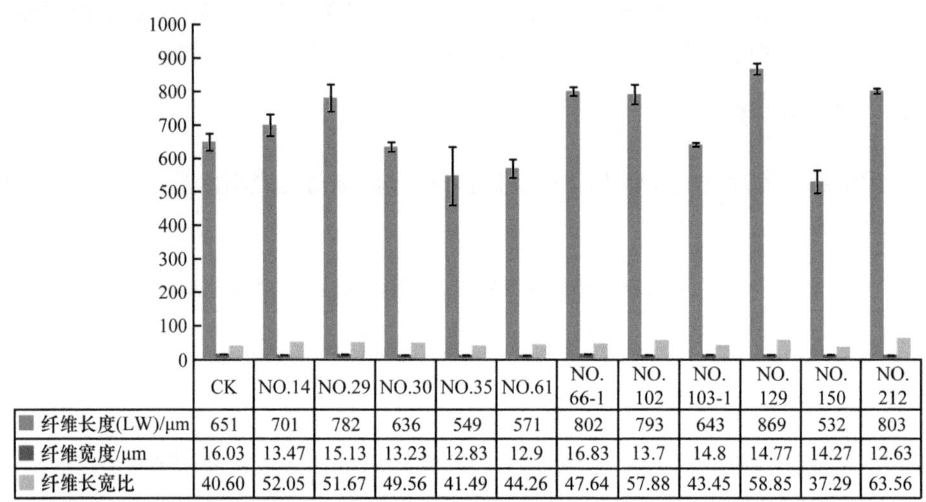

	CK	NO.14	NO.29	NO.30	NO.35	NO.61	NO.66-1	NO.102	NO.103-1	NO.129	NO.150	NO.212
纤维长度(LW)/μm	651	701	782	636	549	571	802	793	643	869	532	803
纤维宽度/μm	16.03	13.47	15.13	13.23	12.83	12.9	16.83	13.7	14.8	14.77	14.27	12.63
纤维长宽比	40.60	52.05	51.67	49.56	41.49	44.26	47.64	57.88	43.45	58.85	37.29	63.56

图 3-11 梁山慈竹体细胞突变体 M_3 代植株纤维长度、纤维宽度及纤维长宽比

（2）细小纤维含量、卷曲指数和扭结指数分析

梁山慈竹体细胞突变体 M_3 代植株细小纤维含量的变幅为 13.03% ～ 35.18%（表 3-6）。与实生植株相比，突变体植株 NO.29、NO.66-1、NO.129 和 NO.212 的细小纤维含量远小于对照植株，并且这些突变体植株的纤维长度均大于对照植株。这说明，纤维长度与细小纤维含量之间具有一定的关系，细小纤维含量的增加会降低纤维的长度。

纤维卷曲指数的增加有利于纸浆的生产。与未经培养的对照相比，除突变体植株 NO.102（0.128）外，其他无性系突变体植株的卷曲指数远小于对照植株（0.070），变幅为 0.030 ～ 0.045mm^{-1}（表 3-6）。其中 NO.61 和 NO.66-1 的卷曲指数最高，均为 0.045。

纤维扭结指数的升高，会在生产过程中产生不利的影响。无性系突变体植株纤维扭结指数的变幅为 0.16 ～ 0.84mm^{-1}（表 3-6）。与对照植株（0.65mm^{-1}）相比，除突变体植株 NO.102（0.84mm^{-1}）外，其他无性系突变体植株的扭结指数均小于对照植株，其中扭结指数最小的为 NO.14（0.16mm^{-1}）。

相对于盆栽的测定结果，突变体植株移植于田间后，纤维形态方面发生了一定的改变。突变体植株 NO.14 相对于对照植株，其纤维长度有一定的上升，纤维长宽比有了明显的升高；而突变体植株 NO.66-1、NO.29 和 NO.129 则很好地保持了其纤维相关性状的稳定性。另外，突变体植株 NO.102 在纤维长度、纤维长宽比、细小纤维含量和卷曲指数方面均优于对照，但其远高于对照植株的扭结指数，还有待于进一步研究。

经过对田间突变体植株纤维素含量、木质素含量和纤维形态的综合分析，突变体植株 NO.66-1 和 NO.129 具有良好的纤维原料用材特征。

3.3.3　小结

1）梁山慈竹体细胞突变体植株在纤维素含量及纤维形态方面明显发生了变化，部分突变体植株有较大的提升。M_3 代突变体植株 NO.66-1 在纤维素和木质素含量方面均优于对照植株，且差异均达到显著水平，进一步证明了 NO.66-1 性状的稳定，突变体植株 NO.129 和 NO.150 纤维素含量极显著高于对照植株，而木质素含量与对照植株无明显差异。

2）突变体植株盆栽和大田试验相结合，结果表明，突变体植株的纤维形态较稳定，经过筛选突变体植株 NO.29、NO.40-2、NO.66-1、NO.129、NO.132 和 NO.212 不仅纤维长度较长，长宽比值较大，而且在细小纤维含量、纤维卷曲指数及扭结指数方面优于对照。

第 4 章　梁山慈竹体细胞突变体早期世代耐寒能力评价

冷害和冻害是农林生产中一种严重的自然灾害，2008 年年初我国南方出现持续冰雪天气，大量竹林遭受不同程度的冻害胁迫，造成巨大经济损失，仅四川省受灾面积达 30 万 hm^2，直接经济损失达 20 亿元以上（蒋俊明等，2008）。梁山慈竹（*Dendrocalamus farinosus*）属于竹亚科牡竹属，是四川省本土大型丛生竹种之一，因其产量高、生长周期短、薄壁且富含纤维及纤维品质优良等特点而成为西南地区竹浆造纸的主要原料。梁山慈竹主要生长在我国热带和亚热带地区，具有重要的经济、社会和生态效益，但由于冬季低温影响其生长、发育、质量、产量及地理分布等问题，迫切需要培育耐寒性更强的梁山慈竹新种质。因此，探索梁山慈竹体细胞突变体耐寒的生理机制，不仅在理论上具有重要意义，同时筛选出的耐寒的新种质在竹类植物生产中也具有很大的应用价值。

4.1　梁山慈竹体细胞突变体 M_1 代植株耐低温能力评价

自然条件下，0 ～ 4℃的持续低温对丛生竹的生长极为不利。因此，调查自然条件下，0 ～ 4℃的持续低温对梁山慈竹体细胞突变体的影响，对于耐低温突变体植株的筛选十分必要。四川绵阳 2010 年 12 月 17 日至 2010 年 12 月 19 日和 2011 年 3 月 14 日至 2011 年 3 月 15 日夜间持续 0 ～ 4℃的低温，梁山慈竹体细胞突变体对低温表现出不同的耐受性，为突变体耐低温植株的筛选提供了很好的条件。

4.1.1　材料

以不同的梁山慈竹体细胞突变体 M_1 代植株为材料，开展以下方面的研究。每个体细胞突变体植株栽培在直径为 30cm、高为 35cm 的塑料桶内，以同期生长的实生植株为对照。

2010 年 3 月 10 日至 2010 年 12 月 17 日，49 个梁山慈竹体细胞突变体和对

照的 M_1 代植株在室外生长。2010 年 11 月 18 日至 2010 年 12 月 3 日，四川绵阳昼/夜平均温度为 16.4℃/8.4℃，这些植株经历了 12 天夜间 10℃以下低温的作用。

2011 年 3 月 7 日（昼/夜温度为 17℃/8℃）将不同的梁山慈竹体细胞突变体和对照的 M_1 代植株由温室（25℃）移到室外生长，至 3 月 13 日这段时间（共 7 天），昼/夜平均温度为 15.8℃/8.3℃。四川绵阳 2011 年 3 月 14 日（昼/夜温度为 10℃/3℃）和 3 月 15 日（昼/夜温度为 14℃/3℃）开始降温，这两天昼/夜平均温度为 12℃/3℃；3 月 16 日温度开始回升，昼/夜温度为 16℃/7℃。

4.1.2　方法

1. 体细胞突变体植株耐低温等级调查

2011 年 3 月 16 日对经过 2 天夜间 3℃低温作用后的不同梁山慈竹体细胞突变体和对照的 M_1 代植株进行短期耐低温等级调查，将其划分为 4 个等级（图 4-1）。

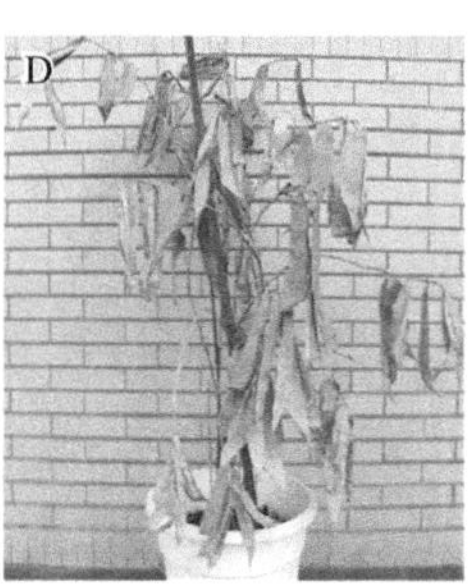

图 4-1　梁山慈竹体细胞突变体 M_1 代植株耐低温等级划分

A. 完全展开叶幼叶叶片边缘发白，竹心受伤害；B. 叶片面积近三成受伤害，出现脱水斑；C. 叶片面积近一半受伤害，出现脱水斑；D. 叶片面积近七成受伤害，整个叶片完全失水

2. Fv/Fm，SOD、POD 和 CAT，RuBP 羧化酶和 PEP 羧化酶活性测定

分别于 2010 年 12 月 4 日和 2011 年 3 月 16 日对梁山慈竹体细胞突变体和对照的 M_1 代植株的 Fv/Fm 及 SOD、POD 和 CAT 酶活性进行测定。

Fv/Fm 采用 PAM-100 调制式荧光仪进行测定，测定前先将叶片暗适应 20 ～ 30min。测定时，打开检测光（PAR 约 0.1μE）测定初始荧光（F0），然后照射饱和脉冲光（PAR 约为 84μE，20s，1 个脉冲），测定最大荧光（Fm）及最大光化学效率（Fv/Fm）。

POD 活性测定采用愈创木酚法；SOD 活性测定采用南京建成生物工程研究所 SOD 试剂盒（A001-2）测试；CAT 活性测定采用南京建成生物工程研究所 CAT 试剂盒（A007）测定。

3. 可溶性糖和可溶性蛋白质含量、丙二醛（MDA）和脯氨酸含量的测定

分别于 2010 年 12 月 4 日和 2011 年 3 月 16 日对梁山慈竹体细胞突变体的可溶性糖含量、可溶性蛋白质含量、丙二醛和脯氨酸含量进行测定。

可溶性糖含量的测定采用蒽酮比色法；可溶性蛋白质含量的测定采用考马斯亮蓝 G-250 染色法；MDA 含量的测定采用硫代巴比妥酸（TBA）法；脯氨酸含量的测定采用酸性茚三酮法。

4. RuBP 羧化酶和 PEP 羧化酶活性测定

分别于 2010 年 8 月 5 日（正常生长，昼/夜温度为 33℃/25℃）和 2011 年 3 月 16 日（2 天低温胁迫，昼/夜平均温度为 12℃/3℃）对梁山慈竹体细胞突变体的 RuBP 羧化酶和 PEP 羧化酶活性进行测定，RuBP 羧化酶和 PEP 羧化酶的酶液提取和测定参照魏爱丽等（2003）的方法。

5. 叶绿体编码基因的表达

采用 RT- PCR 的方法分别于 2010 年 8 月 5 日（正常生长）和 2011 年 3 月 16 日（2 天低温胁迫），对梁山慈竹突变体植株的叶绿体编码基因的表达进行半定量分析。

采用 RNA prep pure 植物总 RNA 提取试剂盒［购自天根生化科技（北京）有限公司］提取体细胞突变体植株叶片总 RNA，采用 Reverse Transcriptase M-MLV（RNase H$^-$）反转录试剂盒［购自宝生物工程（大连）有限公司］将 RNA 反转录合成 cDNA。

半定量 RT-PCR 引物：叶绿体相关编码基因及引物选自袁丽钗等（2010）的研究，根据慈竹持家基因 *Tublin* 序列设计半定量 RT-PCR 引物（表 4-1），引物由生工生物工程（上海）股份有限公司合成。扩增条件：95℃ 3min；95℃ 30s，56℃ 30s，72℃ 45s，共 25 个循环，以 *Tublin* 为内参基因。每个实验重复 3 次。

表 4-1　RT-PCR 中所用的引物

基因名称	正向（5′→3′）	反向（5′→3′）	基因功能
atpB	ACCAATCCTACTACTTCTCG	CTTCAATTTGTTCTCCTCTTC	编码 ATP 合成酶 CF1 的 β 亚基，与光合作用过程有关
ndhC	GTTTCTGCTTCACGAATATG	ACCATTCCAAGGCTCCTTTT	编码 NAD(P)H 醌氧化还原酶亚基 3，与光合作用过程有关
petA	ACTTTTTCTTGGGTAAAGGA	TCGTACAATTGAACCTTTTCA	属于细胞色素 b6/f 复合物基因，编码细胞色素 f，与光合作用过程有关

续表

基因名称	正向（5′→3′）	反向（5′→3′）	基因功能
psaA	TCGCCGGAACCAGAAGTAAAA	TTCTCGCTAAGAAGAATGCCC	编码光系统Ⅰ（PSⅠ）作用中心蛋白 A1，与光合作用过程有关
psbA	GCAATTTTAGAGAGACGCGA	TGGAACTTCAAGAGCAGCTA	编码光系统Ⅱ（PSⅡ）作用中心蛋白 D1，与光合作用过程有关
rpl2	TACAAAACACCTATCCCCGAG	ACGGCGACGAAGAATAAAAT	编码核糖体大亚基的多肽 2，与叶绿体基因的表达有关
Tublin	AACATGTTGCCTGAGGTTCC	GTTCTTGGCATCCCACATCT	

4.1.3 结果与分析

1. 体细胞突变体植株耐低温能力

自然条件下，通过 2 天夜间 3℃低温作用后，45 个梁山慈竹体细胞突变体和对照呈现出不同的耐低温能力，根据受低温伤害程度的不同将其分为 4 个等级（图 4-1），1 级受害程度最轻，4 级受害程度最高。被调查的突变体植株中，有 13 个植株耐低温能力最强，属于 1 级，分别为 NO.13、NO.14、NO.19、NO.30、NO.40-1、NO.61、NO.66-1、NO.66-2、NO.90-1、NO.90-2、NO.126-2、NO.212 和 NO.213（占调查突变体植株总数的 28.89%）；有 5 个突变体植株耐低温能力次之，为 2 级；12 个突变体植株耐低温能力为 3 级；有 15 个突变体植株（占调查突变体植株总数的 33.3%）耐低温能力与未经离体培养的对照植株相同，为 4 级（图 4-2）。进一步表明，通过离体诱导培养途径可以筛选耐 0 ～ 4℃低温能力较强的梁山慈竹体细胞突变体，为竹耐低温的改良提供了可行途径。

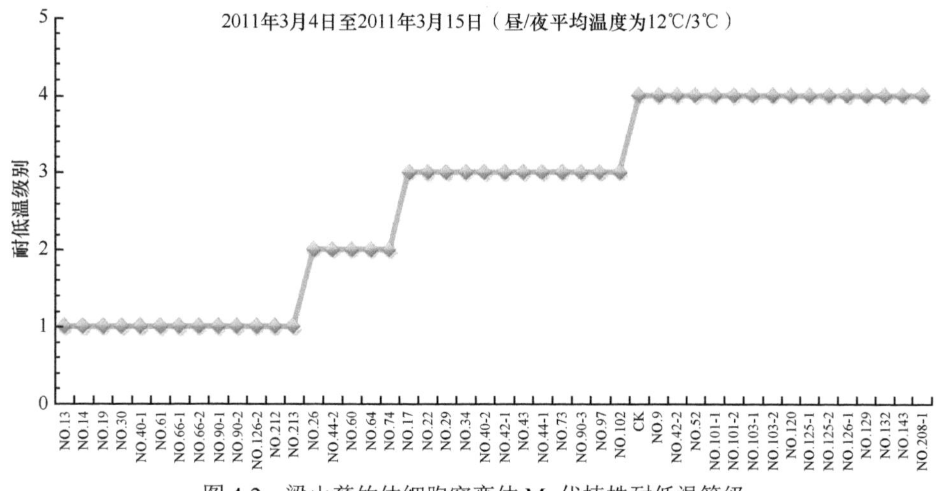

图 4-2 梁山慈竹体细胞突变体 M_1 代植株耐低温等级

2. 体细胞突变体植株的 Fv/Fm

Fv/Fm 表示 PSⅡ 的最大量子产量，反映了植物潜在的最大光合能力（光合效率）。体细胞突变体植株在昼/夜平均温度为 16.4℃/8.4℃的自然条件下，生长 18 天后，除 NO.9、NO.102、NO.74 和 NO.22 的 Fv/Fm 低于 0.702 外，其他被测定的 37 个体细胞突变体植株的 Fv/Fm 与对照的差别不大（图 4-3），变幅为 0.737 ～ 0.775，平均值为 0.755。已有大量研究表明，所有高等植物的 Fv/Fm（最大光合效率）为 0.80 ～ 0.84。由此看来，梁山慈竹体细胞突变体在昼/夜平均温度为 16.4℃/8.4℃的自然条件下生长 18 天，其 Fv/Fm 都表现降低，表明受到了低温胁迫的作用。但这种低温条件使绝大多数无性系和对照的 Fv/Fm 降低幅度比在昼/夜平均温度为 12℃/3℃条件下生长 2 天时的小。

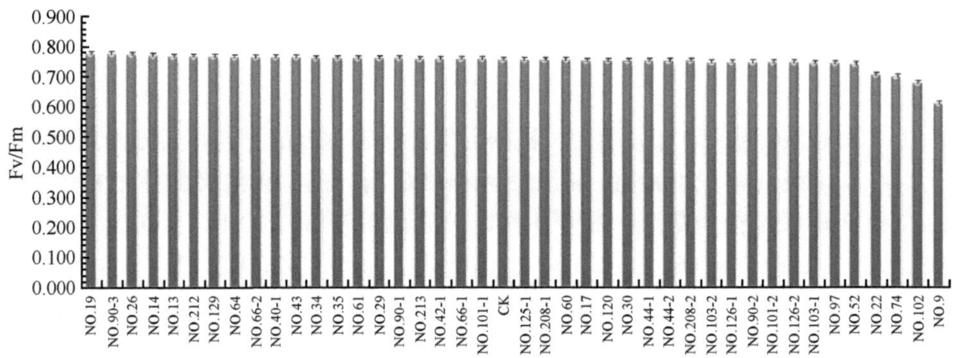

图 4-3　在昼/夜平均温度为 16.4℃/8.4℃条件下（2010 年 11 月 18 日至 2011 年 12 月 3 日）梁山慈竹体细胞突变体 M_1 代植株的 Fv/Fm

在昼/夜平均温度为 12℃/3℃的自然条件下生长 2 天后，被测试的 13 个体细胞突变体植株 Fv/Fm 变幅为 0.321 ～ 0.625，都比在昼/夜平均温度为 16.4℃/8.4℃自然条件下生长 18 天的低（图 4-4），降低幅度为 0.150 ～ 0.434，说明受到低温胁迫的强度比后者大。在被测试的 13 个体细胞突变体植株中，与昼/夜平均温度为 16.4℃/8.4℃时的 Fv/Fm 相比（图 4-4），NO.101-1 和 CK 的降低幅度最大，分别为 0.434 和 0.391，相对而言，NO.9 降低幅度较小，为 0.242。NO.101-1 和 NO.9 的 Fv/Fm 与 CK 相比差异不大，它们耐低温的能力最低，等级为 4 级（图 4-5）；无性系 NO.19 的 Fv/Fm 最高，降低的幅度最小（0.150），抵抗低温能力最强，为 1 级（图 4-5）；无性系 NO.208-1、NO.126-2、NO.90-2、NO.66-1、NO.14、NO.212 和 NO.44-1 的 Fv/Fm 比较相近（0.522 ～ 0.586），降低幅度为 0.161 ～ 0.239（图 4-5）；NO.126-1、NO.120 和 NO.90-1 的 Fv/Fm 值分别为 0.468、0.461 和 0.445，降低幅度为 0.277 ～ 0.313，其中 NO.90-1 降低幅度相对较高，但耐低温等级为 1 级，其他 2 个无性系耐低温等级为 4 级（图 4-5）。

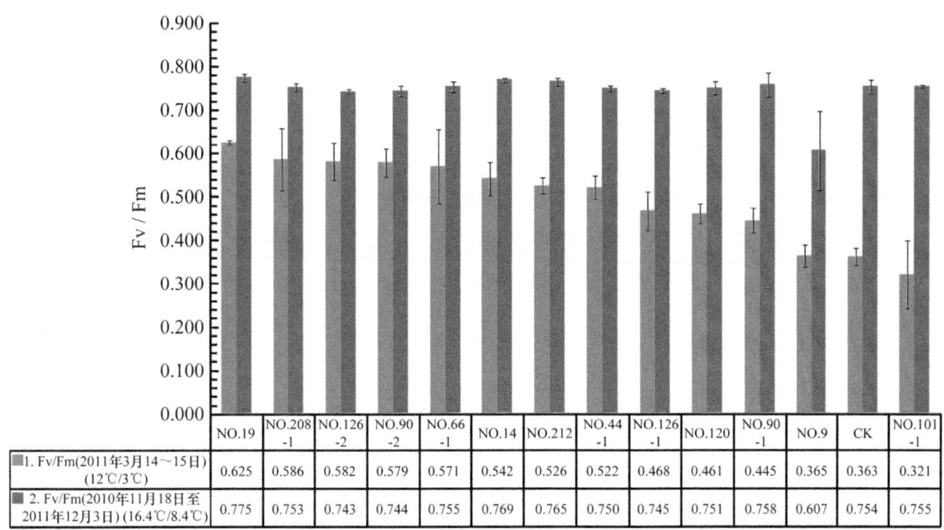

	NO.19	NO.208-1	NO.126-2	NO.90-2	NO.66-1	NO.14	NO.212	NO.44-1	NO.126-1	NO.120	NO.90-1	NO.9	CK	NO.101-1
1. Fv/Fm(2011年3月14～15日)(12℃/3℃)	0.625	0.586	0.582	0.579	0.571	0.542	0.526	0.522	0.468	0.461	0.445	0.365	0.363	0.321
2. Fv/Fm(2010年11月18日至2011年12月3日)(16.4℃/8.4℃)	0.775	0.753	0.743	0.744	0.755	0.769	0.765	0.750	0.745	0.751	0.758	0.607	0.754	0.755

图 4-4　在昼/夜平均温度为 12℃/3℃和昼/夜平均温度为 16.4℃/8.4℃条件下梁山慈竹体细胞突变体 M_1 代植株的 Fv/Fm

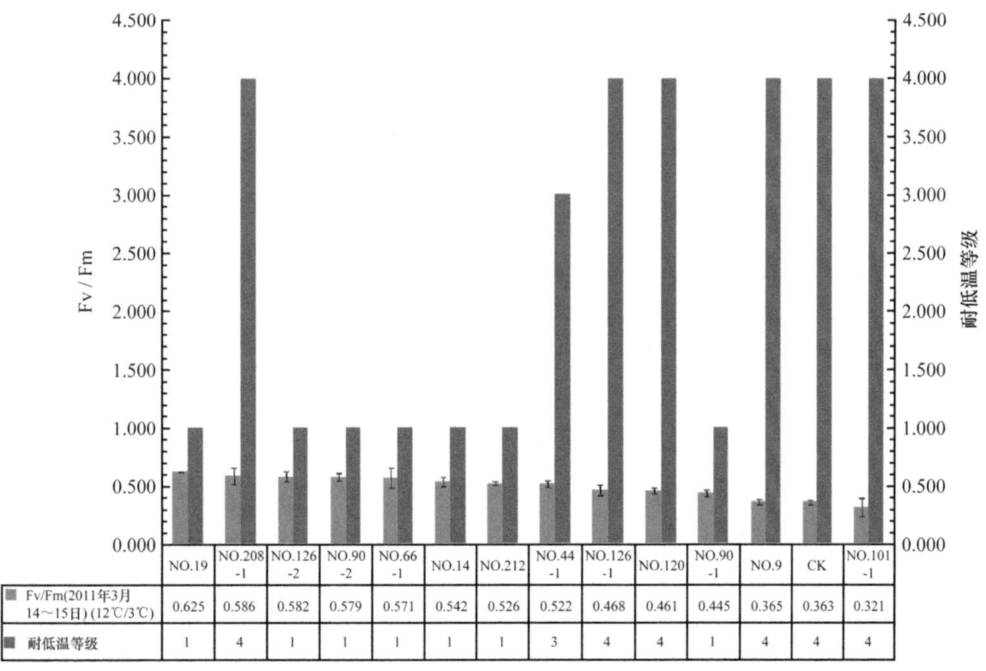

	NO.19	NO.208-1	NO.126-2	NO.90-2	NO.66-1	NO.14	NO.212	NO.44-1	NO.126-1	NO.120	NO.90-1	NO.9	CK	NO.101-1
Fv/Fm(2011年3月14～15日)(12℃/3℃)	0.625	0.586	0.582	0.579	0.571	0.542	0.526	0.522	0.468	0.461	0.445	0.365	0.363	0.321
耐低温等级	1	4	1	1	1	1	1	3	4	4	1	4	4	4

图 4-5　在昼/夜平均温度为 12℃/3℃条件下梁山慈竹体细胞突变体 M_1 代植株的 Fv/Fm 与耐低温等级

通过对 Fv/Fm 和耐低温能力的分析（图 4-5），可以得出，Fv/Fm 越高，绝大多数梁山慈竹体细胞突变体抵抗低温的能力越强。

3. 体细胞突变体植株保护酶活性变化

超氧化物歧化酶（SOD）、过氧化物酶（POD）和过氧化氢酶（CAT）是植物体内重要的保护酶，在植物受到低温胁迫后，其在清除自由基中起到重要作用，与植物抗低温胁迫密切有关。脯氨酸在植物细胞内的积累，与植物抗寒性关系密切。

（1）SOD 活性变化

在昼/夜平均温度为 12℃/3℃的自然条件下生长 2 天后，被测试的 13 个体细胞突变体植株和 CK 的 SOD 活性一样，都比在昼/夜平均温度为 16.4℃/8.4℃自然条件下生长 18 天的高（图 4-6），是其 2.6 ～ 43.7 倍。

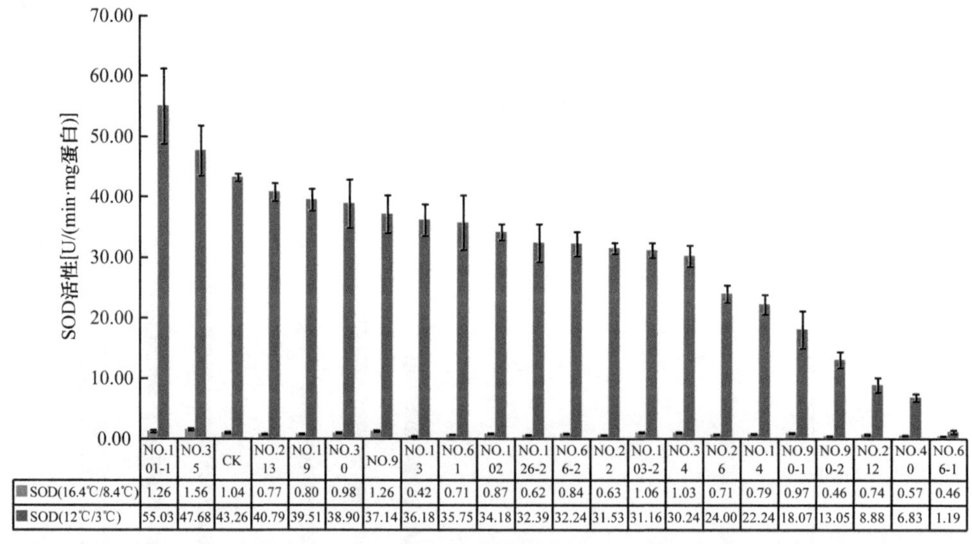

	NO.101-1	NO.35	CK	NO.213	NO.19	NO.30	NO.9	NO.13	NO.61	NO.102	NO.126-2	NO.66-2	NO.22	NO.103-2	NO.34	NO.26	NO.14	NO.90-1	NO.90-2	NO.212	NO.40	NO.66-1
SOD(16.4℃/8.4℃)	1.26	1.56	1.04	0.77	0.80	0.98	1.26	0.42	0.71	0.87	0.62	0.84	0.63	1.06	1.03	0.71	0.79	0.97	0.46	0.74	0.57	0.46
SOD(12℃/3℃)	55.03	47.68	43.26	40.79	39.51	38.90	37.14	36.18	35.75	34.18	32.39	32.24	31.53	31.16	30.24	24.00	22.24	18.07	13.05	8.88	6.83	1.19

图 4-6　在昼/夜平均温度为 12℃/3℃和昼/夜平均温度为 16.4℃/8.4℃条件下梁山慈竹体细胞突变体 M_1 代植株的 SOD 活性

在昼/夜平均温度为 16.4℃/8.4℃自然条件下，生长 18 天的突变体植株与 CK 的 SOD 活性变化幅度不大［0.42 ～ 1.56U/(min·mg 蛋白)］，但在昼/夜平均温度为 12℃/3℃的自然条件下，生长 2 天的突变体植株与 CK 的 SOD 活性变化幅度很大，为 1.19 ～ 55.03U/(min·mg 蛋白)，表明受更低的低温胁迫后，梁山慈竹体细胞突变体的 SOD 活性都会有很大幅度提高（NO.66-1 除外），以清除超氧自由基，避免超氧自由基对其细胞膜的损害，提高抵抗低温胁迫的能力。

（2）POD 活性变化

在昼/夜平均温度为 12℃/3℃的自然条件下生长 2 天的突变体植株，NO.30、NO.9、NO.90-2 和 NO.19 与 CK 的 POD 活性相同，都比在昼/夜平均温度为 16.4℃/8.4℃自然条件下生长 18 天的突变体植株 POD 活性低，其他突变体植株的 POD 活性都比在昼/夜平均温度为 16.4℃/8.4℃自然条件下生长 18 天的高（图 4-7）。大量研究普遍认为，POD 活性上升有利于保持植物体内自由基的产生和清除之间的平衡，从而对植物细胞膜起到保护作用。POD 活性的上升，与耐低温能力呈正相关。因此，突变体植株 POD 活性的提高，可以降低活性氧物质对梁山慈竹体细胞突变体细胞膜的伤害，增强其抗低温胁迫的能力。

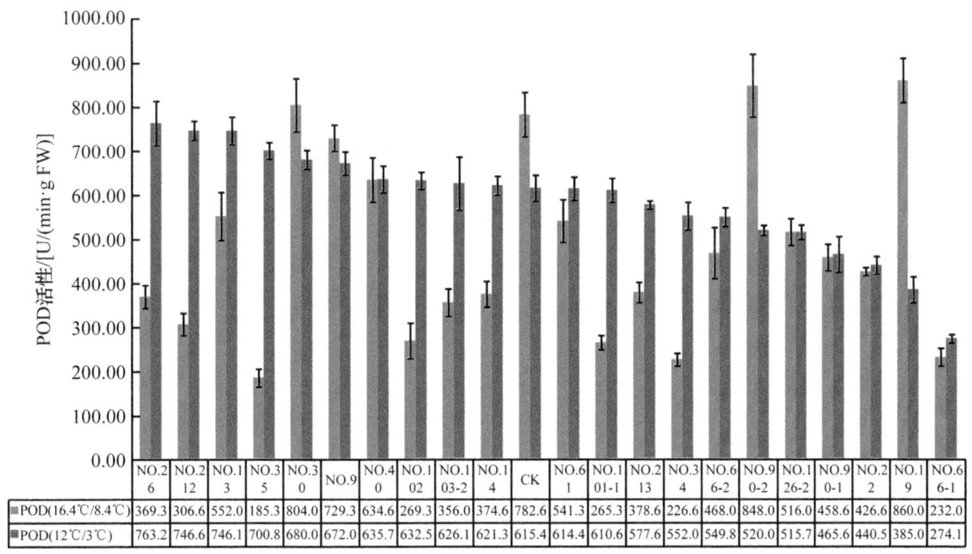

	NO.26	NO.212	NO.13	NO.35	NO.30	NO.9	NO.40	NO.102	NO.103-2	NO.14	CK	NO.61	NO.101-1	NO.213	NO.34	NO.66-2	NO.90-2	NO.126-2	NO.90-1	NO.22	NO.19	NO.66-1
POD(16.4℃/8.4℃)	369.3	306.6	552.0	185.3	804.0	729.3	634.6	269.3	356.0	374.6	782.6	541.3	265.3	378.6	226.6	468.0	848.0	516.0	458.6	426.6	860.0	232.0
POD(12℃/3℃)	763.2	746.6	746.1	700.8	680.0	672.0	635.7	632.5	626.1	621.3	615.4	614.4	610.6	577.6	552.0	549.8	520.0	515.7	465.6	440.5	385.0	274.1

图 4-7　在昼/夜平均温度为 12℃/3℃和昼/夜平均温度为 16.4℃/8.4℃条件下梁山慈竹体细胞突变体 M_1 代植株的 POD 活性

（3）CAT 活性变化

在昼/夜平均温度为 12℃/3℃的自然条件下生长 2 天的所有突变体植株与对照一样，都明显低于在昼/夜平均温度为 16.4℃/8.4℃自然条件下生长 18 天的 CAT 活性（图 4-8）。表明更低的低温使梁山慈竹体细胞突变体的 CAT 活性降低。无论在何种条件下，体细胞突变体植株的 CAT 活性都与对照有差异。

综上所述，无论在何种条件下，梁山慈竹体细胞突变体 M_1 代植株的 SOD、POD 和 CAT 活性与对照有差异，有的甚至达到差异显著水平。

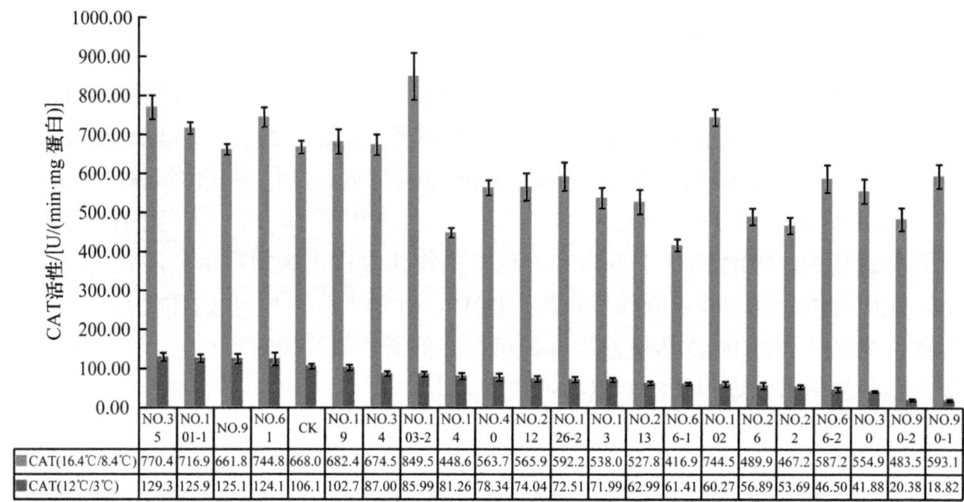

	NO.35	NO.101-1	NO.9	NO.61	CK	NO.19	NO.34	NO.103-2	NO.14	NO.40	NO.212	NO.126-2	NO.13	NO.213	NO.66-1	NO.102	NO.26	NO.22	NO.66-2	NO.30	NO.90-2	NO.90-1
CAT(16.4℃/8.4℃)	770.4	716.9	661.8	744.8	668.0	682.4	674.5	849.5	448.6	563.7	565.9	592.2	538.0	527.8	416.9	744.5	489.9	467.2	587.2	554.9	483.5	593.1
CAT(12℃/3℃)	129.3	125.9	125.1	124.1	106.1	102.7	87.00	85.99	81.26	78.34	74.04	72.51	71.99	62.99	61.41	60.27	56.89	53.69	46.50	41.88	20.38	18.82

图 4-8 在昼/夜平均温度为 12℃/3℃和昼/夜平均温度为 16.4℃/8.4℃条件下梁山慈竹体细胞突变体 M_1 代植株的 CAT 活性

（4）脯氨酸含量变化

被测试的 15 个梁山慈竹体细胞突变体在正常生长条件下，脯氨酸含量都较低，变化幅度为 20.20 ～ 99.09mg/g，其中只有 NO.102 和 NO.9 突变体植株脯氨酸含量低于对照（图 4-9）；当在昼/夜平均温度为 16.4℃/8.4℃自然条件下生长 18 天时，突变体植株和 CK 的脯氨酸含量普遍升高，但升高的幅度比在昼/夜平均温度为 12℃/3℃的自然条件下生长 2 天时的要小，无性系 NO.40 除外（44.64mg/g）。

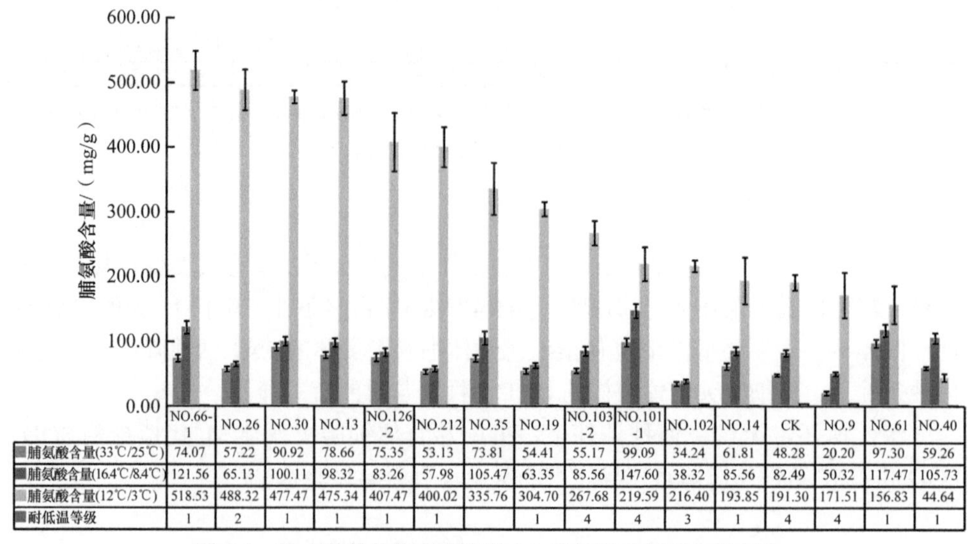

	NO.66-1	NO.26	NO.30	NO.13	NO.126-2	NO.212	NO.35	NO.19	NO.103-2	NO.101-1	NO.102	NO.14	CK	NO.9	NO.61	NO.40
脯氨酸含量(33℃/25℃)	74.07	57.22	90.92	78.66	75.35	53.13	73.81	54.41	55.17	99.09	34.24	61.81	48.28	20.20	97.30	59.26
脯氨酸含量(16.4℃/8.4℃)	121.56	65.13	100.11	98.32	83.26	57.98	105.47	63.35	85.56	147.60	38.32	85.56	82.49	50.32	117.47	105.73
脯氨酸含量(12℃/3℃)	518.53	488.32	477.47	475.34	407.47	400.02	335.76	304.70	267.68	219.59	216.40	193.85	191.30	171.51	156.83	44.64
耐低温等级	1	2	1	1	1	1		1	4	4	3	1	4	4	1	1

图 4-9 梁山慈竹体细胞突变体 M_1 代植株脯氨酸含量变化

本研究认为，在低温胁迫条件下，梁山慈竹体细胞突变体脯氨酸含量的提高对其抗低温胁迫具有一定的调节作用。

4. 体细胞突变体植株 RuBP 羧化酶和 PEP 羧化酶活性变化

梁山慈竹体细胞突变体在正常条件下，除 NO.22 的 RuBP 羧化酶活性比 PEP 羧化酶活性低、NO.19 RuBP 羧化酶活性比 PEP 羧化酶活性相差不大外，绝大多数体细胞突变体植株的 RuBP 羧化酶活性都比 PEP 羧化酶活性高（图 4-10），而且不同突变体植株间 RuBP 羧化酶活性和 PEP 羧化酶活性变化幅度不同。

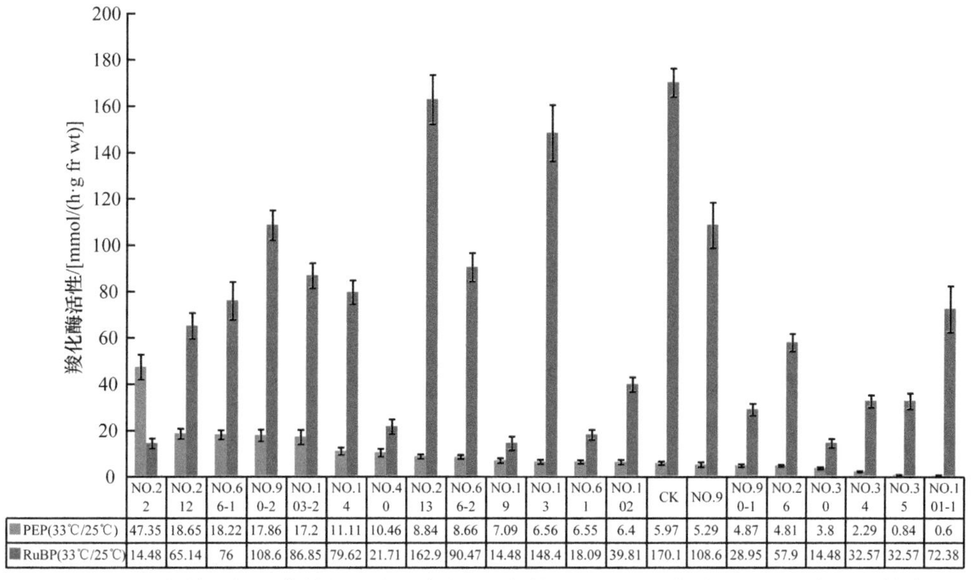

	NO.22	NO.212	NO.66-1	NO.90-2	NO.103-2	NO.14	NO.40	NO.213	NO.66-2	NO.19	NO.13	NO.61	NO.102	CK	NO.9	NO.90-1	NO.26	NO.30	NO.34	NO.35	NO.101-1
PEP(33℃/25℃)	47.35	18.65	18.22	17.86	17.2	11.11	10.46	8.84	8.66	7.09	6.56	6.55	6.4	5.97	5.29	4.87	4.81	3.8	2.29	0.84	0.6
RuBP(33℃/25℃)	14.48	65.14	76	108.6	86.85	79.62	21.71	162.9	90.47	14.48	148.4	18.09	39.81	170.1	108.6	28.95	57.9	14.48	32.57	32.57	72.38

图 4-10　正常条件下梁山慈竹体细胞突变体 M_1 代植株 RuBP 羧化酶和 PEP 羧化酶活性变化

梁山慈竹体细胞突变体在低温条件下，除 NO.14、NO.66-1、NO.212、NO.61、NO.19 和 NO.126-1 的 RuBP 羧化酶活性比 PEP 羧化酶活性高外，其他突变体植株与未经培养的对照一样，其 RuBP 羧化酶活性都比 PEP 羧化酶活性低（图 4-11），而且不同突变体植株间 RuBP 羧化酶活性和 PEP 羧化酶活性变化幅度不同，RuBP 羧化酶活性变化幅度为 2.62 ～ 345.45mmol/(h·g fr wt)；PEP 羧化酶活性变化幅度为 10.86 ～ 162.85mmol/(h·g fr wt)。与未经培养的对照相比，有 19 个突变体植株的 RuBP 羧化酶活性比对照高，所有突变体植株的 PEP 羧化酶活性都比对照低。

由此看来，与在正常条件下生长的梁山慈竹体细胞突变体的 RuBP 羧化酶活性和 PEP 羧化酶活性相比，在昼/夜平均温度为 12℃/3℃的自然条件下生长 2 天，绝大多数体细胞突变体植株的 RuBP 羧化酶活性降低，PEP 羧化酶活性骤然升高；低温对不同体细胞突变体植株的 RuBP 羧化酶活性和 PEP 羧化酶活性的作用有所不同。

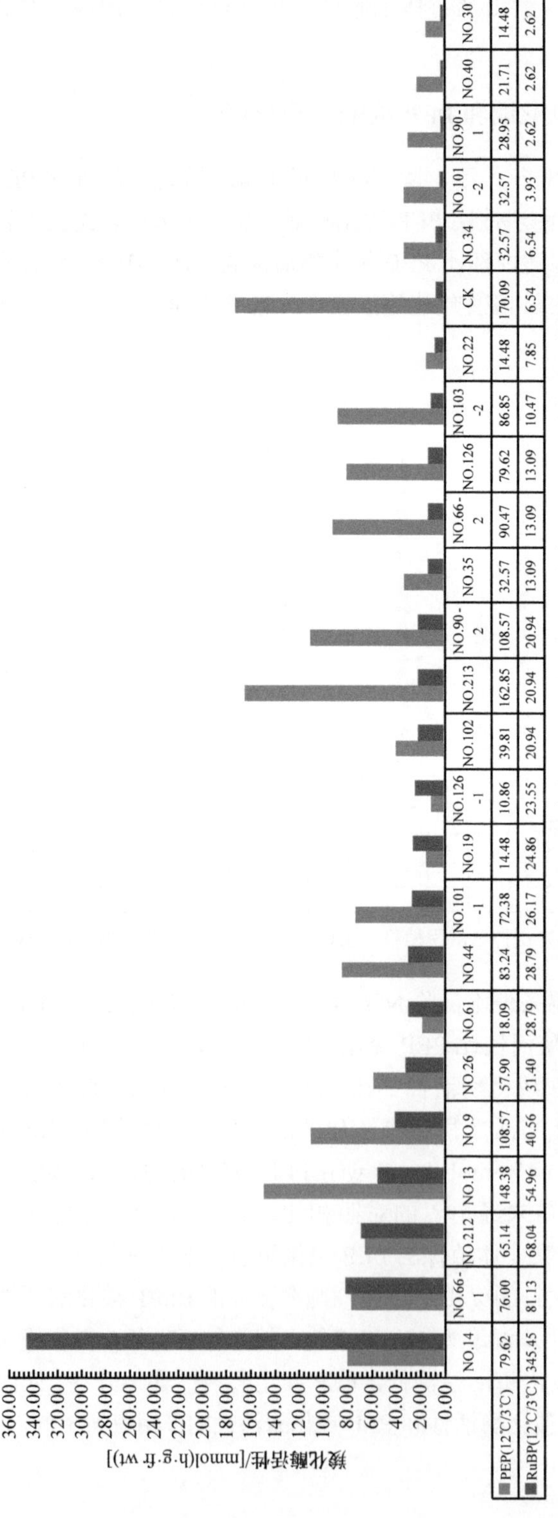

	NO.14	NO.66-1	NO.212	NO.13	NO.9	NO.26	NO.61	NO.44	NO.101-1	NO.19	NO.126-1	NO.102	NO.213	NO.90-2	NO.35	NO.66-2	NO.126	NO.103-2	NO.22	CK	NO.34	NO.101-2	NO.90-1	NO.40	NO.30
PEP(12℃/3℃)	79.62	76.00	65.14	148.38	108.57	57.90	18.09	83.24	72.38	14.48	10.86	39.81	162.85	108.57	32.57	90.47	79.62	86.85	14.48	170.09	32.57	32.57	28.95	21.71	14.48
RuBP(12℃/3℃)	345.45	81.13	68.04	54.96	40.56	31.40	28.79	28.79	26.17	24.86	23.55	20.94	20.94	20.94	13.09	13.09	13.09	10.47	7.85	6.54	6.54	3.93	2.62	2.62	2.62

图 4-11 低温条件下梁山慈竹体细胞突变体 M_1 代植株 RuBP 羧化酶和 PEP 羧化酶活性变化

5. 体细胞突变体植株叶绿体编码基因的表达

外界环境因素影响植物生长发育，在逆境胁迫中，低温是一个典型的胁迫因子，可以降低植物光合作用，增强呼吸作用，阻碍能量的产生，使物质的合成受阻、消耗增强，使植物正常生长发育严重受阻，甚至导致植物死亡，这些现象都与植物体内相关基因的表达有关。叶绿体是植物光合作用的器官，其中，*atpB* 编码 ATP 合成酶 CF1 的 β 亚基、*petA* 编码细胞色素 f、*psaA* 编码光系统Ⅰ(PSⅠ) 作用中心蛋白 A1、*pstA* 编码光系统Ⅱ(PSⅡ) 作用中心蛋白 D1、*ndhC* 编码 NAD(P)H 醌氧化还原酶亚基 3，这些都是叶绿体内与光合作用过程有关的基因；*rpl2* 编码核糖体大亚基的多肽 2，与叶绿体基因的表达有关。在低温胁迫条件下，梁山慈竹体细胞突变体这些基因的表达是否改变，需要进行研究。因此，本研究以正常条件和低温胁迫条件下梁山慈竹体细胞突变体为材料，采用 RT-PCR 的方法检测其叶绿体编码相关基因转录水平的差异，以期为突变体植株的筛选提供理论依据。

在正常生长条件下（图 4-12），梁山慈竹体细胞突变体的 *atpB* 基因的表达水平都比未经培养的对照的高（占测试突变体植株总数的 100.0%）；*rpl2* 基因的表达水平都与未经培养的对照无明显差异；除 NO.35、NO.101-1、NO.97、NO.61、NO.14、NO.26 和 NO.90-1 的 *ndhC* 基因的表达水平比对照的低外（占测试体细胞突变体植株总数的 23.3%），其他体细胞突变体植株的 *ndhC* 基因的表达与对照的相同；除 NO.101-1 与对照的表达相同外，其余所有体细胞突变体植株的 *petA* 和 *psaA* 基因的表达水平都比未经培养的对照的高（占测试体细胞突变体植株总数的 96.7%）；除 NO.103-2 的表达明显弱于对照外，其余所有体细胞突变体植株的 *psbA* 基因的表达水平都基本与未经培养的对照的相似。进一步表明，个别突变体植株除外，离体诱导使梁山慈竹体细胞突变体的叶绿体编码相关基因，即 *atpB*、*petA* 和 *psaA* 基因的表达水平都高于未经培养的对照，这些基因都与光合作用过程有关。

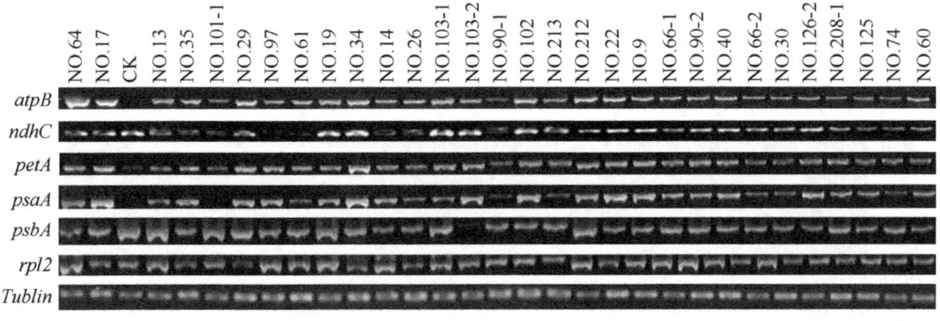

图 4-12 正常生长条件下梁山慈竹体细胞突变体 M_1 代植株叶绿体编码相关基因转录水平的差异

图 4-13 为在低温胁迫条件下（昼/夜平均温度为 12℃/3℃，胁迫 2 天）梁山慈竹体细胞突变体叶绿体编码相关基因表达水平的变化。*ndhC* 基因在突变体植株 NO.26 中的表达水平比对照的低（占测试突变体植株总数的 4.1%），而在其他突变体植株中表达水平都与对照的相同；*rpl2* 基因在 NO.61、NO.26 和 NO.213 中的表达水平比对照低（占测试突变体植株总数的 1.3%），而在其他突变体植株中的表达水平基本与对照的相同；*atpB*、*petA*、*psaA* 和 *psbA* 4 个基因的表达水平变化较大，其中，*atpB* 基因在 NO.35、NO.14、NO.103-2、NO.90-1、NO.102 、NO.22、NO.9、NO.66-1、NO.90-2、NO.40、NO.44-1 和 NO.126-1 中的表达水平比未经培养的对照高（占测试突变体植株总数的 50.0%），而在 NO.26 和 NO.34 中的表达比对照弱（占测试突变体植株总数的 8.3%），在其他突变体植株中的表达则与对照的基本相同；*petA* 基因在 NO.13、NO.35、NO.61、NO.103-2、NO.90-1、NO.102、NO.213、NO.212、NO.66-1、NO.90-2 和 NO.40 中的表达水平比未经培养的对照高（占测试突变体植株总数的 45.8%），而在 NO.26 中不表达（占测试突变体植株总数的 4.1%），在其他突变体植株中的表达与对照的基本相同；*psaA* 基因在 NO.213、NO.44-1 和 NO.126-1 中没有表达（占测试突变体植株总数的 1.3%），而在 NO.13、NO.35、NO.101-1、NO.101-2、NO.61、NO.19、NO.34、NO.14、NO.103-2、NO.90-1、NO.9 和 NO.66-1 中的表达水平都高于对照（占测试突变体植株总数的 50.0%），在剩余的突变体植株中的表达水平与对照的基本相同；*psbA* 基因在 NO.213 和 NO.212 中的表达水平比未经培养的对照低（占测试突变体植株总数的 8.3%），但在 NO.13、NO.35、NO.101-1、NO.61、NO.19、NO.34、NO.90-1 和 NO.102 中的表达水平都高于对照（占测试突变体植株总数的 33.3%），在其他突变体植株中的表达水平基本与对照的相同。由此看来，低温胁迫容易引起梁山慈竹体细胞突变体叶绿体编码基因，即 *atpB*、*petA*、*psaA* 和 *psbA* 基因表达水平的变化，与未经培养的对照相比，表现为表达水平的提高（占测试突变体植株总数的 33.3% ～ 50.0%）、减弱（占测试突变体植株总数的 8.3%）、不表达（占测试突变

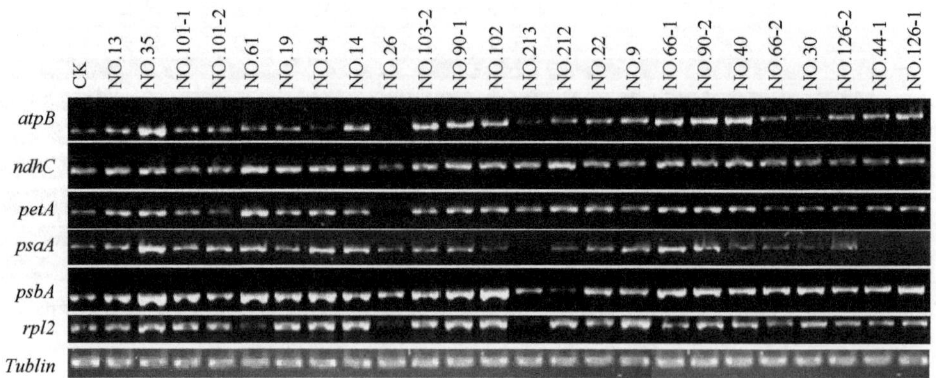

图 4-13　低温胁迫条件下梁山慈竹体细胞突变体 M_1 代植株叶绿体编码相关基因转录水平的差异

体植株总数的 1.3% ～ 4.1%）或与对照的基本相同，而 *ndhC* 和 *rpl2* 基因的表达水平的变化相对稳定，除个别突变体植株的表达水平比对照低外（占测试突变体植株总数的 1.3% ～ 4.1%）。

6. 体细胞突变体植株受低温胁迫后恢复状况

在昼/夜平均温度为 12℃/3℃的自然条件下生长 2 天后，梁山慈竹体细胞突变体受到不同程度的低温冷害作用。但随着外界环境温度的不断升高，体细胞突变体植株开始恢复生长，但恢复生长的速度各异。2011 年 4 月 14 日对经过 30 天恢复生长的体细胞突变体植株进行调查（图 4-14 和图 4-15）。结果表明体细胞突变体植株与未经培养的对照一样，都开始长出嫩枝和嫩叶，但体细胞突变体植株 NO.13、NO.26 和 NO.19 恢复得较慢，其中 NO.19 发出嫩芽的速度最慢，处于嫩芽萌动期。在研究过程中发现，在 2011 年 3 月 16 日进行低温冷害调查时，NO.19 受害程度较轻，级别为 1 级，Fv/Fm 最高（图 4-2），但随着时间的推移，其他突变体植株恢复生长较快，而 NO.19 已有的叶片反而逐渐失绿，最后枯萎死亡，开始脱落，只在某些节的部位开始有嫩芽的萌动（图 4-14）。

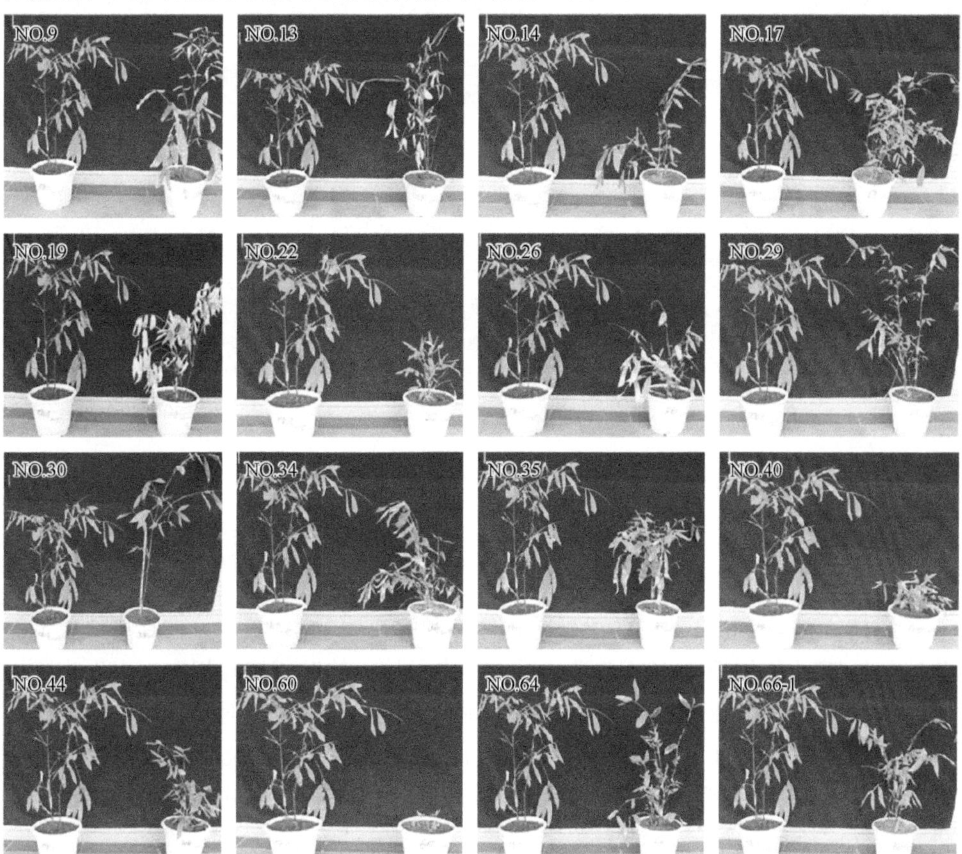

图 4-14　梁山慈竹体细胞突变体受低温胁迫后恢复状况（一）

图 4-15　梁山慈竹体细胞突变体受低温胁迫后恢复状况（二）

4.1.4　小结

经离体和化学诱变获得的梁山慈竹体细胞突变体 M_1 代植株，在经历 2 天低温胁迫（昼/夜平均温度为 12℃/3℃）后，与未经培养的对照植株相比，表现出不同的耐低温能力，有 28.89% 的突变体植株耐低温能力明显强于对照，这些耐低温体细胞突变体植株具有生理生化和分子基础。表明通过离体和化学诱变途径能够筛选出耐 0 ～ 4℃低温能力较强的梁山慈竹体细胞突变体，为丛生竹耐低温的改良提供了可行途径。

4.2　冷冻胁迫下梁山慈竹体细胞突变体 M_3 代植株耐受能力评价

冷冻是影响植物正常生长发育的重要因素。竹类植株在长期自然选择和进化中形成一定耐寒力，通过遗传传递给子代。本研究以梁山慈竹不同的体细胞突变体 M_3 代植株为材料，在自然环境下 15℃/8℃冷驯化 26 天，然后在 4℃、0℃、–5℃和 –10℃下研究短时冷冻胁迫对梁山慈竹体细胞突变体植株叶绿素荧光参数、生理生化指标和基因表达的影响，为耐寒性梁山慈竹体细胞突变体植株的筛选提供理论依据。

4.2.1　材料与方法

1. 植物材料

本试验以分别来自盆栽的 5 个不同的梁山慈竹体细胞突变体 M_3 代植株 NO.101-1b、NO.101-1c、NO.120、NO.22-B、NO.42-1-B、NO.90-3 和实生对照植株（SS）为材料，于 2012 年 11 月 29 日展开冷冻胁迫试验（绵阳市 2012 年 11 月 3 ～ 28 日共计 26 天，昼夜平均温度为 15℃/8℃，所有冷冻胁迫的材料在自然条件下都经过了 26 天的冷驯化）。

2. 方法

（1）材料处理方法

先将待测植株在室温 15℃暗环境下放置 20min，于黑暗条件下测定其各项叶绿素荧光参数，再将其置于遮光的 GDW 型高低温试验箱（升降温速率为 0.70 ～ 1.00℃/min）内按 4℃、0℃、–5℃和 –10℃的温度梯度分别处理 90min，每组 3 次重复。处理后在暗环境下依次测定叶绿素荧光参数直至植株失去生命体征[表现为非光化学淬灭系数（NPQ）及光化学淬灭系数（qP）趋近 0]，实生植株为对照。每个处理完成后，剪取在相同部位上生长叶龄相似的完全展开叶数片迅速放入液氮中快速冷冻，随后储存于 –80℃超低温冰箱中用于其他生理生化指标等分析。

（2）叶绿素荧光参数的测定方法

先将植株暗处理 20min 以上，用 Imaging-PAM 调制叶绿素荧光成像仪（德国 Walz 公司）测定冷驯化后的植株及每个温度梯度下处理的梁山慈竹体细胞突变体植株和实生植株叶片 Fv/Fm、实际光化学量子产量（YⅡ）、NPQ、qP。为减少误差，选用枝条顶端起第三片完全展开成熟叶测定，3 次重复，测量光强度 PAR 为 81μmol/(m^2·s)。

（3）相关生理生化指标测定方法

SOD 活性、POD 活性、CAT 活性、MDA 含量、相对电导率、可溶性蛋白质含量、可溶性糖含量、脯氨酸含量的测定采用常规方法。

（4）RNA 的提取与 cDNA 链的合成

取各植株不同温度处理后的叶片保存在液氮中，利用 Plant RNA Kit（OMEGA BIO-TEK 公司）试剂盒提取叶片总 RNA，反转录试剂盒（Revert Aid Strand cDNA Synthesis Kit）进行 cDNA 合成。

（5）实时定量 PCR 测定 *MYB*、*WRKY*、*CBF* 转录因子的表达

以 SS 和 NO.101-1c、NO.90-3 和 NO.42-1-B 为材料，检测冷冻胁迫后 *MYB*、*WRKY* 和 *CBF1* 转录因子表达量的变化。Real-Time 引物见表 4-2。

表 4-2　用于梁山慈竹 *MYB*、*WRKY*、*CBF1* 和 *Tublin* 基因 DNA 片段克隆的引物

基因	正向引物（5′→3′）	反向引物（5′→3′）
MYB	GCCACAACAACATATCCAG	TTACGAGGAGGTGTTTGAA
WRKY10	GAGGGCTGCGGCGTGAAGAA	GCAACTACTACAACCCGCCG
CBF1	CGCGAACGGCTCCGCCGCCGCCACC	AAGTCCATTTCCCCGAACAAGTC
Tublin	GCCGTGAATCTCATCCCCTT	TTGTTCTTGG CATCCCACAT

（6）数据分析

试验数据采用 Microsoft Excel 2007 和 SPSS18.0 软件进行处理分析。

4.2.2　冷冻胁迫对梁山慈竹体细胞突变体植株叶绿素荧光参数的影响

NO.90-3 植株在 4℃胁迫 90min 后死亡；实生植株在 0℃胁迫 90min 后死亡；NO.22-B、NO.120 于 –5℃胁迫 90min 后死亡，NO.101-1b、NO.101-1c 和 NO.42-1-B 都在 –10℃胁迫 90min 后死亡。

1. 冷冻处理对梁山慈竹体细胞突变体植株 Fv/Fm 的影响

（1）同一突变体植株在不同温度下 Fv/Fm 的变化

通过测定植物可变荧光 Fv 与最大荧光 Fm 的比值 Fv/Fm，能够可靠地得知

PSⅡ的光化学效率。当植物处于逆境或受伤害时 Fv/Fm 会明显降低，意味着 PSⅡ的光合作用受到抑制。由图 4-16 可看出。实生植株的 Fv/Fm 从 15℃/8℃起直线下降，0℃时死亡，各温度处理的 Fv/Fm 间都呈差异显著水平，总降幅达到 56.38%。突变体植株 NO.101-1b 各温度处理间 Fv/Fm 也呈差异显著水平，但下降幅度比实生植株小。NO.101-1c 各温度处理的 Fv/Fm 都比 15℃/8℃处理的低，且差异达到显著水平。突变体植株 NO.90-3 在 4℃胁迫后死亡，其在 4℃时 Fv/Fm 降幅比其他突变体植株更大，降幅为 42.4%，远高于实生植株 26.2% 的降幅。NO.42-1-B 在 4℃冷处理后 Fv/Fm 不降反升，冻害胁迫后才稍有降低，4℃和 0℃之间差异不显著，其余 Fv/Fm 均达差异显著水平。

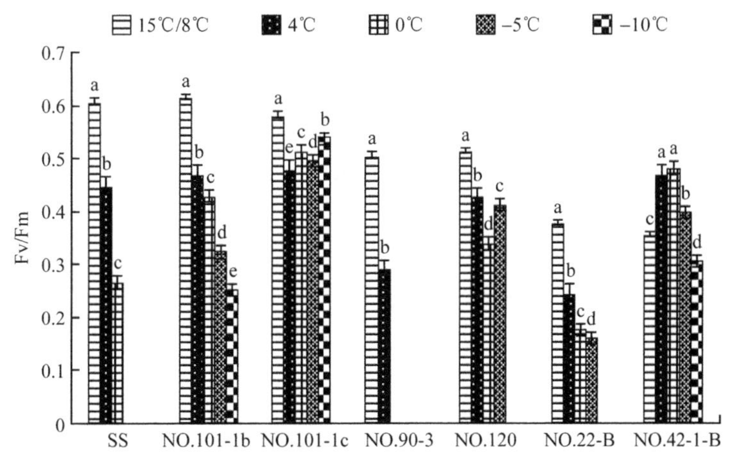

图 4-16　同一梁山慈竹体细胞突变体植株和实生植株在不同温度下 Fv/Fm 的变化

图中不同小写字母代表在 0.05 水平差异显著，下图同

（2）同一温度不同突变体植株 Fv/Fm 的变化

如图 4-17 所示，15℃/8℃时实生植株的 Fv/Fm 与 NO.101-1b 间无显著差异，但与其他突变体植株间达到差异显著水平；实生植株与 NO.101-1b 的 Fv/Fm 较高，NO.90-3 与 NO.120 比对照低约 16.4%，NO.22-B 和 NO.42-1-B 比对照低约 41%。4℃时 NO.101-1b、NO.101-1c 和 NO.42-1-B 之间的 Fv/Fm 差异不显著，但都显著高于实生植株，其余突变体植株的 Fv/Fm 都显著低于实生植株。0℃时 NO.90-3 已死亡，各突变体植株和实生植株的 Fv/Fm 间的差异显著，NO.22-B 的 Fv/Fm 最低。–5℃时实生植株死亡，其他突变体植株间的 Fv/Fm 差异显著，NO.101-1c 仍为最高，NO.22-B 最低。–10℃时只有 NO.101-1b、NO.101-1c 和 NO.42-1-B 存活，三者 Fv/Fm 差异显著，NO.101-1c 的 Fv/Fm 最高。综上所述，NO.101-1c 在所有冷冻胁迫处理中的 Fv/Fm 都保持较高水平。

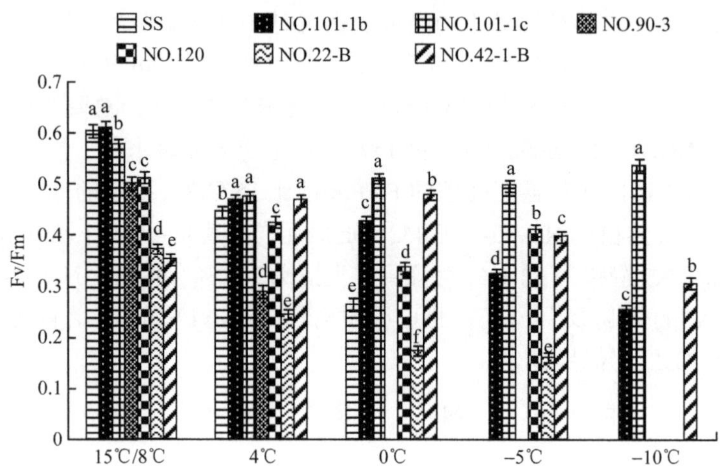

图 4-17　同一温度不同梁山慈竹体细胞突变体植株和实生植株 Fv/Fm 的变化

2. 冷冻处理对梁山慈竹体细胞突变体植株 YⅡ 的影响

（1）同一突变体植株在不同温度下 YⅡ 的变化

YⅡ 代表光系统 Ⅱ 的实际量子产量，它反映了植物目前的实际光合效率，冷冻胁迫下 YⅡ 降低越缓慢的植株积累碳源的效率越高，将光抑制程度降到最低的能力越强。由图 4-18 可知，实生植株在 15℃/8℃时 YⅡ 值为 0.29，相对较高，在 4℃时迅速降至 0.08，降幅达 72.41%。NO.101-1b 在 4℃时降幅与实生植株相似，达到 72.73%，各温度处理的 YⅡ 值呈显著水平。NO.101-1c 下降幅度较低且 4℃后 YⅡ 有回升现象。NO.90-3 在 15℃/8℃时 YⅡ 已较低，是同期实生植株的 65.52%，4℃降至 0.04 后死亡。

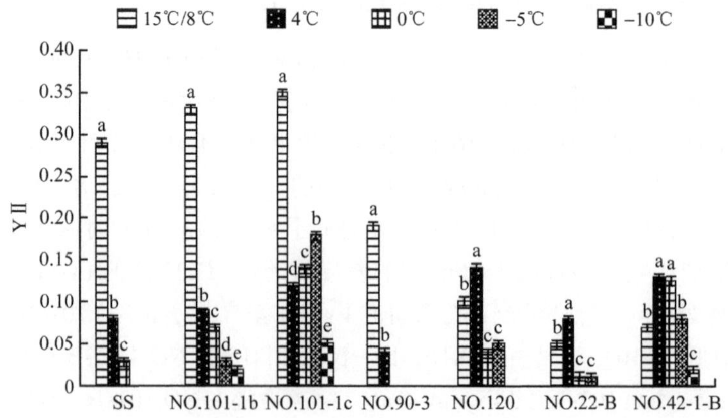

图 4-18　同一梁山慈竹体细胞突变体植株和实生植株在不同温度下 YⅡ 的变化

（2）同一温度不同突变体植株 YⅡ的变化

由图 4-19 可看出，在 15℃/8℃时 NO.101-1b 和 NO.101-1c 的 YⅡ较高，且显著高于实生植株，其余突变体植株的 YⅡ都显著低于实生植株。4℃时 NO.101-1b、NO.101-1c、NO.120 和 NO.42-1-B 的 YⅡ都显著高于实生植株，而 NO.90-3 显著低于实生植株，NO.22-B 与实生植株的 YⅡ无显著差异。0℃和 –5℃时大部分各突变体植株在 0.05 水平差异显著，NO.101-1c 和 NO.42-1-B 的 YⅡ相对较高。–5℃时 NO.101-1c 比 NO.42-1-B 高约 55.56%。–10℃后二者又明显降低，此时 NO.101-1c 的 YⅡ最高，NO.101-1b 和 NO.42-1-B 间无显著差异。综上所述，NO.101-1c 的 YⅡ在各冷冻胁迫处理中都保持较高水平。

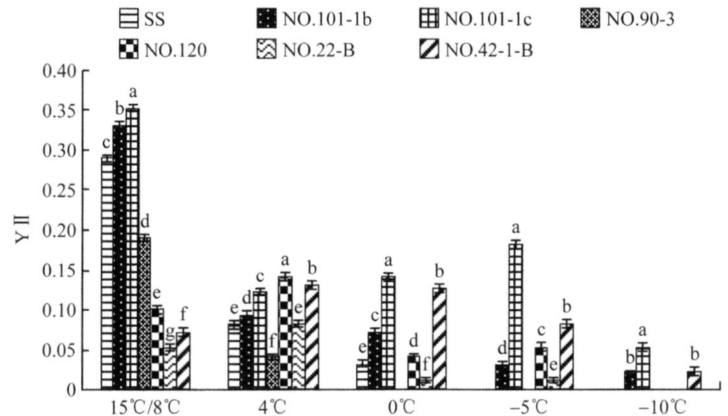

图 4-19　同一温度不同梁山慈竹体细胞突变体植株和实生植株 YⅡ的变化

3. 冷冻处理对梁山慈竹体细胞突变体植株 NPQ 的影响

（1）同一突变体植株在不同温度下 NPQ 的变化

NPQ 是包括热耗散及其他能量耗散过程的非光化学猝灭系数，它反映了植物耗散过剩光能的能力。从图 4-20 可以看出，实生植株、突变体植株 NO.101-1b 在 4℃时 NPQ 都有增高现象，但在 0℃时 NO.101-1b 的 NPQ 下降。而突变体植株 NO.90-3、NO.120、NO.22-B 和 NO.42-1-B 的耗散水平在冷驯化时已最高，冷冻胁迫后都不可逆转地降低，说明突变体植株在冷冻胁迫下保护自身的能力较低。其中 NO.42-1-B 在 15℃/8℃时 NPQ 最高，达 0.4566。

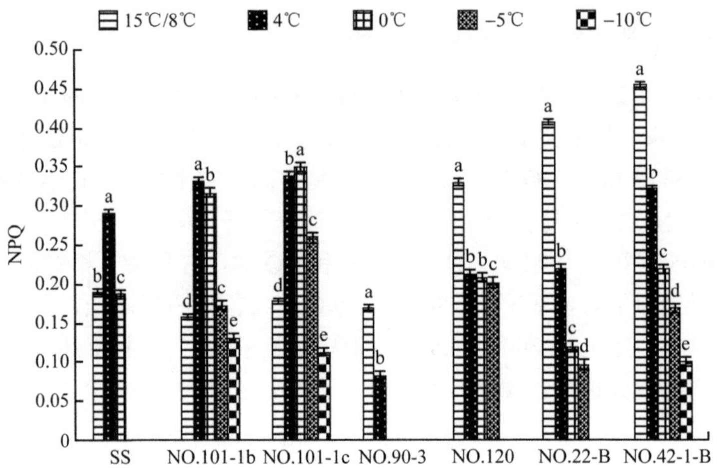

图 4-20 同一梁山慈竹体细胞突变体植株和实生植株在不同温度下 NPQ 的变化

（2）同一温度不同突变体植株 NPQ 的变化

由图 4-21 可看出，在 15℃/8℃时实生植株、NO.101-1b、NO.101-1c 和 NO.90-3 的 NPQ 较低，而 NO.120、NO.22-B 和 NO.42-1-B 的较高，各突变体植株的 NPQ 呈差异显著水平。4℃时实生植株、NO.101-1b 和 NO.101-1c 的 NPQ 都有明显升高，但 NO.90-3、NO.120、NO.22-B 和 NO.42-1-B 都有下降现象。0℃时除 NO.22-B 外，NO.101-1b、NO.101-1c、NO.120 和 NO.42-1-B 的 NPQ 都显著高于实生植株。–5℃时突变体植株的 NPQ 都下降，且突变体植株间的差异达到显著水平。–10℃时只有 NO.101-1b、NO.101-1c 和 NO.42-1-B 存活，NO.101-1b 的 NPQ 相对最大，且突变体植株间的差异达到显著水平。

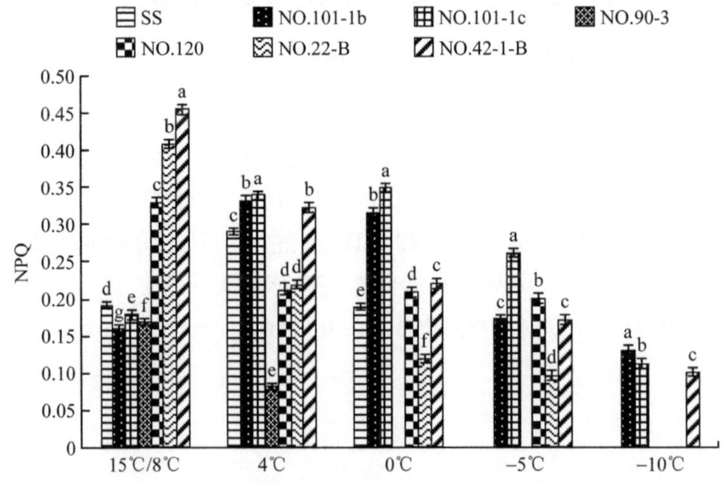

图 4-21 同一温度不同梁山慈竹体细胞突变体植株和实生植株 NPQ 的变化

4. 冷冻处理对梁山慈竹体细胞突变体植株 qP 的影响

（1）同一突变体植株在不同温度下 qP 的变化

由光合作用引起的荧光淬灭称为光化学淬灭（qP），它反映了植物光合活性的大小。由图 4-22 可知，梁山慈竹体细胞突变体植株 qP 在冷冻胁迫下总体呈逐渐下降的趋势，这可能与冷冻胁迫的加剧使光系统Ⅱ向光化学反应分配的光能逐渐减少有关。实生植株的各温度处理间的 qP 降幅约 33.1%。NO.101-1c 在 15℃/8℃时 qP 最高，4℃、0℃、–5℃和 –10℃时 qP 也处于较高水平。突变体植株 NO.90-3 在 4℃时 qP 的降幅已达到 94.8% 且死亡，表明植物已不能耐受 4℃冷害。NO.42-1-B 的 qP 随温度降低而缓慢降低，各值间呈显著差异水平。

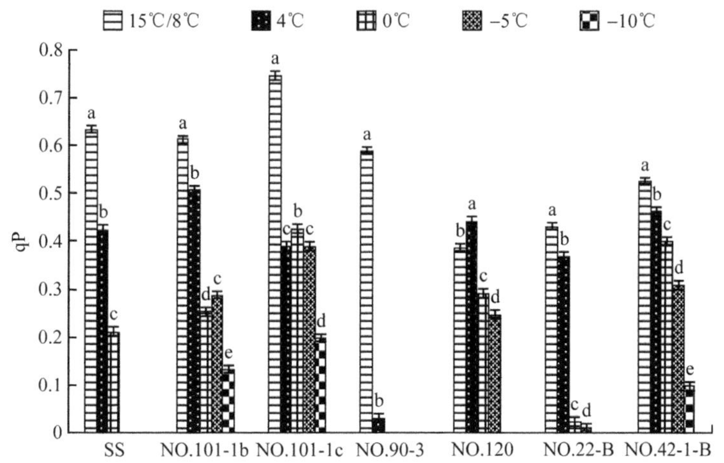

图 4-22　同一梁山慈竹体细胞突变体植株和实生植株在不同温度下 qP 的变化

（2）同一温度不同突变体植株 qP 的变化

由图 4-23 可看出，在冷驯化 15℃/8℃时梁山慈竹体细胞突变体植株的 qP 与实生植株间达差异显著水平，其中 NO.101-1c 的 qP 高于实生植株，其余均显著低于实生植株。4℃时大部分突变体植株的 qP 都有下降现象，NO.90-3 最为明显。0℃时各突变体植株的 qP 持续下降，NO.22-B 下降最明显，降幅达 94.59%。–5℃时实生植株死亡，NO.101-1c 的 qP 仍最高。–10℃时 NO.101-1b、NO.101-1c 和 NO.42-1-B 的差异达到显著水平，NO.101-1c 的 qP 最高。

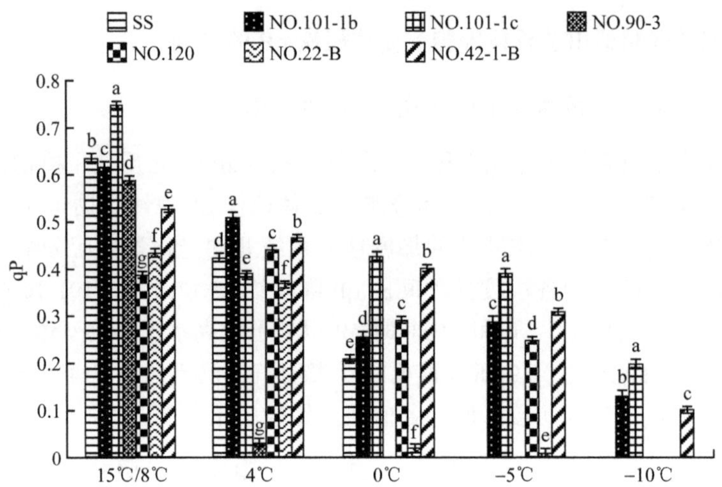

图 4-23　同一温度不同梁山慈竹体细胞突变体植株和实生植株 qP 的变化

5. 小结

本试验从 Fv/Fm、YⅡ、NPQ 和 qP 评价冷冻胁迫后植株的光合作用情况。NO.90-3 植株在 4 ℃胁迫 90min 后死亡；实生植株在 0 ℃胁迫 90min 后死亡；NO.22-B、NO.120 于 –5 ℃胁迫 90min 后死亡，NO.101-1b、NO.101-1c 和 NO.42-1-B 都在 –10℃胁迫 90min 后死亡。

叶绿素荧光参数结果显示，冷冻胁迫后，与未经培养的实生植株相比，各突变体植株耐冷冻胁迫能力不同。首先，冷冻胁迫对不同梁山慈竹体细胞突变体植株 Fv/Fm 的影响各异。总体而言，冷冻胁迫后，绝大部分梁山慈竹体细胞突变体植株和实生植株的 Fv/Fm 都比 15℃/8℃处理的低且都达差异显著水平。NO.101-1c 在所有冷冻胁迫处理中的 Fv/Fm 都保持较高水平。

其次，冷冻胁迫处理后突变体植株 NO.101-1b、NO.101-1c、NO.90-3 和实生植株的 YⅡ 都显著低于 15℃/8℃处理，NO.101-1c 的 YⅡ 在各冷冻胁迫处理中都保持较高水平。

冷冻胁迫处理后突变体植株 NO.101-1b、NO.101-1c 和实生植株的 NPQ 都显著高于 15℃/8℃处理，NO.101-1c 的 YⅡ 在各冷冻胁迫处理中都保持较高水平，NO.101-1b 次之。

冷冻胁迫处理后除 NO.120 外的所有突变体植株和实生植株的 qP 都显著低于 15℃/8℃处理，NO.101-1c 的 qP 在各冷冻胁迫处理中都较稳定且保持在较高水平，NO.42-1-B 随着温度的下降 qP 下降幅度较小，说明光合活性受低温影响不大。

冷冻胁迫对各突变体植株都造成较大伤害，但 NO.101-1b、NO.101-1c 和 NO.42-1-B 仍具有较高的光合潜力。

4.2.3　冷冻胁迫对梁山慈竹体细胞突变体植株保护酶的影响

1. 冷冻处理对梁山慈竹体细胞突变体植株 SOD 活性的影响

（1）同一突变体植株在不同温度下 SOD 活性的变化

SOD 对植物细胞起保护作用，它能清除冷冻胁迫下产生的有害物质，保护植物使其尽快适应逆境而得以生存。由图 4-24 可看出，实生植株在 4℃时有 6.03%的增长，随后又下降 10.60%。在 –5℃时 NO.101-1b 的 SOD 活性最高。NO.101-1c 冷冻胁迫后的 SOD 活性明显高于 15℃/8℃冷驯化处理，低温胁迫各阶段的 SOD 活性都高于实生植株。NO.90-3 在 15℃/8℃时的 SOD 活性显著低于 4℃时。冷冻胁迫下 NO.120 的 SOD 活性高于 15℃/8℃冷驯化处理的，在 –10℃达到峰值。NO.22-B 的 SOD 活性在 4℃降低，随后上升，在 –10℃达到峰值，各值间的差异呈显著水平。NO.42-1-B 的 SOD 活性在 –5℃达到峰值。

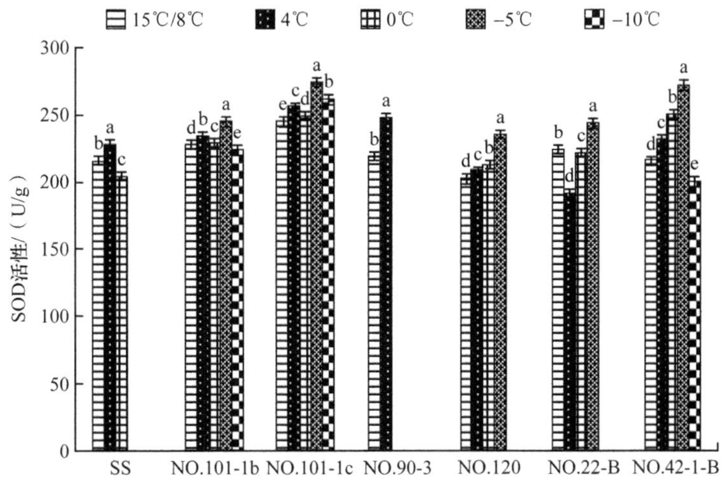

图 4-24　同一梁山慈竹体细胞突变体植株和实生植株在不同温度下 SOD 活性的变化

（2）同一温度不同突变体植株 SOD 活性的变化

从图 4-25 中可看出，不同温度处理条件下，各突变体植株和实生植株 SOD 活性间差异达到显著水平。15℃/8℃时 NO.101-1c 的 SOD 活性最高。4℃时 NO.120 和 NO.22-B 的 SOD 活性显著低于实生植株，NO.101-1b、NO.101-1c、NO.90-3 和 NO.42-1-B 的 SOD 活性高于实生植株。0℃时所有突变体植株的 SOD 活性都比实生植株高。–5℃时 NO.101-1c 和 NO.42-1-B 的 SOD 活性较高。–10℃时 NO.101-1c 的 SOD 活性最高，NO.101-1b 次之，NO.42-1-B 最低。

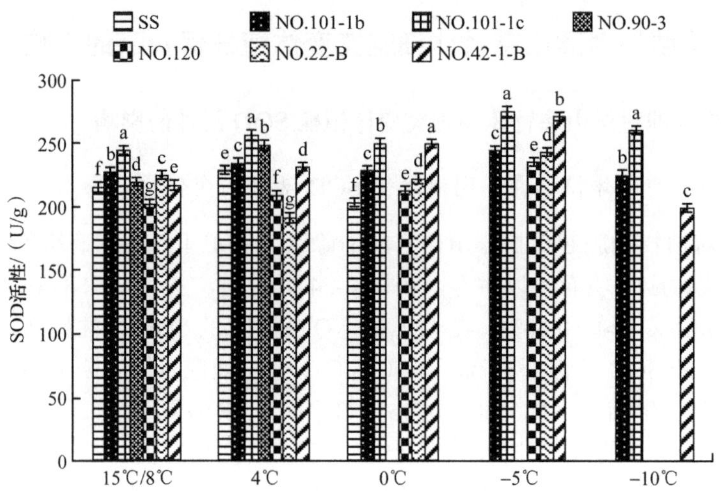

图 4-25　同一温度不同梁山慈竹体细胞突变体植株和实生植株 SOD 活性的变化

2. 冷冻处理对梁山慈竹体细胞突变体植株 POD 活性的影响

（1）同一突变体植株在不同温度下 POD 活性的变化

过氧化物酶（POD）是广泛存在于植物中的保护酶，它能减轻过量 H_2O_2 对植物体的伤害。从图 4-26 看出，冷冻处理后仅 NO.101-1c 和 NO.120 的 POD 活性直线下降，其余突变体植株和实生植株的 POD 活性都有增长现象，NO.42-1-B 总的 POD 活性较高，NO.22-B 的 POD 活性有较大涨幅。

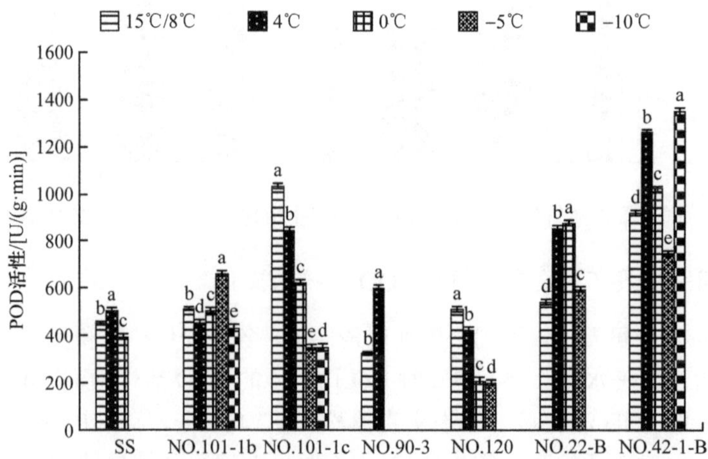

图 4-26　同一梁山慈竹体细胞突变体植株和实生植株在不同温度下 POD 活性的变化

（2）同一温度不同突变体植株 POD 活性的变化

由图 4-27 看出，冷驯化时各突变体植株和实生植株的 POD 活性达差异显著水平，NO.101-1c 最高，NO.42-1-B 次之。4℃时 NO.101-1c、NO.22-B 和 NO.42-1-B 的 POD 活性高于实生植株。0℃时除 NO.120 外多数突变体植株 POD 活性明显高于实生植株。–5℃和 –10℃时 NO.42-1-B 的 POD 活性都最高。

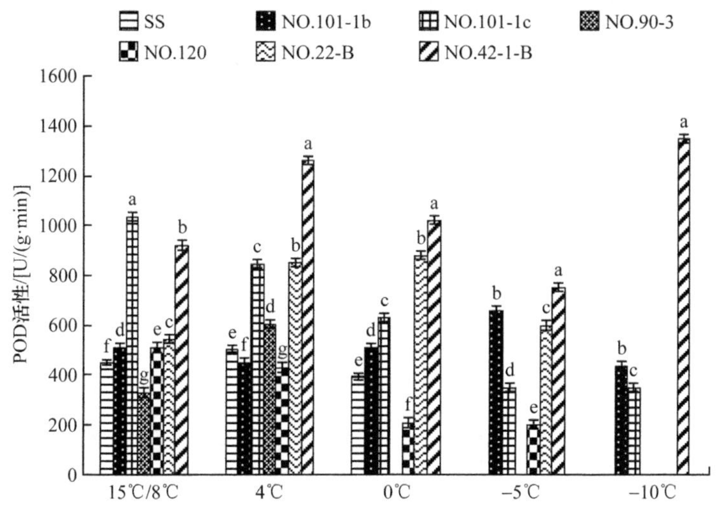

图 4-27　同一温度不同梁山慈竹体细胞突变体植株和实生植株 POD 活性的变化

3. 冷冻处理对梁山慈竹体细胞突变体植株 CAT 活性的影响

（1）同一突变体植株在不同温度下 CAT 活性的变化

H_2O_2 会对植物造成氧化伤害，而 CAT 是清除 H_2O_2 的保护酶之一。从图 4-28 可看出，冷冻胁迫处理后，实生植株、NO.101-1c 和 NO.120 的 CAT 活性都显著低于 15℃/8℃的冷驯化处理。而 NO.90-3、NO.22-B 和 NO.42-1-B 的 CAT 活性都显著高于冷驯化处理。NO.101-1b 的 CAT 活性总体较高，高于实生植株。

（2）同一温度不同突变体植株 CAT 活性的变化

由图 4-29 可知，冷驯化处理和冷冻处理后各突变体植株间 CAT 活性表现各异，且达到差异显著水平。冷驯化后 NO.101-1c 和 NO.101-1b 的 CAT 活性显著高于实生植株，而其他突变体植株的 CAT 活性明显低于实生植株。所有处理中 NO.101-1b 的 CAT 活性都保持在较高水平。

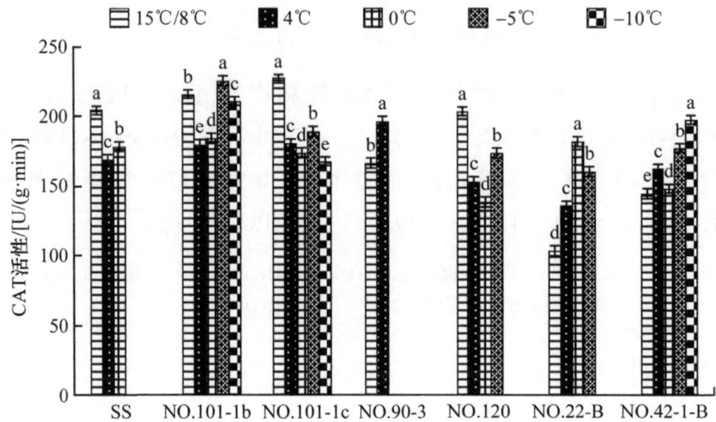

图 4-28 同一梁山慈竹体细胞突变体植株和实生植株在不同温度下 CAT 活性的变化

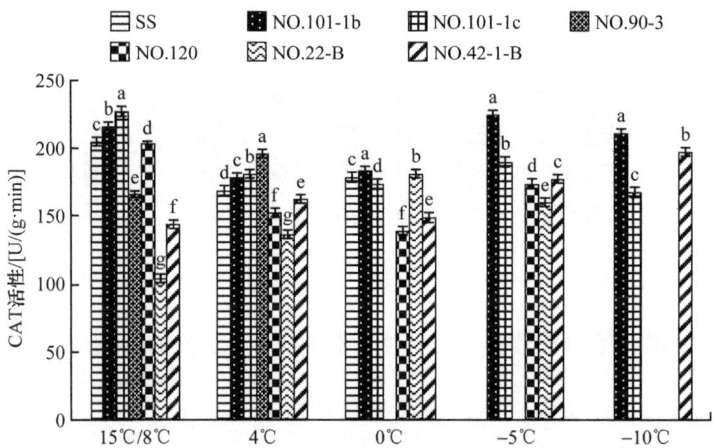

图 4-29 同一温度不同梁山慈竹体细胞突变体植株和实生植株 CAT 活性的变化

4. 小结

本试验结果表明，不同突变体植株的 SOD、CAT 和 POD 在冷冻胁迫过程中其活性变化不同，但突变体植株间的差异达到显著水平。SOD 活性测定结果中发现，NO.101-1c 能保持较高 SOD 活性，NO.42-1-B 在冷冻胁迫加剧时 SOD 活性仍保持较高水平，NO.101-1b 的 SOD 活性也较高且稳定。从 POD 活性试验结果可看出 NO.42-1-B 的 POD 活性总体较高，NO.101-1c 的 POD 活性次之。CAT 活性的测定结果显示，NO.101-1b 的 CAT 活性总体上最高，且在冻害时也保持较高水平，NO.101-1c 次之。NO.42-1-B 随着低温胁迫的加剧 CAT 活性持续升高。上述几种突变体植株都表现出了较高的保护酶活性，对其自身抵御冷害和冻害起到积极作用。不同突变体植株间保护酶活性不同，也体现出了体细胞突变体植株变异方向的多元性。

4.2.4　冷冻胁迫对梁山慈竹体细胞突变体植株渗透调节物质的影响

1. 冷冻处理对梁山慈竹体细胞突变体植株可溶性蛋白质含量的影响

（1）同一突变体植株在不同温度下可溶性蛋白质含量的变化

可溶性蛋白质亲水性较强，可使细胞拥有较强的保水性能。植物遭受低温胁迫后可溶性蛋白质含量会增加，以保护植物免受低温伤害。由图 4-30 可看出，同一突变体植株不同温度处理间可溶性蛋白质含量的差异达到显著水平。突变体植株 NO.101-1b、NO.22-B、NO.120 和 NO.42-1-B 的可溶性蛋白质含量都明显高于冷驯化处理。

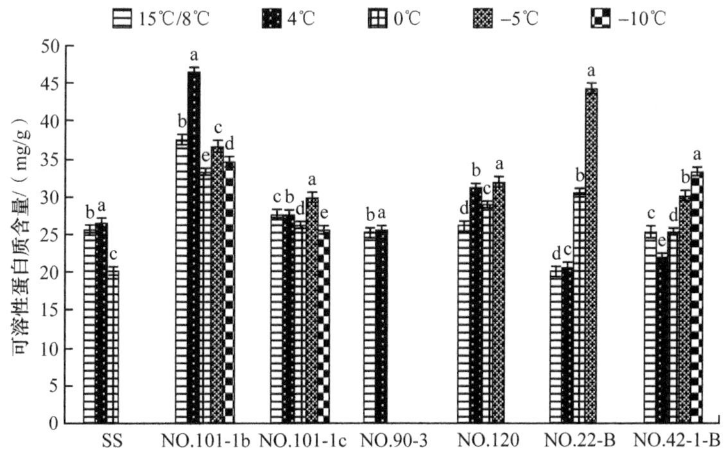

图 4-30　同一梁山慈竹体细胞突变体植株和实生植株在不同温度下可溶性蛋白质含量的变化

（2）同一温度不同突变体植株可溶性蛋白质含量的变化

由图 4-31 可看出，同一温度不同突变体植株的可溶性蛋白质含量间的差异达到显著水平。各温度处理下，突变体植株 NO.101-1b 的可溶性蛋白质含量都保持在较高水平。–10℃时 NO.101-1b、NO.101-1c、NO.42-1-B 的可溶性蛋白质含量都较高，NO.101-1b 最高。

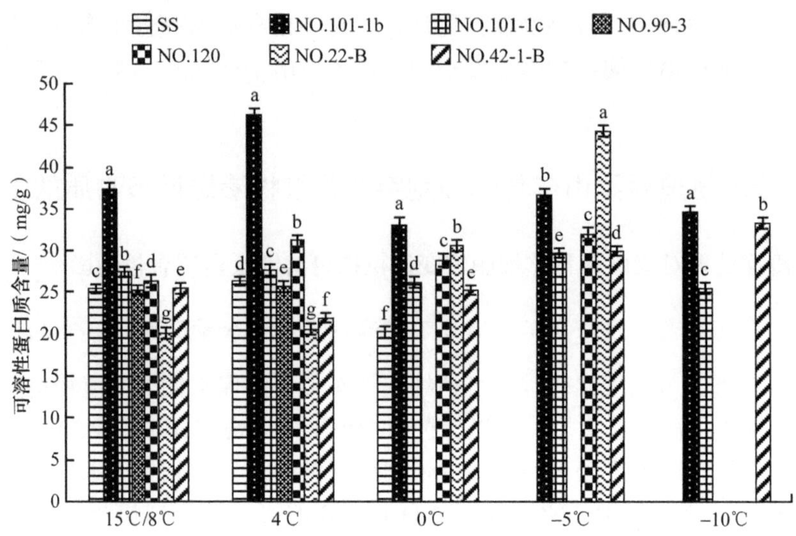

图 4-31　同一温度不同梁山慈竹体细胞突变体植株和实生植株可溶性蛋白质含量的变化

2. 冷冻处理对梁山慈竹体细胞突变体植株可溶性糖含量的影响

（1）同一突变体植株在不同温度下可溶性糖含量的变化

可溶性糖是调节植物体内渗透平衡、保水能力和降低冰点的重要渗透调节物质。由图 4-32 可知，随着温度的下降所有突变体植株及实生植株的可溶性糖含量都呈上升趋势。除突变体植株 NO.22-B 外，其他突变体植株和实生植株的不同冷冻胁迫处理的可溶性糖含量均显著高于冷驯化处理。与实生植株相比，冷冻胁迫后 NO.101-1b 和 NO.101-1c 有更高的可溶性糖含量，而突变体植株 NO.90-3、NO.120、NO.22-B 和 NO.42-1-B 则含量较低。

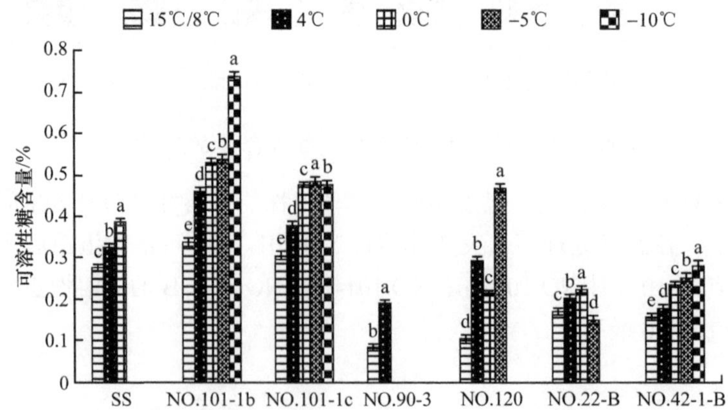

图 4-32　不同梁山慈竹体细胞突变体植株和实生植株在不同温度下可溶性糖含量的变化

（2）同一温度不同突变体植株可溶性糖含量的变化

由图 4-33 可看出，同一温度不同突变体植株的可溶性糖含量变化各异，它们之间的差异达到显著水平。其中都以 NO.101-1b 的可溶性糖含量为最高，其次为 NO.101-1c，二者的可溶性含量在不同温度胁迫下都显著大于实生植株。

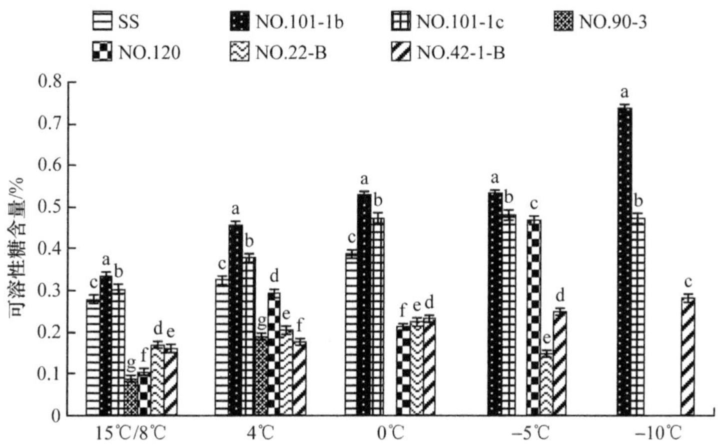

图 4-33　不同梁山慈竹体细胞突变体植株和实生植株在同一温度下可溶性糖含量的变化

3. 冷冻处理对梁山慈竹体细胞突变体植株脯氨酸含量的影响

（1）同一突变体植株在不同温度下脯氨酸含量的变化

脯氨酸的积累在低温胁迫下不仅发挥渗透调节作用，更重要的是防止活性氧对膜脂的过氧化作用。由图 4-34 可知，冷冻胁迫后，实生植株、NO.101-1b 和

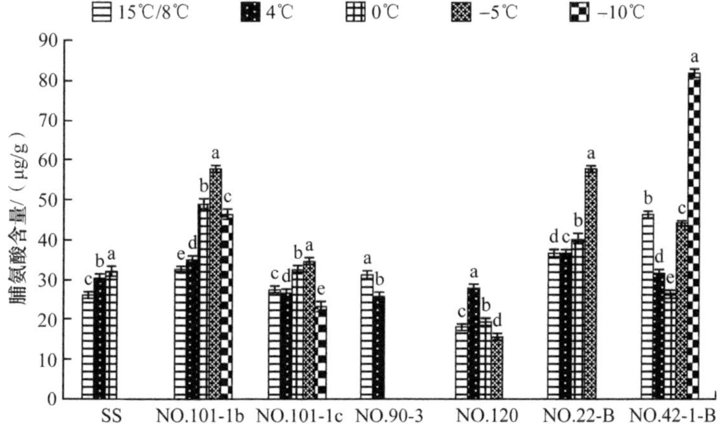

图 4-34　不同梁山慈竹体细胞突变体植株和实生植株在不同温度下脯氨酸含量的变化

NO.22-B 在各温度处理后的脯氨酸含量均高于冷驯化处理，NO.90-3 低于冷驯化处理，其余各突变体植株的脯氨酸含量的变化各异，有待进一步研究。

（2）同一温度不同突变体植株脯氨酸含量的变化

从图 4-35 中可看出，同一温度不同突变体植株的脯氨酸的含量变化不同，它们之间的差异达到显著水平。在所有温度处理中突变体植株 NO.101-1b 的脯氨酸含量都较高。–10℃时 NO.42-1-B 的脯氨酸含量最高，NO.101-1b 次之。

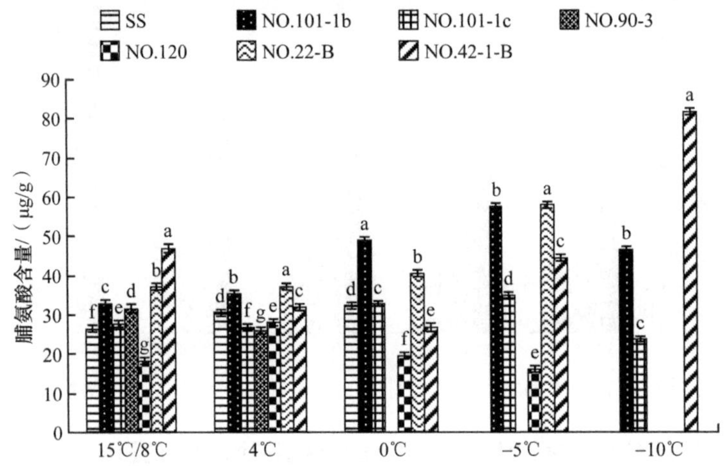

图 4-35　同一温度不同梁山慈竹体细胞突变体植株和实生植株脯氨酸含量的变化

4. 小结

本试验中，随着低温胁迫的加剧，梁山慈竹体细胞突变体植株 NO.42-1-B、NO.120 和 NO.22-B 的可溶性蛋白质含量都有明显的增加。大部分突变体植株的可溶性蛋白质含量峰值集中在 4℃，说明其对冷冻胁迫的应答更为灵敏。

冷冻胁迫能明显增加梁山慈竹体细胞突变体植株和实生植株体内可溶性糖的含量，且随着温度的降低，所有突变体植株的可溶性糖在总体上都呈增长趋势。说明随着冷冻胁迫的加剧，可溶性糖的积累对细胞膜具有保护作用。与实生植株相比，冷冻胁迫后 NO.101-1b 和 NO.101-1c 有更高的可溶性糖含量，而突变体植株 NO.90-3、NO.120、NO.22-B 和 NO.42-1-B 则较低。其中以 NO.101-1b 的可溶性糖含量为最高，其次为 NO.101-1c。

脯氨酸是植物体内的偶极含氮化合物，具有很高的水溶性。当植物受到低温胁迫后脯氨酸含量会明显增加。大多数学者认为低温胁迫下，耐寒性强的植株脯氨酸量的增加幅度大于耐寒性弱的。本试验中脯氨酸含量随着低温胁迫加剧也有增加现象，主要在 –5℃和 –10℃达到峰值，说明脯氨酸对低温胁迫的应答较为迟缓。

其中 NO.42-1-B 在 –10℃的脯氨酸含量增长较多，NO.22-B 和 NO.101-1b 的脯氨酸含量在 –5℃时有较多增长。

4.2.5　冷冻胁迫对梁山慈竹体细胞突变体植株生物膜系统的影响

1. 冷冻处理对梁山慈竹体细胞突变体植株 MDA 含量的影响

MDA 是膜脂过氧化产物之一，对蛋白质、酶和生物膜的结构及功能等均有很强的破坏作用。由图 4-36 可知，同一温度条件下各突变体植株的 MDA 含量变化各异，且它们之间的差异达到显著水平，其中 NO.42-1-B 的 MDA 含量一直保持在较高水平。而 NO.101-1b 的 MDA 含量变化在所有温度处理中比较稳定，且相对较低。

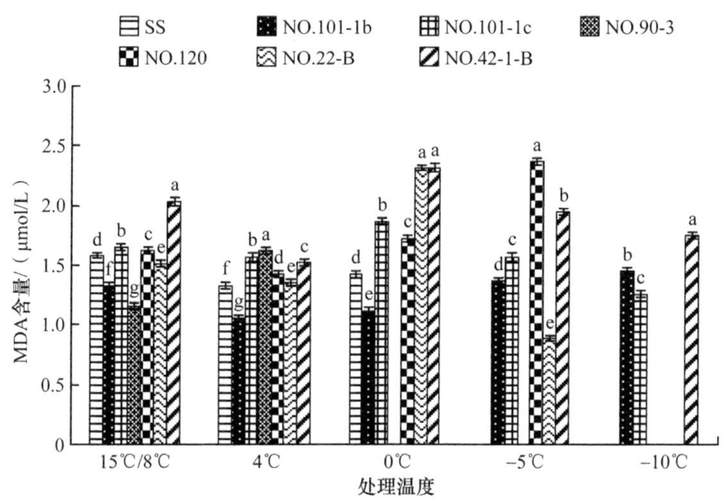

图 4-36　同一温度不同梁山慈竹体细胞突变体植株和实生植株 MDA 含量的变化

2. 冷冻处理对梁山慈竹体细胞突变体植株相对电导率的影响

（1）同一突变体植株在不同温度下相对电导率的变化

冷冻胁迫可破坏细胞膜结构，增加离子外渗，引起细胞膜透性变化。通过计算外渗液电导率的变化，可知植物细胞膜的受伤程度。一般认为，植物的临界致死温度是相对电导率增长至 50% 时。从图 4-37 可看出，所有梁山慈竹体细胞突变体植株无性系及实生植株的相对电导率都高于 50%，说明植株受害较严重。同一植株不同温度处理的相对电导率变化不同，且它们之间的差异达到显著水平。

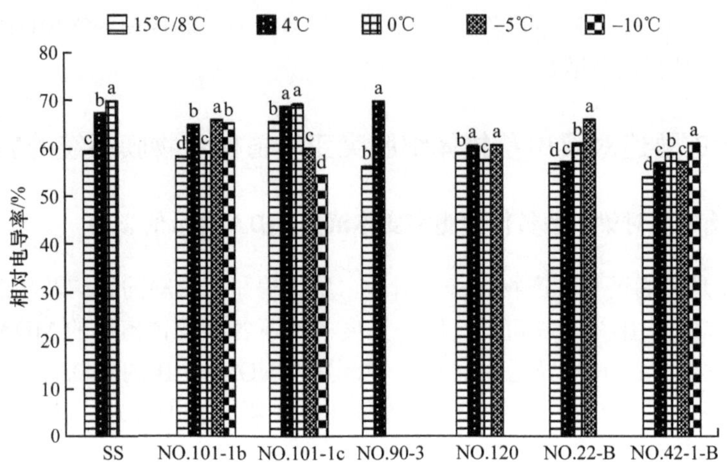

图 4-37 不同梁山慈竹体细胞突变体植株和实生植株在不同温度下相对电导率的变化

（2）同一温度不同突变体植株相对电导率的变化

从图 4-38 中可看出，同一温度不同植株的相对电导率不同，且差异达到显著水平。其中梁山慈竹体细胞突变体植株 NO.120、NO.22-B 和 NO.42-1-B 的相对电导率较低。–10℃时 NO.101-1c 的相对电导率下降到最低水平。

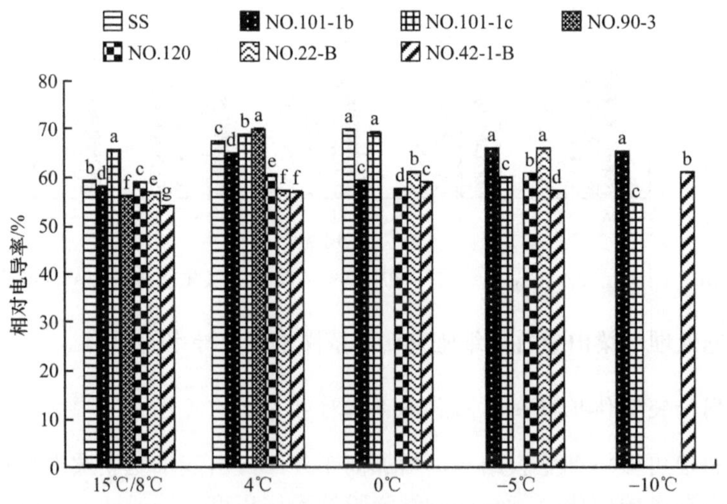

图 4-38 同一温度不同梁山慈竹体细胞突变体植株和实生植株相对电导率的变化

3. 小结

低温伤害不仅使植物细胞的正常代谢受阻，而且会产生大量自由基，使膜脂过氧化从而伤害细胞膜。膜脂过氧化的终产物 MDA 会扩散到植株各个部位破坏代谢的进行。本试验中各突变体植株在冷冻胁迫下 MDA 含量都有增长，但 NO.101-

1b 的 MDA 含量一直保持在较低水平，低于实生植株。NO.22-B 的 MDA 含量在 0℃升高到其峰值后大幅下降，说明此时突变体植株自我保护机制较强。

低温胁迫会使植物细胞质膜受到伤害，导致细胞内电解质外渗，造成电导率增大。抗寒性较强或受害较轻的植株不仅膜透性变化不大，透性的变化也易恢复至正常水平。在本试验中大部分梁山慈竹体细胞突变体植株的相对电导率均高于 50%，说明植株都受冻害较重。但与实生植株相比，突变体植株 NO.120、NO.22-B 和 NO.42-1-B 的电导率总体偏低，说明植物自身受伤相对较轻。

4.2.6　冷冻胁迫后梁山慈竹体细胞突变体植株MYB、WRKY和CBF1转录因子表达

MYB、WRKY 和 CBF1 转录因子都与植物低温胁迫有关，它们对低温胁迫下植物的耐寒性有重要调节作用。

1. MYB 转录因子

从图 4-39 中可看出，同一植株不同温度处理的 MYB 相对表达量有差异。实生植株在各温度下的 MYB 相对表达量呈差异显著水平，在 0℃ MYB 转录因子相对表达量最大，是 *Tublin* 基因的 1.35 倍。NO.101-1c 在冷驯化时的 MYB 相对表达量最高，之后随温度的降低也降低，降幅达 99.55%。NO.90-3 中 MYB 转录因子的相对表达量相比最高，在 4℃时比冷驯化时升高了 447.39%，达到 *Tublin* 基因相对表达量的 5.38 倍。NO.42-1-B 在冷驯化时 MYB 表达水平与实生植株差异不大，在 4℃和 0℃时的相对表达量明显低于冷驯化处理，而 –5℃和 –10℃时的相对表达量又显著高于冷驯化处理。

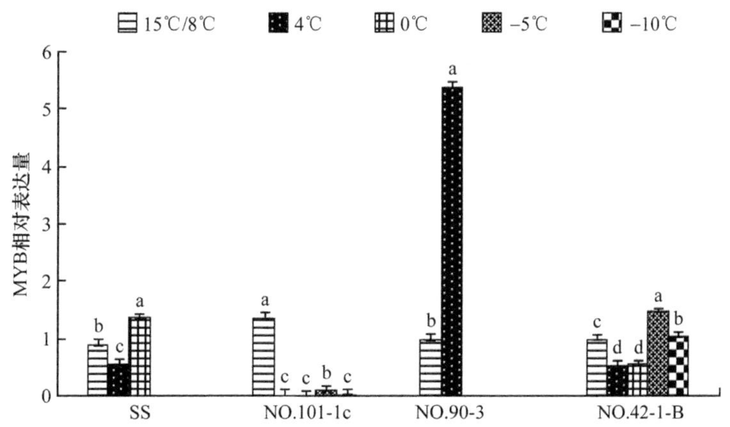

图 4-39　同一梁山慈竹体细胞突变体植株和实生植株 MYB 转录因子在不同温度下相对表达量的变化

从图 4-40 中可看出，同一温度处理不同植株间 MYB 的相对表达量各异，NO.90-3 的 MYB 相对表达量最高。4℃和 0℃时 NO.101-1c 的 MYB 相对表达量明显低于实生植株，而 NO.90-3 在 4℃时的 MYB 相对表达量明显高于实生植株。–5℃和–10℃时 NO.42-1-B 的 MYB 相对表达量明显高于 NO.101-1c 的 MYB 相对表达量。综上所述，冷冻胁迫处理后 NO.90-3 的 MYB 转录因子的相对表达量上升幅度最大，显著高于实生植株的表达水平。NO.42-1-B 的所有冷冻胁迫处理的 MYB 相对表达量都保持较高水平，NO.101-1c 的都非常低。

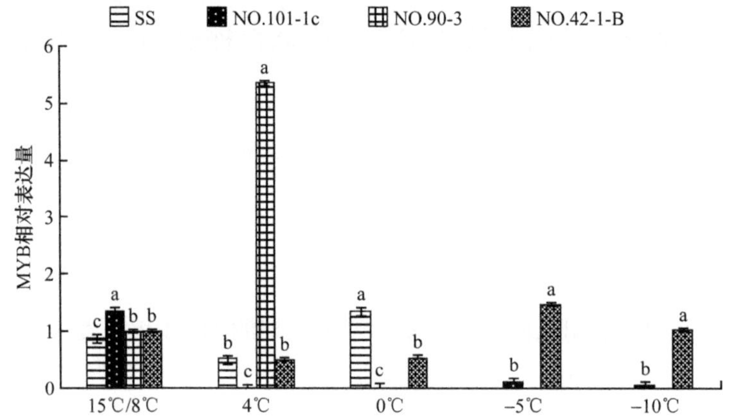

图 4-40 同一温度不同梁山慈竹体细胞突变体植株和实生植株 MYB 转录因子相对表达量的变化

2. WRKY 转录因子

从图 4-41 可看出，实生植株在冷驯化时的 WRKY 相对表达量已经达到最高值，随着温度降低，WRKY 的相对表达量下降。NO.101-1c 在冷驯化时 WRKY 相对表

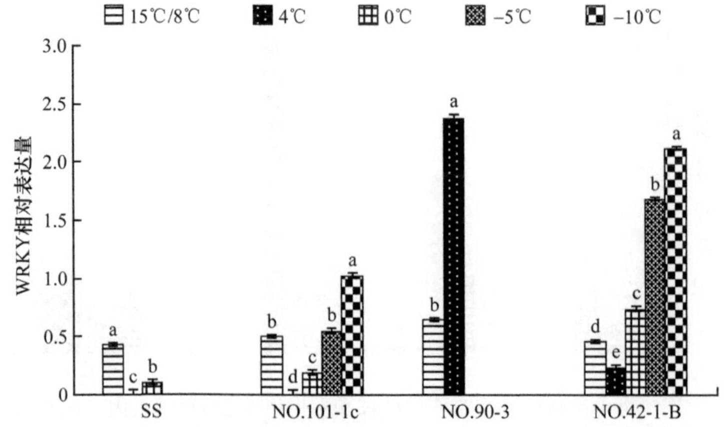

图 4-41 同一梁山慈竹体细胞突变体植株和实生植株 WRKY 转录因子在不同温度下相对表达量

达量较高，4℃时大幅降低，降低了 98.99%，但到 –10℃时 WRKY 相对表达量明显高于冷驯化处理，是 *Tublin* 基因的 1.03 倍。NO.90-3 在 4℃时 WRKY 相对表达量大幅上升，其相对表达量明显高于冷驯化处理，相对表达量为 *Tublin* 基因的 2.37 倍。NO.42-1-B 的 WRKY 相对表达量在 4℃明显低于冷驯化处理，其他温度处理都明显高于冷驯化处理，并以 –10℃处理的 WRKY 相对表达量为最高。

从图 4-42 可看出，冷驯化时各突变体植株和实生植株间 WRKY 相对表达量差异明显，NO.90-3 相对较高。4℃时 NO.90-3 的 WRKY 相对表达量有大幅上升，超过其余突变体植株和实生植株，其余突变体植株和实生植株的都呈下降趋势。0℃时各突变体植株和实生植株的 WRKY 相对表达量都有回升，其中 NO.42-1-B 相对表达量最高。–5℃和 –10℃时 NO.101-1c 和 NO.42-1-B 的 WRKY 相对表达量持续上升，并且 NO.42-1-B 的 WRKY 相对表达量始终比 NO.101-1c 高。综上所述，NO.42-1-B 的所有冷冻胁迫处理的 WRKY 相对表达量处于较高水平。NO.101-1c 和 NO.42-1-B 的 WRKY 相对表达量随冷冻胁迫的加剧而增强。

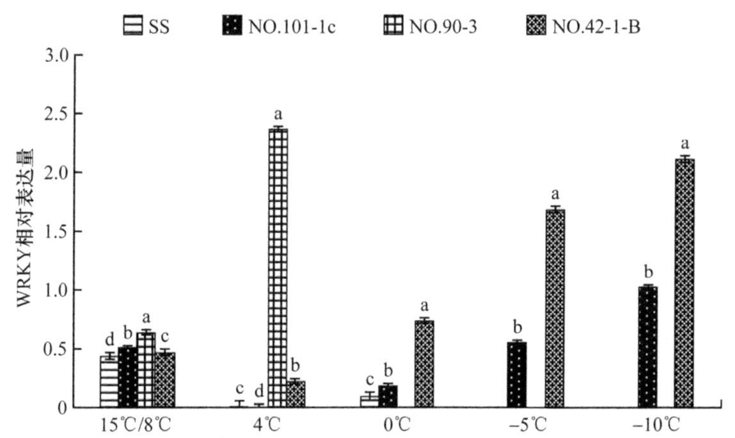

图 4-42　同一温度不同梁山慈竹体细胞突变体植株和实生植株 WRKY 转录因子相对表达量的变化

3. CBF1 转录因子

图 4-43 显示同一植株不同温度处理的 CBF1 相对表达量各异，且它们间的差异达到显著水平。实生植株的冷驯化处理的 CBF1 相对表达量高于其他温度处理。NO.101-1c 在 –5℃和 –10℃时的表达量都明显高于冷驯化处理。NO.42-1-B 在 0℃处理的 CBF1 相对表达量最高，其次为 –5℃处理。

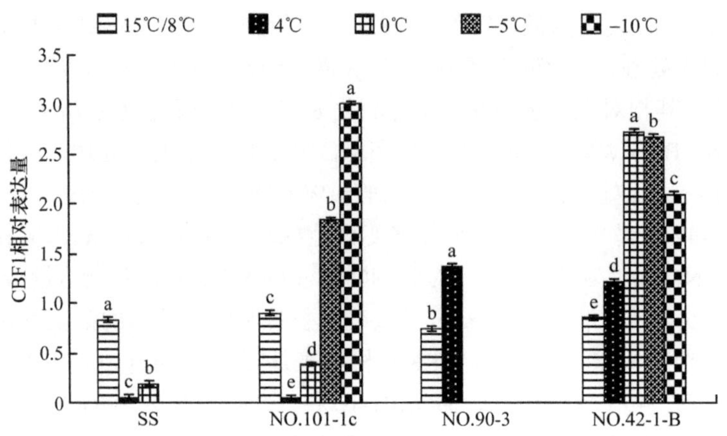

图 4-43　同一梁山慈竹体细胞突变体植株和实生植株 CBF1 转录因子在不同温度下相对表达量的变化

从图 4-44 可看出，冷驯化时各突变体植株及实生植株的 CBF1 相对表达量无明显差异。与冷驯化处理相比，4℃时实生植株和 NO.101-1c 的 CBF1 相对表达量都大幅降低，NO.90-3 和 NO.42-1-B 显著升高，且明显高于实生植株。NO.42-1-B 在 0℃处理的 CBF1 相对表达量最高，NO.101-1c 次之，都明显高于实生植株。–5℃和 –10℃时突变体植株 NO.101-1c 和 NO.42-1-B 的 CBF1 相对表达量保持在较高水平。综上所述，冷冻胁迫后突变体植株 NO.101-1c 的 CBF1 相对表达量随温度的降低而增强。

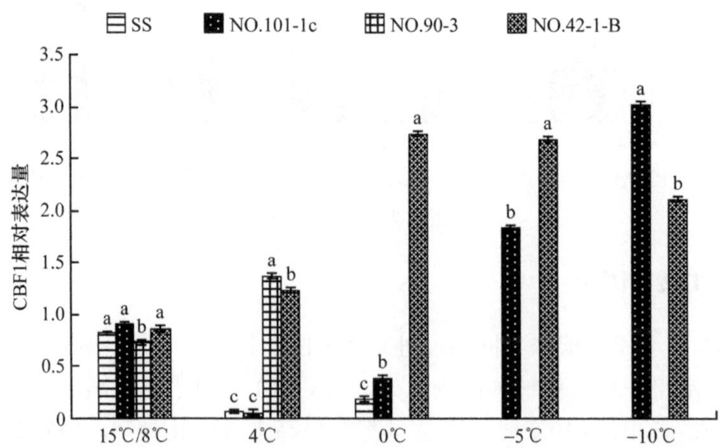

图 4-44　同一温度不同梁山慈竹体细胞突变体植株无性系 CBF1 转录因子相对表达量的变化

4. 小结

冷冻胁迫处理后，NO.90-3 的 MYB 相对表达量上升幅度较大，显著高于实生植株的 MYB 相对表达量。NO.42-1-B 的所有冷冻胁迫处理的 MYB 相对表达量也都保持较高水平，而 NO.101-1c 的都非常低。

NO.101-1c 和 NO.42-1-B 的所有冷冻胁迫处理的 WRKY 相对表达量处于较高水平，且其 WRKY 相对表达量随冷冻胁迫的加剧而增强。

冷冻胁迫后突变体植株 NO.101-1c 的 CBF1 相对表达量随温度的降低而增强，NO.42-1-B 的表达量总体较高，NO.90-3 次之。3 个梁山慈竹体细胞突变体植株的 CBF1 相对表达量都显著高于实生植株。这些基因的表达可能与梁山慈竹体细胞突变体植株冷冻胁迫有关。

4.2.7 不同梁山慈竹体细胞突变体植株耐寒力评价

低温胁迫下植物的抗寒性指标复杂多样，用少数指标评价植物的耐寒性可信度不高。为能准确、快速地综合评价不同梁山慈竹体细胞突变体植株耐寒能力，本节采用多元统计主成分分析法，利用叶绿素荧光指标、渗透调节物质、生物膜、保护酶等指标及耐寒转录因子表达量共计 15 个指标，对突变体植株 NO.101-1c、NO.42-1-B、NO.90-3 和实生植株的耐寒能力进行综合评价，分别评价 4℃、0℃、–5℃和 –10℃温度下各突变体植株和实生植株的耐寒能力。

1. 4℃时各突变体植株的耐寒能力评价

首先分析 4℃时各突变体植株的耐寒水平。将 4℃时各指标数据录入 SPSS 后，可得特征值大于 1 的 3 个主成分（表 4-3），前 3 个主成分贡献率分别为 57.273%、28.746% 和 13.981%，累计贡献率为 100%，说明前 3 个主成分可反映 15 个指标的绝大部分信息。将特征向量除以其主成分对应的特征值再开平方根即得特征向量对应系数。将此系数与标准化的数据相乘即得主成分表达式。再以每个主成分对应值乘以其贡献率，以所有主成分贡献值之和作为权重计算综合主成分值。综合主成分值排序后可知不同突变体植株耐寒力的大小。4℃时各突变体植株和实生植株耐寒顺序为 NO.101-1c ＞ NO.42-1-B ＞ SS ＞ NO.90-3（表 4-4）。

表 4-3 4℃时主成分的特征向量、特征值及贡献率

主成分	特征值	贡献率 /%	累计贡献率 /%	特征向量					
				Fv/Fm	YⅡ	NPQ	qP	SOD	POD
1	8.591	57.273	57.273	0.953	0.862	0.946	0.996	–0.520	0.520
2	4.312	28.746	86.019	0.222	–0.063	0.232	0.089	0.405	–0.625
3	2.097	13.981	100.000	0.207	–0.503	0.227	0.015	0.752	0.582

续表

主成分	特征向量								
	CAT	可溶性蛋白质	可溶性糖	脯氨酸	MDA	相对电导率	MYB	WRKY	CBF1
1	–0.946	–0.293	0.304	0.822	–0.572	–0.659	–0.948	–0.947	–0.455
2	0.242	0.956	0.949	–0.419	–0.259	0.747	–0.290	–0.319	–0.884
3	0.216	0.008	0.080	–0.386	0.778	–0.085	–0.131	–0.044	0.105

表 4-4　4℃时主成分值及耐寒力排序

名称	第一主成分	第二主成分	第三主成分	综合得分	排序
SS	0.5493	1.1818	–0.5917	0.5717	3
NO.101-1c	0.3872	1.6657	2.1126	0.9659	1
NO.90-3	–4.8533	–0.8436	0.1674	–2.9986	4
NO.42-1-B	1.6477	–2.0275	1.6827	0.5959	2

2. 0℃时各突变体植株的耐寒能力评价

0℃时有 2 个主成分，累计贡献率达 100%，说明可反映绝大多数指标的信息（表 4-5）。0℃时各突变体植株和实生植株耐寒顺序为 NO.42-1-B ＞ NO.101-1c ＞ SS（表 4-6）。

表 4-5　0℃时主成分的特征向量、特征值及贡献率

主成分	特征值	贡献率 /%	累计贡献率 /%	特征向量					
				Fv/Fm	YⅡ	NPQ	qP	SOD	POD
1	10.152	67.678	67.678	0.847	0.844	0.256	0.855	0.909	0.974
2	4.848	32.322	100.000	0.532	0.537	0.964	0.519	0.416	–0.228

主成分	特征向量								
	CAT	可溶性蛋白质	可溶性糖	脯氨酸	MDA	相对电导率	MYB	WRKY	CBF1
1	–0.955	0.836	–0.560	–0.800	0.997	–0.841	–0.670	0.888	0.859
2	0.426	0.549	0.828	0.600	–0.084	0.541	–0.742	–0.461	0.511

表 4-6　0℃时主成分值及耐寒力排序

名称	第一主成分	第二主成分	综合得分	排序
SS	–3.3263	–1.0918	–2.6041	3
NO.101-1c	0.3023	2.5405	1.0257	2
NO.42-1-B	3.0240	–1.4487	1.5784	1

3. –5℃和 –10℃时各突变体植株的耐寒能力评价

–5℃时 NO.101-1c 的综合耐寒力大于 NO.42-1-B（表 4-7，表 4-8），而 –10℃时 NO.42-1-B 的综合耐寒力大于 NO.101-1c（表 4-9，表 4-10）。

表 4-7　–5℃时主成分的特征向量、特征值及贡献率

主成分	特征值	贡献率 /%	累计贡献率 /%	特征向量					
				Fv/Fm	YⅡ	NPQ	qP	SOD	POD
1	8.959	59.729	59.729	0.779	0.709	0.419	0.622	0.987	–0.226
2	6.041	40.271	100.00	0.627	0.705	0.908	0.783	0.160	–0.974

主成分	特征向量								
	CAT	可溶性蛋白质	可溶性糖	脯氨酸	MDA	相对电导率	MYB	WRKY	CBF1
1	–0.985	–0.995	–0.698	–0.879	0.813	–0.978	0.565	0.625	0.846
2	0.170	–0.098	0.717	–0.478	–0.582	0.210	–0.825	–0.780	–0.534

表 4-8　–5℃时主成分值及耐寒力排序

名称	第一主成分	第二主成分	综合得分	排序
NO.101-1c	1.6097	2.6126	2.0134	1
NO.42-1-B	2.2159	–1.6329	0.6660	2

表 4-9　–10℃时主成分的特征向量、特征值及贡献率

主成分	特征值	贡献率 /%	累计贡献率 /%	特征向量					
				Fv/Fm	YⅡ	NPQ	qP	SOD	POD
1	10.123	67.487	67.487	–0.851	–0.930	–0.217	–0.098	–1.000	0.828
2	4.877	32.513	100.000	–0.525	–0.367	0.976	–0.063	0.026	–0.560

主成分	特征向量								
	CAT	可溶性蛋白质	可溶性糖	脯氨酸	MDA	相对电导率	MYB	WRKY	CBF1
1	0.771	0.873	–0.286	0.965	0.968	0.717	0.775	0.650	–0.982
2	0.637	0.488	0.958	–0.263	–0.250	0.697	–0.632	–0.760	0.191

表 4-10　–10℃时主成分值及耐寒力排序

名称	第一主成分	第二主成分	综合得分	排序
NO.101-1c	–3.3968	–0.9600	–2.6046	2
NO.42-1-B	2.8542	–1.5632	1.4081	1

综上所述，采用多元统计主成分分析法，对冷冻胁迫后的突变体植株的叶绿素荧光指标、渗透调节物质、生物膜、保护酶等指标及耐寒转录因子表达量共计15个指标进行分析，获得的结果与实际测试结果一致，该方法可以很好地对突变体植株耐寒能力进行综合评价。

4. 小结

经过多元统计主成分分析法，综合分析评价梁山慈竹体细胞突变体植株冷冻胁迫后的耐寒能力，得出 NO.101-1c 和 NO.42-1-B 的耐寒能力都较高，NO.90-3 耐寒能力最弱，与实际测试结果一致。说明该方法可以用于突变体植株耐寒能力的综合评价。

第 5 章　不同基因型梁山慈竹生物学特性与理化特性研究

造纸行业是我国经济中的基础性产业，其与国民经济中的其他产业密切相关。随着国民经济的快速发展，我国对各类纸张的需求量也越来越大。造纸原料的严重匮乏成为限制我国造纸行业快速发展的重要因素。开发优质的植物纤维原料，是降低我国对外纸浆进口依赖度和提升纸浆产品质量的重要途径。我国森林资源严重匮乏，木浆发展空间有限，发展竹浆是促进我国造纸业发展的重要途径。我国的竹林面积 600 多万 hm^2，资源丰富，种类繁多，且竹子易快繁，再生能力强，筛选和培育优良浆用竹种对解决我国造纸原料短缺问题具有重要意义。

梁山慈竹（*Dendrocalamus farinosus*）是我国西南地区重要浆用竹种之一，但梁山慈竹种质比较单一，缺少用于满足不同类型竹浆生产的梁山慈竹新种质。西南科技大学竹类植物研究所通过离体和化学诱变手段获得一批梁山慈竹体细胞突变体植株，经过多年筛选和培育获得了一批具有不同生物学特性、理化特性且遗传上稳定的梁山慈竹新品系（体细胞突变体 M_9 代），在此每一个新品系称为一个基因型。因此，本研究以不同基因型梁山慈竹为材料，通过对其生物学特性、生物量、解剖形态、茎秆化学成分、竹材造纸性能、原纤维特性及纤维素合成相关基因组织表达等的深入分析，试图筛选出不同类型浆用梁山慈竹新种质；并通过开发梁山慈竹 EST-SSR 分子标记对不同基因型梁山慈竹进行遗传多样性分析，为进一步定向选育和推广梁山慈竹新品种奠定基础。研究技术路线如图 5-1 所示。

5.1　不同基因型梁山慈竹表型特征与分类

5.1.1　材料与方法

1. 材料

以 37 个不同基因型梁山慈竹，包括栽培型梁山慈竹（ZPX）和西南科技大学创制的稳定的梁山慈竹新品系 29-A、30-A、212-A、214、30-B、40-2、215、126-

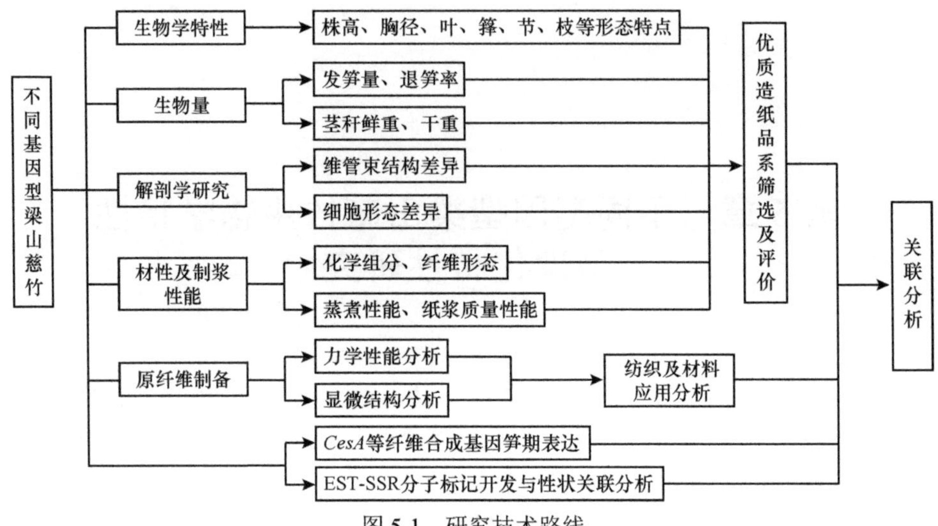

图 5-1　研究技术路线

2-A、90-1-A、66-2-A、61-B、2-2、40-1-B、208-2-B、44-1-B、42-2-B、22-B、129-B、43-B、101-1、126-A、90-3-B、14-B、29-B、101-3-B、34-B、5-2、5-3、120-A、64-A、52-B、90-1、35-B、74-A、60-B、101-2-B，对材料开展表型特征及分类研究。

2. 方法

在梁山慈竹出笋盛期，即 7 ～ 8 月，对不同基因型梁山慈竹的竹笋的株高、节间长度、胸径、壁厚、节间数量、侧枝数量、叶片长宽等形态指标进行测量。并对竹箨颜色、新竹蜡质层的薄厚、竹箨脱落时茎秆颜色、竹箨被毛颜色、秆环是否凸出及竹箨被毛分布情况（图 5-2 ～图 5-7）6 个在不同基因型梁山慈竹之间具有明显差异的形态学特征进行了观察统计。

图 5-2　幼笋竹箨颜色

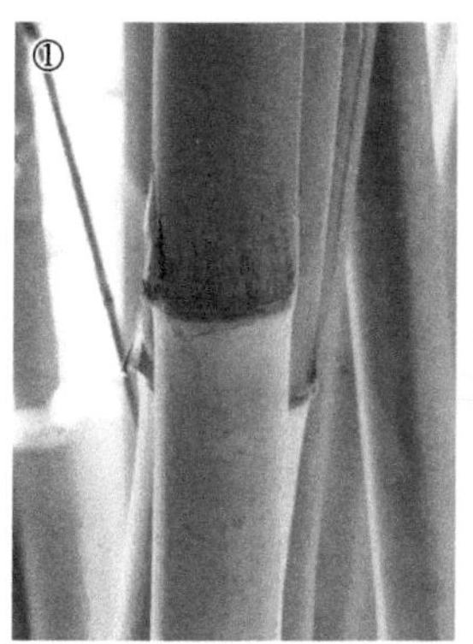

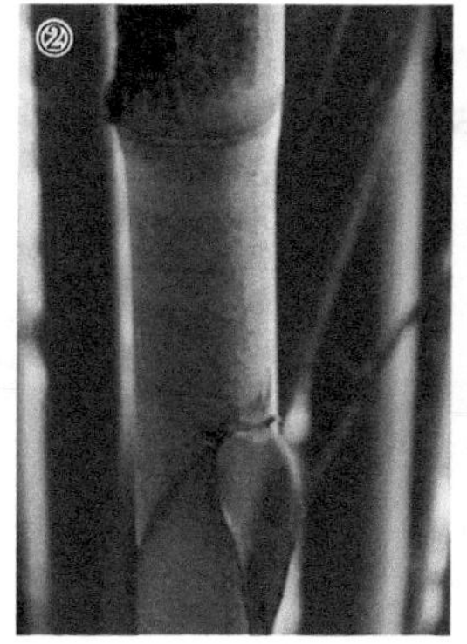

图 5-3　新生竹蜡质层

图 5-4　竹箨脱落时茎秆颜色

图 5-5　竹箨被毛颜色

图 5-6　竹箨被毛分布

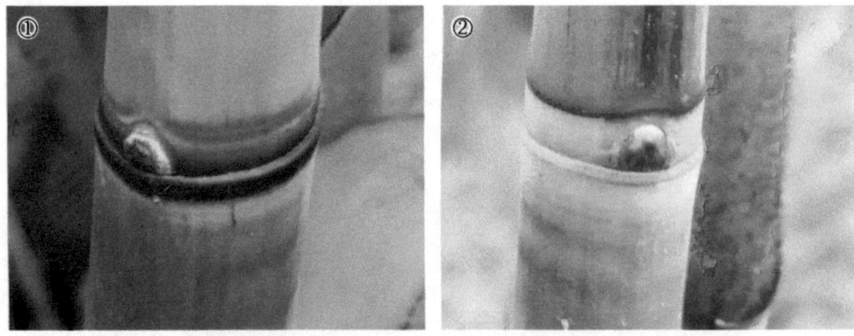

图 5-7　秆环特征

相关性分析：使用 SPSS 21 软件的 Pearson 方法进行。

聚类分析：采用组间连接，区间度量标准为平方 Euclidean 距离。

5.1.2　结果与分析

1. 不同基因型梁山慈竹生物学特征

（1）竹箨颜色

根据不同基因型梁山慈竹幼笋竹箨的颜色的不同，将其划分为 3 个类别：①幼笋通体为紫黑色；②幼笋为紫红色并有部分绿色；③幼笋为绿色（图 5-2）。其中栽培型梁山慈竹属于类型②，对梁山慈竹此性状频率统计显示，类型②最多，其次为类型③，最少的为①紫黑色型仅有 4 个新品系（图 5-8）。

（2）新生竹竹箨未脱落时茎秆表面有无蜡质

梁山慈竹当年生新竹的茎秆表面通常具有 1 层蜡质层，在获得的不同基因型梁山慈竹中，其蜡质层的多少出现了肉眼可见的差异，根据其蜡质层的多少，将其划分为 3 个类别：①蜡质层较厚；②蜡质层较薄；③几乎无蜡质层（图 5-3）。其中栽培型梁山慈竹蜡质层较厚属于类型①，在所有梁山慈竹新品系中，类型②略少于类型①，类型③最少（图 5-8）。

（3）新生竹竹箨刚脱落时茎秆表面颜色

梁山慈竹新竹在成熟之后，茎秆一般为绿色，但是在未成熟之前，特别是竹箨刚刚脱落之前茎秆往往具有一定的紫色，根据在不同基因型梁山慈竹竹箨刚脱落时颜色的差异，将不同基因型梁山慈竹分为三个不同的类别：①整个节间都具有紫色；②节间的基部具有紫色；③只有第 1、第 2 节间的基部具有少量紫色，其余节间无紫色（图 5-4）。其中栽培型梁山慈竹为图 5-4 类型③，不同基因型梁山慈竹中类型③最多有 17 个基因型，类型①和类型②分别有 10 个和 9 个基因型（图 5-8）。

（4）竹箨被毛的颜色和分布状况

梁山慈竹竹箨上通常被毛，根据这些被毛的颜色可将不同基因型梁山慈竹划分为两类：①棕黄色；②棕黑色（图 5-5），栽培型梁山慈竹为棕黑色，不同基因型梁山慈竹中两种类型数量不同，有 19 个基因型属于①型，17 个基因型属于②型（图 5-8）。

根据竹箨被毛的发育时间及分布特点可将不同基因型梁山慈竹划分为 4 类：①被毛发育早，布满整个竹箨；②竹箨基部多，其他部位较稀疏；③发育晚，只分布在竹箨基部；④被毛极少，近成熟时基部有少量被毛（图 5-6），栽培型梁山慈竹属于类型②，不同基因型梁山慈竹中各类型依次为 14 个、12 个、9 个、1 个基因型（图 5-8）。

（5）箨环的特征

竹类植物中茎秆上竹箨生长的位置称为箨环，在每个箨环上方是节间的生长点，通常称为秆环，根据不同基因型梁山慈竹秆环的特征，划分为两个类型：①秆环与箨环距离较近，而且无向外凸出，不明显；②秆环与箨环距离较远，有明显的环状线条（图 5-7）。栽培型梁山慈竹秆环不明显，属于类型①，不同基因型梁山慈竹中两种类型基因型数目不同，有 19 个基因型属于①型，17 个基因型属于②型（图 5-8）。每个梁山慈竹基因型的具体表型详见表 5-1。

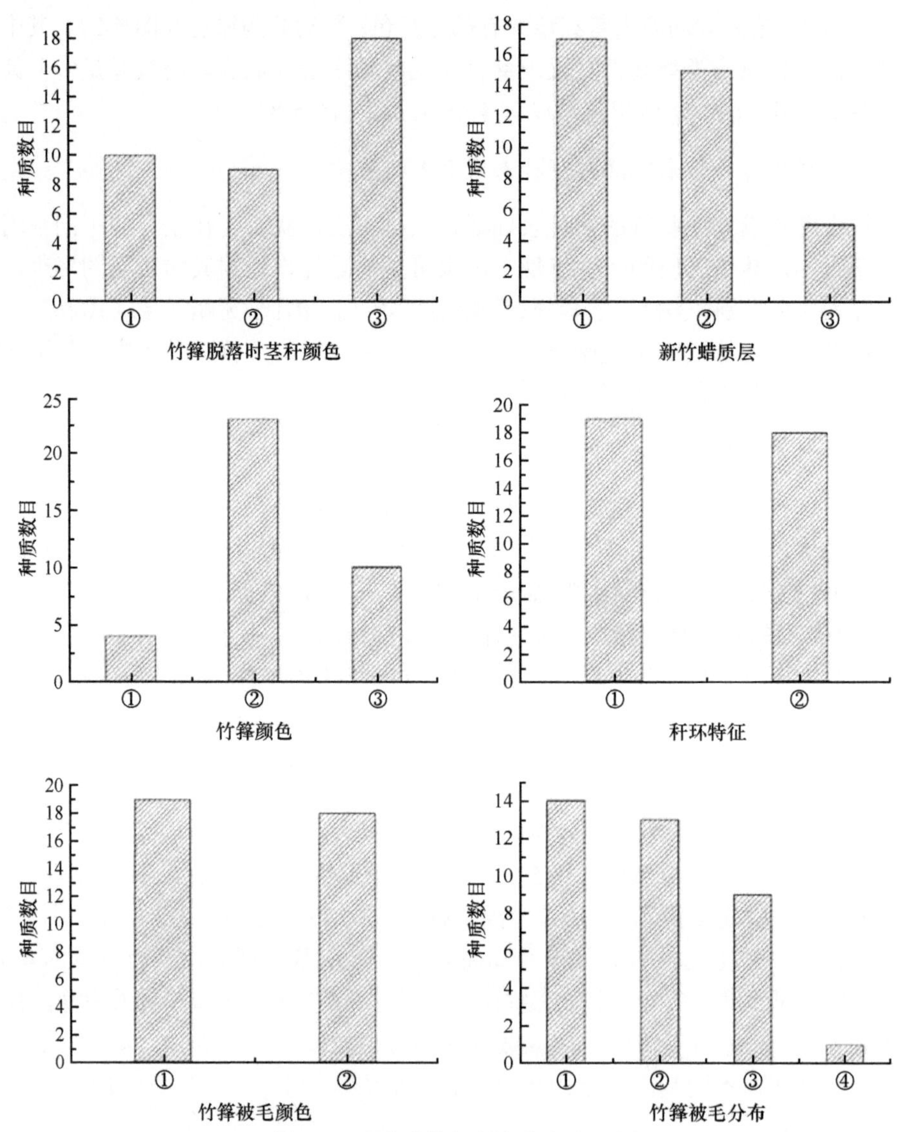

图 5-8 形态学特征频率分布直观图

表 5-1 形态学特征相关性分析

	竹箨颜色	茎秆颜色	新竹蜡质层	箨毛颜色	秆环特征	箨毛分布
竹箨颜色	1					
茎秆颜色	0.687**	1				
新竹蜡质层	0.387*	0.211	1			
箨毛颜色	0.281	0.199	−0.09	1		

续表

	竹箨颜色	茎秆颜色	新竹蜡质层	箨毛颜色	秆环特征	箨毛分布
秆环特征	–0.022	–0.214	0.193	–0.022	1	
箨毛分布	–0.349	–0.466**	–0.271	–0.349*	–0.088	1

* 表示 $P < 0.05$，** 表示 $P < 0.01$

对竹箨颜色、茎秆颜色、新竹蜡质层、箨毛颜色、秆环特征、箨毛分布 6 个形态学特征进行相关性分析，如表 5-1 所知，幼笋竹箨颜色与茎秆颜色呈极显著正相关，幼笋竹箨颜色与新竹的蜡质层多少呈显著正相关，茎秆颜色与竹箨被毛分布呈极显著负相关，竹箨被毛颜色与竹箨被毛分布呈显著负相关（表 5-1）。

（6）株高、胸径、胸部节间壁厚、节间长度、节间数量及节上侧枝数

除 74-A、60-B 基因型株高矮化（株高为 2 ～ 3m）外，绝大多数基因型梁山慈竹株高在 6 ～ 12m。其中，栽培型梁山慈竹株高为 6 ～ 8m，212-A 基因型株高较高为 8 ～ 12m。不同基因型梁山慈竹平均胸径在 20 ～ 45mm，平均胸径超过 30mm 的基因型有 212-A、61-B、30-B、30-A、90-3-B、214、14-B、2-2、126-A、40-1-B。不同基因型梁山慈竹胸径壁厚在 2 ～ 6mm。不同基因型梁山慈竹最长节间长度在 35 ～ 55cm，最长节间长度超过 50cm 的有 5-3、126-2-A 两个品系。同基因型梁山慈竹节间数量在 20 ～ 30 节，节上侧枝数在 10 ～ 30 枝。

2. 基于相关生物学特征的聚类分析

基于不同基因型梁山慈竹的竹箨颜色、茎秆颜色、新竹蜡质层、箨毛颜色、秆环特征、箨毛分布等表型特征，对其进行聚类分析，结果显示，距离小于 2.5 的基因型如 74-A 与 60-B，64-A 与 35-B 等在竹箨颜色、新竹蜡质层等 6 个形态特征上表型相同，距离大于 10 的基因型类群（如 66-2-A 和 208-2-B，5-3 和 120-A，40-2 和 90-1-A，2-2 和 43-B）之间则形态特征差异较大，在 3 个以上形态特征上存在差异（表 5-2）。因此以距离 10 为界限，可将 37 个不同基因型的梁山慈竹分为 11 个亚群，其中，42-2-B、14-B、52-B 三个基因型均单独划为一个亚群，74-A、60-B、29-A、61-B 同为一个亚群，66-2-A、208-2-B、101-1 同为一个亚群，126-2-A、29-B、30-B、215 同为一个亚群，5-3、120-A、40-2、90-1-A、30-A 同为一个亚群，212-A、90-3-B、34-B、90-1、ZPX、214 同为一个亚群，2-2、43-B、126-A、40-1-B、44-1-B 同为一个亚群，101-3-B、5-2 同为一个亚群，64-A、35-B、129-B、101-2-B、22-B 同为一个亚群（图 5-9）。

表 5-2 不同基因型梁山慈竹生物学特征统计

基因型	新生竹蜡质层	竹箨脱落时茎秆颜色	幼笋竹箨颜色	竹箨被毛颜色	竹箨被毛分布	秆环特征	株高 /m	最长节间 /cm	胸径 /mm	胸部节间壁厚 /mm	节间数	侧枝数
ZPX	①	③	②	②	②	①	6～8	45±1.7	28.9±4	2～4	30 节左右	20 条左右
74-A	③	③	③	①	①	②	2～3	—	—	—	—	—
60-B	③	③	③	①	①	②	2～3	—	—	—	—	—
29-A	②	③	③	①	①	②	5～7	44.7±2	27.8±3.5	2～4	25 节左右	20 条左右
61-B	②	③	③	①	①	①	6～8	40±2.6	34.2±3.6	5～6	25 节左右	30 条左右
66-2-A	②	③	③	②	②	②	6～8	43.9±3.1	29.7±3.6	4～6	25 节左右	10 条左右
208-2-B	②	③	③	②	②	②	5～7	43±1.9	26.3±1.6	2～4	25 节左右	10 条左右
101-1	③	③	③	②	②	②	5～7	40.6±1.8	25.8±1.7	2～3	20 节左右	20 条左右
126-2-A	①	③	②	①	①	②	7～10	54.3±2.3	27.6±2.9	4～5	25 节左右	20 条左右
29-B	①	③	②	①	②	②	5～7	44±2.1	25.8±2.7	2～4	20 节左右	20 条左右
30-B	②	②	②	①	①	②	7～9	40.9±2	31.7±4.6	4～5	30 节左右	20 条左右
215	②	③	②	①	①	②	7～9	48.4±2.1	29.1±4.1	3～4	25 节左右	20 条左右
5-3	①	③	③	②	①	①	6～8	52.4±2.5	26±4.4	2～4	25 节左右	20 条左右
120-A	①	③	③	②	①	①	5～7	37.3±1.6	25.3±2.8	2～4	25 节左右	20 条左右
40-2	②	③	②	②	①	①	5～7	40.8±1.9	27±4.6	2～4	25 节左右	20 条左右
90-1-A	②	③	②	②	①	①	—	—	—	—	—	—
30-A	②	②	②	②	①	①	6～8	44.9±2.1	33.8±3.7	2～4	25 节左右	20 条左右
42-2-B	③	②	②	①	①	①	5～7	35.9±1.9	23.5±2.1	2～4	20 节左右	20 条左右
212-A	①	③	③	②	③	①	8～12	47.8±2.8	45±7.4	4～5	30 节左右	20 条左右
90-3-B	①	③	②	②	③	①	6～8	43.6±3	30.9±4	4～6	25 节左右	20 条左右

续表

基因型	新生竹蜡质层	竹箨脱落时茎秆颜色	幼笋竹箨颜色	竹箨被毛颜色	竹箨被毛分布	秆环特征	株高 /m	最长节间 /cm	胸径 /mm	胸部节间壁厚 /mm	节间数	侧枝数
34-B	①	②	②	①	②	①	5 ～ 7	37.1±1	25.2±3.4	2 ～ 3	20 节左右	20 条左右
90-1	①	②	②	②	②	①	7 ～ 10	47.6±2.6	29.7±2.3	4 ～ 6	30 节左右	20 条左右
214	①	③	②	①	②	①	7 ～ 9	46.5±1	34.1±5.1	3 ～ 4	25 节左右	20 条左右
14-B	②	②	②	②	④	①	5 ～ 7	36±2.6	32.4±5.7	2 ～ 4	20 节左右	20 条左右
52-B	③	②	②	①	③	①	6 ～ 8	49.2±3.1	27±2.4	3 ～ 5	20 节左右	20 条左右
2-2	①	①	①	①	③	②	8 ～ 10	45.7±3.3	37.1±6.8	2 ～ 4	30 节左右	20 条左右
43-B	①	①	①	①	③	②	—	—	—	—	—	—
126-A	①	①	①	①	③	①	5 ～ 7	35.1±4.3	30.9±3.8	3 ～ 5	25 节左右	20 条左右
40-1-B	①	①	②	②	③	①	6 ～ 8	39.7±1.6	31.8±5.1	3 ～ 5	25 节左右	30 条左右
44-1-B	①	①	②	②	③	②	6 ～ 8	47.4±2.4	27.2±4	2 ～ 4	25 节左右	20 条左右
101-3-B	①	①	②	①	②	②	5 ～ 7	32.7±1.6	24.9±1.8	2 ～ 4	20 节左右	20 条左右
5-2	①	①	①	①	①	②	6 ～ 8	32.3±2.3	26±4.5	2 ～ 4	25 节左右	20 条左右
64-A	②	②	②	②	②	②	6 ～ 8	42.9±2.6	25.3±2.4	3 ～ 5	25 节左右	20 条左右
35-B	②	②	②	②	②	②	6 ～ 8	49.1±1.9	25.2±2.3	3 ～ 4	25 节左右	20 条左右
129-B	②	①	②	①	②	②	5 ～ 7	44.6±2.9	24.7±2.2	2 ～ 3	20 节左右	20 条左右
101-2-B	②	①	②	②	②	②	5 ～ 7	35.9±2	25.3±2.6	2 ～ 4	20 节左右	20 条左右
22-B	②	①	②	①	③	②	5 ～ 7	44.3±1.9	26.8±1.4	2 ～ 4	20 节左右	30 条左右

注：“—”表示无相关信息

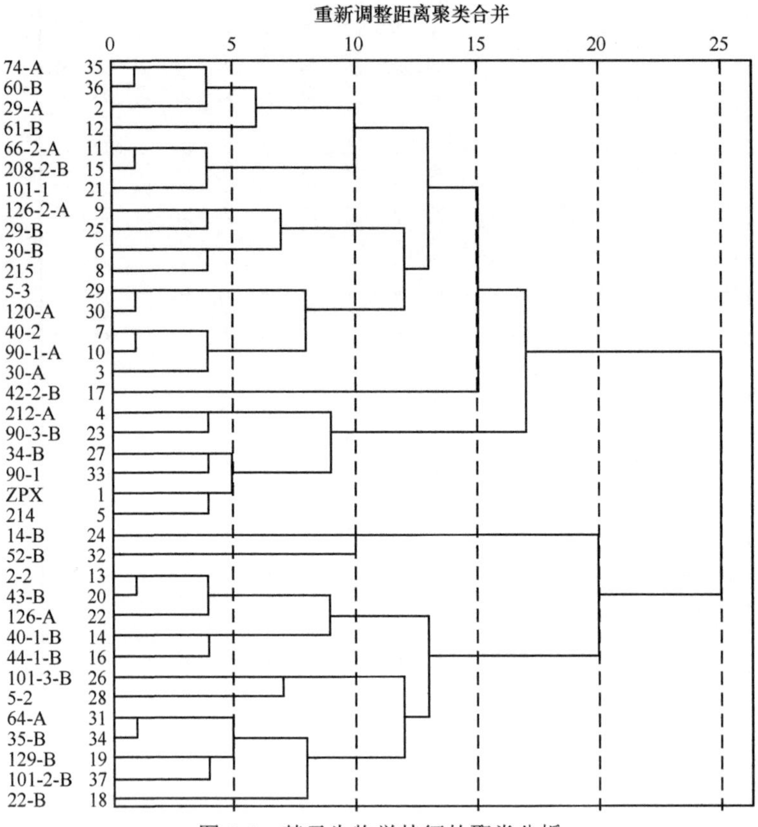

图 5-9　基于生物学特征的聚类分析

5.1.3　小结

梁山慈竹基因型 212-A 的株高较高，最高超过 12m；61-B、2-2、212-A 的胸径较大，分别超过栽培型（ZXP）的 18.3%、28.4% 和 55.7%。126-2-A、52-B、35-B、5-3 的最长节间长度比 ZPX（45cm 左右）的较长，接近或者超过 50cm。

不同基因型梁山慈竹在竹箨颜色、新竹蜡质层的薄厚、竹箨脱落时茎秆颜色、竹箨被毛颜色、秆环特征、竹箨被毛分布情况等生物学特征上存在明显差异，根据这些差异可以将所研究的 37 个基因型分为 11 个类群。

5.2　不同基因型梁山慈竹竹笋解剖学特征

5.2.1　材料与方法

1. 材料

13 个不同基因型梁山慈竹，包括栽培型梁山慈竹（ZPX）和 30-B、90-3-B、129-B、120-A、126-A、22-B、29-B、40-2、61-B、101-2-B、64-A、214 梁山慈竹基因型为材料，取发笋盛期所出的笋，每个株系取 3 根生长至 60cm 左右，并且第一个节刚刚露出笋箨时（露环）的竹笋（图 5-10）。剥去笋箨后置于 FAA 固定液中保存备用。

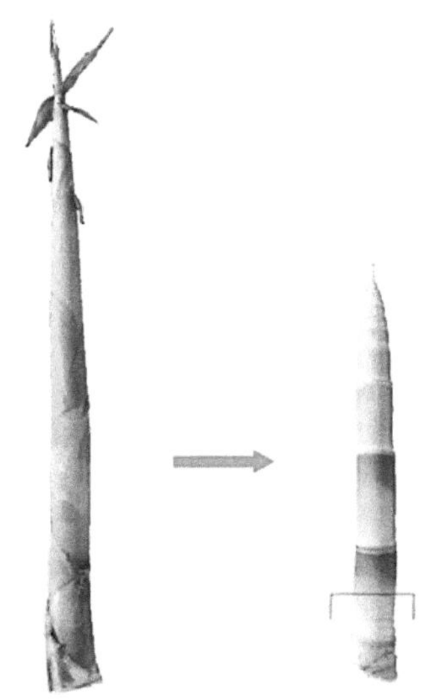

图 5-10　梁山慈竹取样示意图

2. 方法

如图 5-10 所示，梁山慈竹笋在发育至此阶段时，对基部第一节间进行取样，材料用灭菌后的刀片切取，洗净擦干切成 0.5cm^3 大小，放于 FAA 固定液保存，用于组织解剖学观察，每份样品重复 3 次，对每份样品采用常规石蜡切片法进行横切，并在 Leica DMI-3000 倒置荧光显微镜下进行显微照相。使用 ImageJ 对每个样本的 50 个切片中部有代表性的维管束结构进行统计，统计内容包括导管直径、纤维股面积、纤维组织占比、输导组织占比、基本组织占比及维管束密度等。使用 SPSS 21 进行数据分析，使用 LSD 法和 Duncan 法进行差异显著性分析。

5.2.2 结果与分析

图 5-11 为不同基因型梁山慈竹的典型纤维束紫外激发光照片。通过对这些照片的统计分析（表 5-3），不同基因型梁山慈竹平均导管直径在 40 ～ 71mm，129-B 基因型的导管直径最小，仅为 40.52mm，其他基因型的导管直径均大于栽培型梁山慈竹（45.23mm），最大的为 126-A 基因型超过 70mm。从纤维股的面积来看，90-3-B、29-B 基因型拥有较大的内方纤维股面积，120-A 基因型的外方纤维股面积最大，129-B 基因型的内方和外方纤维股面积均最小，内方纤维股面积一般小于外方纤维股面积（除去腔径外侧纤维束密集排布的部分）。从各种组织结构的面积占比来看，所有梁山慈竹新品系中基本组织占比均大于纤维组织和输导组织，120-A 纤维组织占比最高为 45.28%，61-B 基因型纤维组织占比最低为 28.8%。不同基因型梁山慈竹输导组织占比在 6% ～ 12%。基本组织占比最低的为 120-A、90-3-B、ZPX，分别为 46.71%、48.11%、49.23%，其余基因型基本组织占比均超过 50%。不同基因型梁山慈竹维管束密度在 4 ～ 10 个/mm^2，129-B、90-3-B 基因型维管束密度较大，超过 9 个/mm^2，61-B 基因型维管束密度最低。

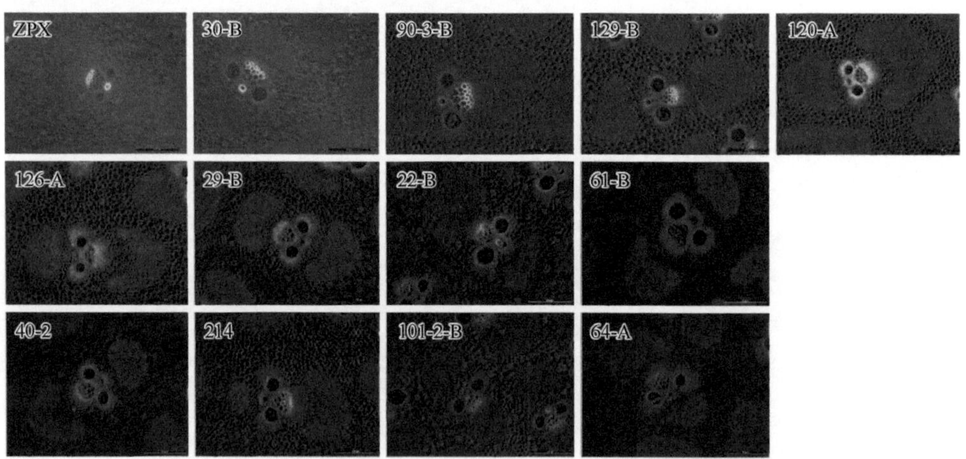

图 5-11　不同基因型梁山慈竹笋第一节间横切紫外激发光照片

5.2.3 小结

通过对 13 个基因型竹笋的解剖结构观察统计发现，除去 129-B 外，其他基因型梁山慈竹导管直径均大于栽培型梁山慈竹。

表 5-3　不同基因型梁山慈竹竹笋组织形态特征

基因型	导管直径 /μm	内方纤维股面积 /$10^{-2}mm^2$	外方纤维股面积/$10^{-2}mm^2$	纤维组织占比 /%	输导组织占比 /%	基本组织占比 /%	维管束密度 /（个 /mm^2）
ZPX	45.23±4.82g	1.04±0.21ef	2.77±0.65bc	40.35±5.08abc	10.42±2.19ab	49.23±3.02fg	6.76±0.21cdef
30-B	51.36±4f	1.45±0.26cd	1.89±0.21e	37.87±3.84abcd	11.56±2.59a	50.58±1.96efg	7.2±0.55cde
90-3-B	51.37±4.63f	2.27±0.76a	2.5±0.48cd	43.16±6.82ab	8.72±3.13abc	48.11±3.69fg	9.22±0.74ab
129-B	40.52±2.77h	0.98±0.25f	1.39±0.28f	41.01±5.75ab	8.34±2.25abc	50.65±4.47efg	9.89±1.87a
120-A	50.6±7.14f	1.86±0.49b	3.57±0.48a	45.28±4.76a	8.01±2.33abc	46.71±2.43g	7.6±1.4cd
126-A	70.77±9.89a	1.33±0.3cde	2.19±0.24de	35.55±3.11bcde	5.88±0.25c	58.56±3.1abcd	5.94±0.45ef
22-B	57.69±5.19c	1.36±0.34cde	2.86±0.62bc	36.16±1.59bcde	8.7±2.19abc	55.14±0.8cde	6.32±0.17def
29-B	64.58±8.64b	2.28±0.51a	2.09±0.47e	37.76±3.62abcd	6.36±0.87bc	55.88±3.07bcde	5.86±0.21ef
40-2	57.17±7.22cd	1.59±0.28bc	3.01±0.43b	32.56±5.57cde	6.72±4.07bc	60.72±1.77abc	5.68±0.4fg
61-B	62±4.99b	1.56±0.37bc	2.22±0.38de	28.8±2.23e	7.95±1.4abc	63.25±3.32a	4.38±0.36g
101-2-B	56.12±4cde	1.56±0.3bc	1.92±0.5e	36.72±1.42bcde	8.12±1.17abc	55.16±2.34cde	8.03±0.71bc
64-A	53.32±5.6def	1.53±0.24bc	1.87±0.31e	35.17±2.92bcde	7.49±1.59abc	57.34±3.1bcd	6.93±0.4cdef
214	53.13±5.3ef	1.14±0.4def	1.99±0.26e	30.54±5.81de	7.93±0.28abc	61.53±5.63ab	5.88±0.15ef

注：小写字母表示 0.05 水平差异显著

5.3 不同基因型梁山慈竹产量特征

5.3.1 材料与方法

1. 材料

以 29-A、30-A、212-A、214、30-B、40-2、215、126-2-A、61-B、2-2、66、40-1-B、208-2-B、22-B、129-B、101-1、126-A、90-3-B、14-B、29-B、101-3-B、34-B、5-2、5-3、120-A、64-A、52-B、90-1、35-B、9-A、19-A、101-2-B 及栽培梁山慈竹（ZPX）为材料，展开以下研究。

2. 方法

生物量测定：不同基因型梁山慈竹新品系选取 2 ～ 3 株 2 年生不同胸径的梁山慈竹进行齐地砍伐，共砍伐 64 根，测定其株高、胸径、壁厚、鲜重。去枝叶，将部分茎秆 120℃杀青后于 60℃烘干至恒重。计算含水率和整株干重。

数据分析：应用 SPSS 21 软件进行单因素方差分析和相关性分析，使用 Duncan 法进行差异显著性分析。

5.3.2 结果与分析

对竹林生物量的考察一般是看单位面积内干重或鲜重的总量，而梁山慈竹为丛生竹，在种植密度相同（单位面积内的丛数相等）的条件下，每丛竹子的每年新生竹数量和单株生物量则决定了最终生物量。因此在没有大面积种植每个梁山慈竹突变体株系的情况下，通过结合考察每年每丛竹数量与单株生物量，成为横向考察不同基因型梁山慈竹之间的生物量潜力的一种可行的办法。因此需要对单株茎秆干重与胸径、株高、胸径壁厚等指标进行拟合分析，建立适合的拟合模型。

1. 干重与胸径、株高、胸径壁厚相关性分析

根据所砍伐的 64 株不同基因型梁山慈竹的干重、胸径、株高、胸径壁厚数据进行相关分析，结果表明，干重与胸径的相关系数最高为 0.906，达到极显著水平，而胸径与壁厚及胸径与株高之间也存在着极显著的正相关，相关系数分别为 0.434 和 0.653（表 5-4）。朱丽梅和胥辉（2009）、彭小勇（2007）、李建强（2010）和冯声静（2012）在林木生物量拟合的因子选择中大都采用胸径（diameter at breast height，DBH）或者胸径与株高的组合，因此，本研究首先采用胸径对干重进行曲线拟合，结果显示，幂函数模型的 R^2 较高，达到 0.855（图 5-12）。

表 5-4　各生物量指标相关性分析

	胸径	壁厚	株高	干重
胸径	1			
壁厚	0.434**	1		
株高	0.653**	0.214	1	
干重	0.906**	0.583**	0.761**	1

** 表示 $P < 0.01$

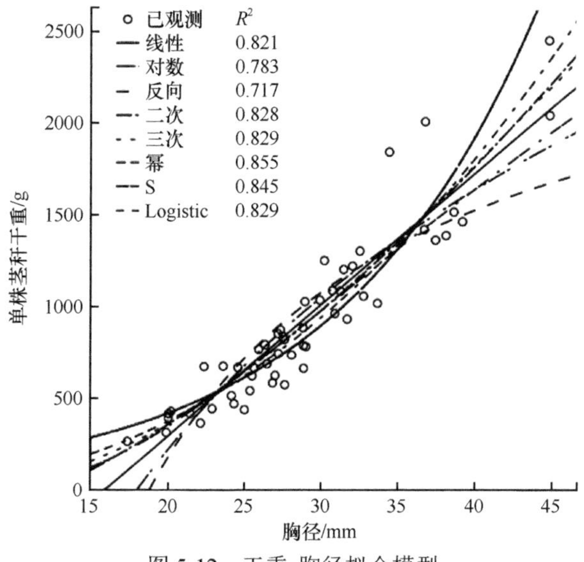

图 5-12　干重-胸径拟合模型

为进一步提高模型的预测精度，本研究将与干重也存在极显著相关性的壁厚考虑在内。由于同一基因型梁山慈竹的壁厚相对稳定，可以对不同壁厚的梁山慈竹分别建立模型。聚类分析结果显示，根据胸径壁厚可将所取样品分为两大类（壁厚≥ 3.6mm 为一类，壁厚< 3.6mm 为一类），而且同一基因型的茎秆样品均被分为同一大类，初步说明先根据壁厚将不同基因型梁山慈竹分类，然后再进行模型拟合。

根据图 5-13 聚类结果，对厚壁和薄壁的梁山慈竹新品系分别进行曲线拟合，然后选取 R^2 最高的模型。如图 5-14 所示，模型 A 为厚壁梁山慈竹的拟合模型，为二次方程，方程式为 $Y=24.331+1.605X^2-3.701X$，$R^2=0.942$。模型 B 为薄壁梁山慈竹的拟合模型，为幂方程，方程式为 $Y=0.306X^{2.381}$，$R^2=0.927$。相比于未根据壁厚聚类直接进行拟合，以上两个模型的预测效果得到了明显的提升。

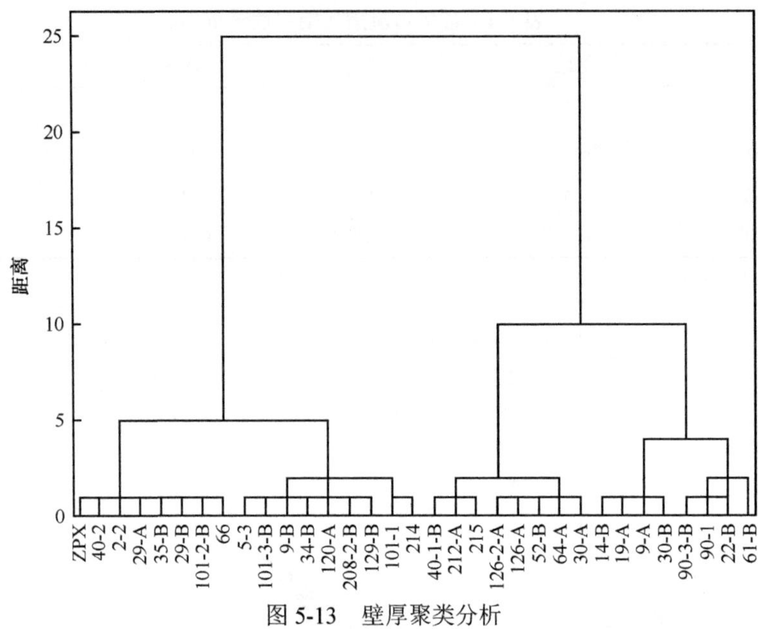

图 5-13　壁厚聚类分析

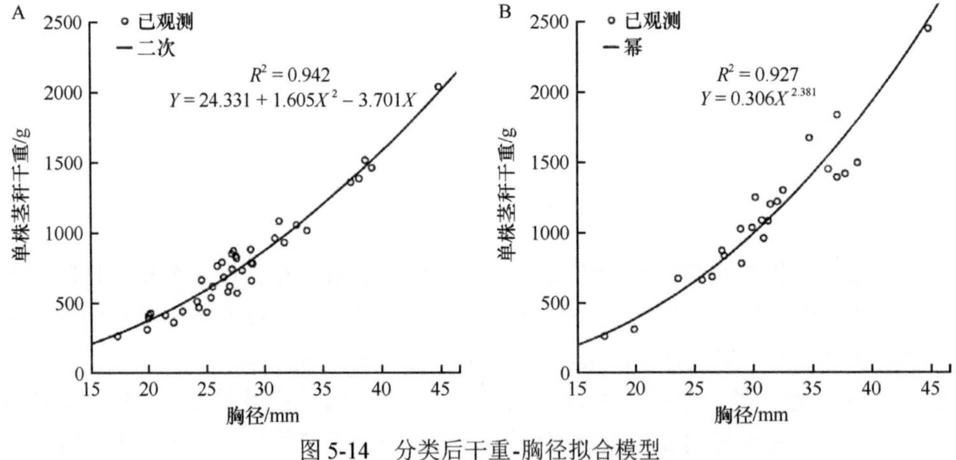

图 5-14　分类后干重-胸径拟合模型

为了进一步检验模型的可靠性，对方程的残差进行进一步检验，图 5-15A 为拟合模型标准化残差直方图，可以看出，拟合模型标准化残差的频率分布和图中正态分布曲线吻合度较高，这表明残差分布服从正态分布。图 5-15B 为拟合模型标准化残差 P-P 图，拟合模型标准化残差的累积概率点都在直线的两侧均匀地分布，并且无异常值出现，表明残差分布符合正态分布。综合图 5-15 两图，说明残差分布符合正态分布，模型具有很高的可靠性。

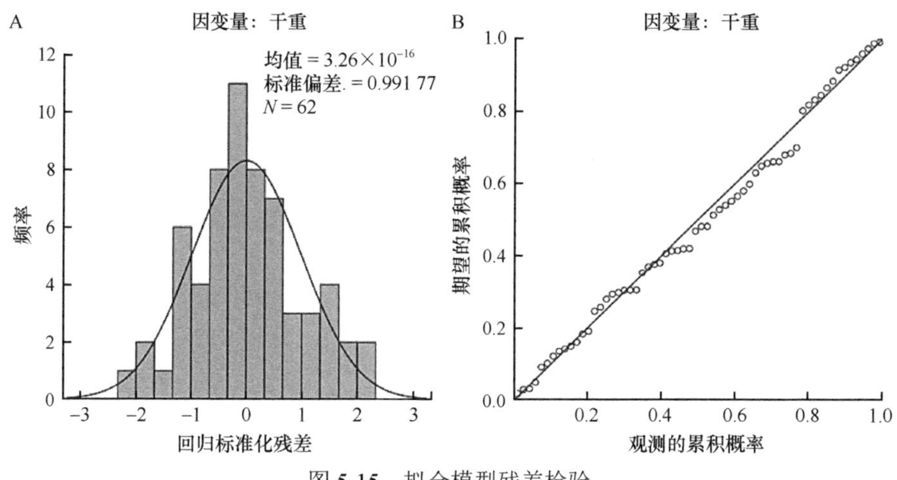

图 5-15　拟合模型残差检验

2. 单株茎秆干重分析

对 33 个不同基因型梁山慈竹的所有成竹的胸径进行测量，利用图 5-14 的模型计算每株成竹的干重。结果显示，梁山慈竹基因型 30-A、212-A、214、30-B、61-B、2-2、66、40-1-B、126-A、90-3-B、14-B、90-1 12 个基因型单株茎秆的平均干重显著高于栽培型，其中 212-A 单株茎秆平均干重最重超过栽培型 2 倍，达到 2.582kg。梁山慈竹新品系 29-B、34-B、5-2、5-3、120-A、35-B、9-A、19-A 8 个新品系单株茎秆的平均干重显著低于栽培型。梁山慈竹新品系 29-A、40-2、215、126-2-A、208-2-B、22-B、129-B、101-1、101-3-B、64-A、52-B、101-2-B 与栽培型无统计学差异（图 5-16）。

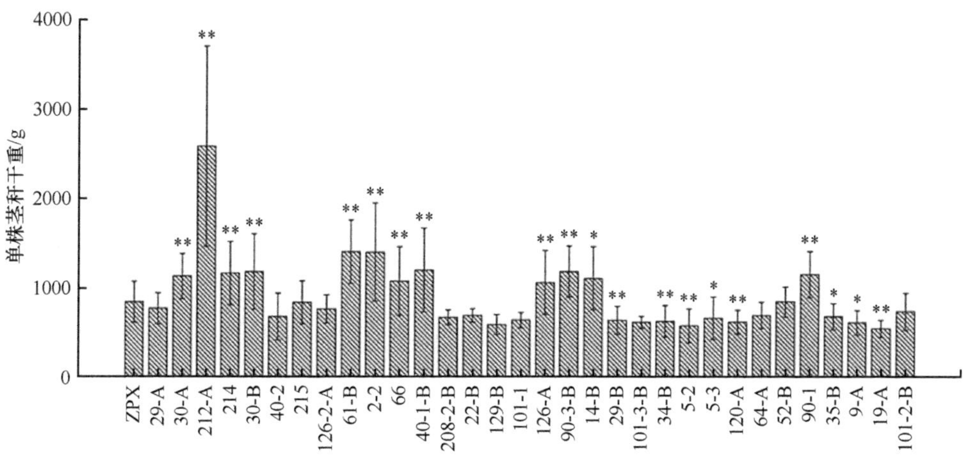

图 5-16　不同基因型梁山慈竹茎秆平均干重

* 代表与栽培型（ZPX）相比 0.05 水平差异显著，** 代表与栽培型（ZPX）相比 0.01 水平差异极显著

5.3.3 小结

根据茎秆壁厚聚类分析将 33 个基因型分为薄壁（壁厚＜ 3.6mm）和厚壁（壁厚≥ 3.6mm）两大类群，分别建立了干重（Y）与胸径（X）的拟合模型，厚壁拟合模型为二次方程，方程式为 $Y=24.331+1.605X^2-3.701X$；薄壁拟合模型为幂方程，方程式为 $Y=0.306X^{2.381}$，R^2 分别达到 0.942 和 0.927。

基因型 30-A、212-A、214、30-B、61-B、2-2、66、40-1-B、126-A、90-3-B、14-B、90-1 的单株茎秆的平均干重显著高于栽培型，其中 212-A 单株茎秆平均干重最重超过栽培型 2 倍；29-B、34-B、5-2、5-3、120-A、35-B、9-A、19-A 8 个株的茎秆的平均干重显著低于栽培型。

5.4 不同基因型梁山慈竹茎秆纤维形态分析

5.4.1 材料与方法

1. 材料

以 29-A、30-A、212-A、214、30-B、40-2、215、126-2-A、61-B、2-2、66、40-1-B、208-2-B、22-B、129-B、101-1、126-A、90-3-B、14-B、29-B、101-3-B、34-B、5-2、5-3、120-A、64-A、52-B、90-1、35-B、9-A、19-A、101-2-B 及栽培梁山慈竹（ZPX）共 33 个不同基因型梁山慈竹 2 年生的竹材为材料。取胸径部位节间中部的茎秆，经杀青烘干后，将枝剪切成长约 3cm、牙签粗细的小段备用。

2. 方法

纤维形态测定具体方法参照 Fiber Quality Analyzer（code LDA02）高精度纤维形态分析仪的操作规程进行（陈宇鹏，2016）。

参数设定：纤维测量数量选择 5000 根，细小纤维设定为 0.07 ～ 0.2mm。

数据分析：使用 SPSS 21 进行单因素方差分析，使用 LSD 法进行差异显著性分析。

纤维形态特征是考察一个竹种作为造纸原料的重要指标，其主要包括纤维的长度、宽度、长宽比、细小纤维含量、卷曲指数、扭结指数等。高精度纤维形态分析仪是以光学拍照技术为原理发展出来的在工业上快速检测造纸原料及纸浆纤维形态的仪器，其相比于传统的显微镜检测，具有快速、准确、无人工偏好的误差，并且能够与工业生产直接结合的特点。使用高精度纤维形态分析仪检测造纸原料的纤维形态，成为评价造纸原料是否优良的重要手段。

5.4.2　结果与分析

1. 纤维长度

一般来讲纤维长度越长，造纸制浆时其相互之间的交联接触面积越大，所成纸张的质量也就越好。如图 5-17 所示，不同基因型梁山慈竹的纤维长度以加权平均纤维长度（LW）计算，与栽培型梁山慈竹纤维长度（2.05mm）相比，纤维长度最长的基因型为 30-B 和 2-2，其长度分别达到 2.18mm 和 2.22mm，均极显著长于栽培型梁山慈竹；基因型 29-A、214、215、126-2-A、61-B、66、208-2-B、101-1、29-B、101-3-B、34-B、5-3、90-1、35-B 的纤维长度与栽培型梁山慈竹无统计学差异，均在 2mm 左右；基因型 30-A、212-A、40-2、40-1-B、22-B、129-B、126-A、90-3-B、14-B、5-2、120-A、64-A、52-B、9-A、19-A、101-2-B 的纤维长度则显著小于栽培型，但其长度均大于 1.5mm。

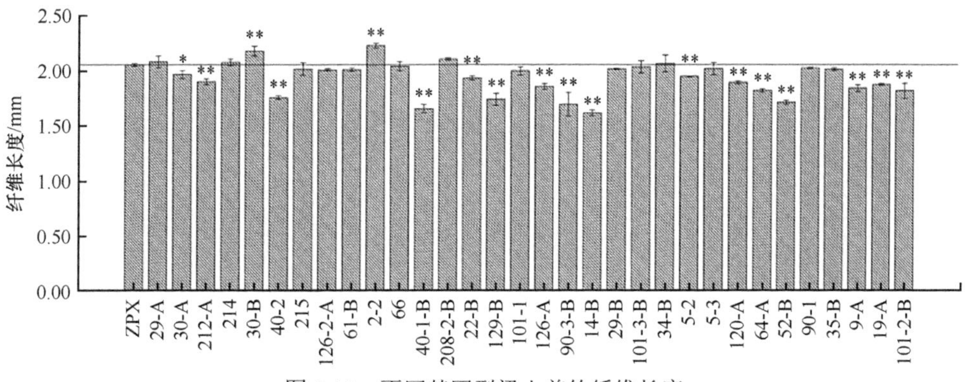

图 5-17　不同基因型梁山慈竹纤维长度

* 代表与栽培型（ZPX）相比 0.05 水平差异显著，** 代表与栽培型（ZPX）相比 0.01 水平差异极显著

2. 纤维宽度

不同基因型梁山慈竹的纤维宽度与栽培型梁山慈竹相比有差异（图 5-18），基因型 212-A、215、22-B、5-2、120-A、90-1、9-A、101-2-B 竹材的纤维宽度与栽培型纤维宽度没有明显差异，其余基因型的纤维宽度则显著或极显著小于栽培型。

3. 纤维长宽比

纤维长度与纤维宽度之比越大，说明纸浆的相互交织能力越强，纸浆的强度也就越大（张娟等，2011）。纤维长宽比一般认为大于 100 才是优良的造纸原料（彭博等，2018；朱惠方和腰希申，1964）。

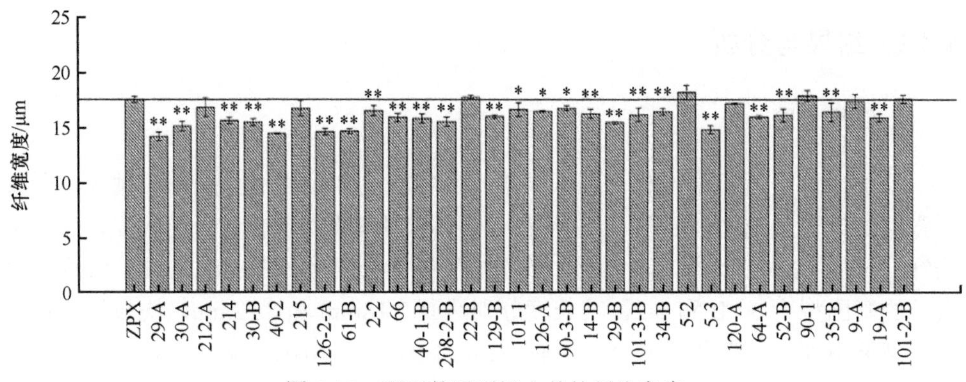

图 5-18　不同基因型梁山慈竹纤维宽度

* 代表与栽培型（ZPX）相比 0.05 水平差异显著，** 代表与栽培型（ZPX）相比 0.01 水平差异极显著

不同基因型梁山慈竹中，绝大部分的竹材纤维长宽比大于 100。与栽培型梁山慈竹（长宽比为 117）相比，29-A、30-A、30-B、61-B、214、126-2-A、2-2、66、208-2-B、29-B、101-3-B、34-B、5-3 13 个基因型竹材的纤维长宽比显著高于栽培型。最大的为 29-A 基因型，长宽比达到 140；最小的为 14-B 基因型，长宽比为 99.5（图 5-19）。

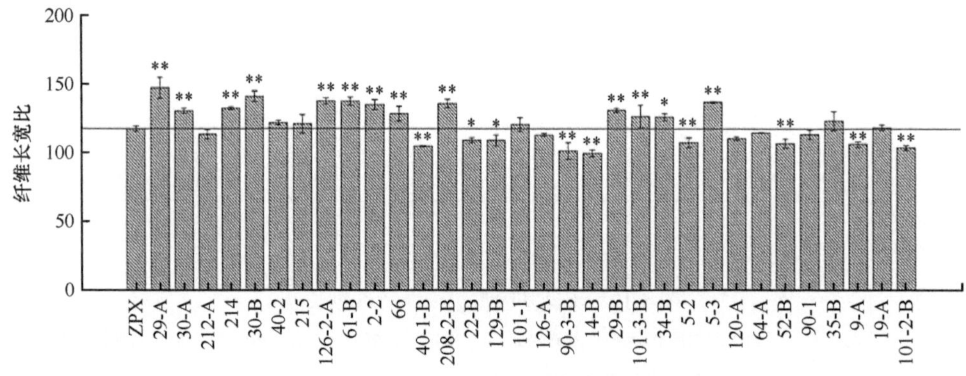

图 5-19　不同基因型梁山慈竹纤维长宽比

* 代表与栽培型（ZPX）相比 0.05 水平差异显著，** 代表与栽培型（ZPX）相比 0.01 水平差异极显著

4. 细小纤维含量、卷曲指数及扭结指数

细小纤维含量、卷曲指数及扭结指数也与制浆造纸的性能相关（崔敏，2010）。一般认为造纸原料中含有适量的细小纤维能够促打浆，提升纸张性能，但过高的细小纤维含量则会使纸张的强度下降，甚至无法成纸（管永刚，2003）；卷曲指数和扭结指数代表了纤维的柔性和脆性，这两个指数过低则纸张会变脆、易折断，过高同样也不利于纸张的强度，无法作为高档用纸的原料。

栽培型梁山慈竹的细小纤维含量为 40.1%，与之相比，基因型 214、61-B、208-2-B、22-B、129-B、101-1、29-B、34-B、5-3、90-1、35-B、9-A、19-A、101-

2-B 竹材的细小纤维含量均极显著高于栽培型，最高的为 208-2-B，细小纤维含量为 47.9%；基因型 29-A、30-B、126-2-A、40-1-B、101-3-B、52-B 竹材的细小纤维含量极显著低于栽培型，最低的为 29-A 基因型，细小纤维含量仅为 28.3%；30-A、212-A、40-2、215、2-2、66、126-A、90-3-B、14-B、5-2、64-A、120-A 基因型竹材的细小纤维含量则与栽培型无统计学差异（图 5-20）。

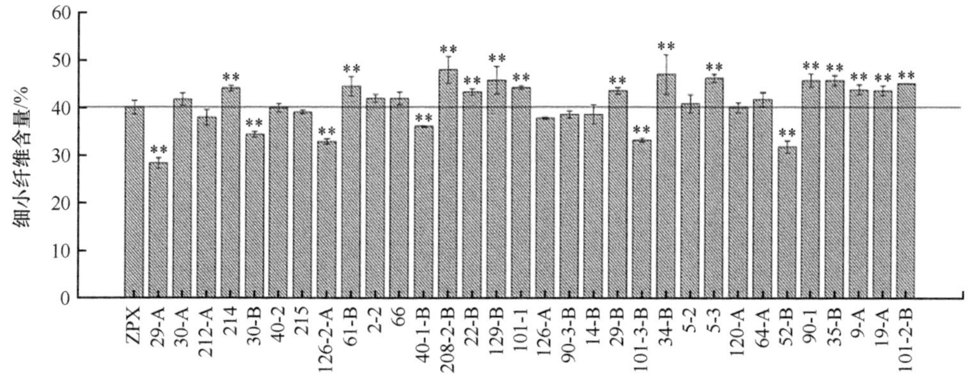

图 5-20　不同基因型梁山慈竹细小纤维含量

* 代表与栽培型（ZPX）相比 0.05 水平差异显著，** 代表与栽培型（ZPX）相比 0.01 水平差异极显著

栽培型梁山慈竹纤维卷曲指数为 0.028，与之相比，基因型 29-A、30-A、215 3 个基因型竹材的卷曲指数极显著高于栽培型梁山慈竹，最高的为 29-A，其卷曲指数达 0.046；基因型 30-B、40-2、66、40-1-B、22-B、101-1、126-A、90-3-B、19-A 竹材的纤维卷曲指数则与栽培型梁山慈竹无统计学差异；基因型 212-A、214、126-2-A、61-B、2-2、208-2-B、129-B、14-B、29-B、101-3-B、34-B、5-2、5-3、120-A、64-A、52-B、90-1、35-B、9-A、101-2-B 的竹材则显著或极显著低于栽培型梁山慈竹竹材，卷曲指数在 0.015 ～ 0.025（图 5-21）。

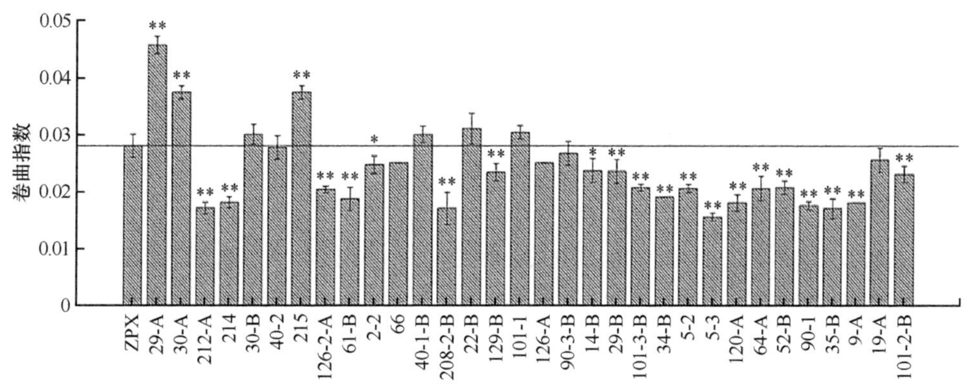

图 5-21　不同基因型梁山慈竹卷曲指数

* 代表与栽培型（ZPX）相比 0.05 水平差异显著，** 代表与栽培型（ZPX）相比 0.01 水平差异极显著

栽培型梁山慈竹纤维扭结指数为0.24mm^{-1}。基因型29-A、30-A、30-B、40-2、215、66、40-1-B、101-1、90-3-B、101-3-B、52-B、19-A的竹材的扭结指数极显著高于栽培型梁山慈竹，其中29-A、30-A、215、101-1、90-3-B基因型的扭结指数较高（超过0.4mm^{-1}）；212-A、214、126-2-A、61-B、2-2、208-2-B、22-B、129-B、14-B、29-B基因型竹材的扭结指数极显著低于栽培型梁山慈竹；基因型126-A、34-B、5-2、5-3、120-A、64-A、90-1、35-B、9-A、101-2-B竹材的扭结指数与栽培型梁山慈竹的无明显差异（图5-22）。

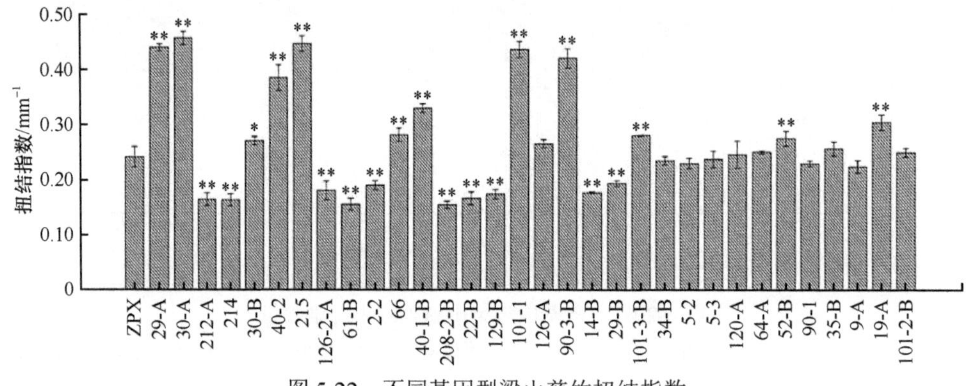

图5-22 不同基因型梁山慈竹扭结指数

* 代表与栽培型（ZPX）相比0.05水平差异显著，** 代表与栽培型（ZPX）相比0.01水平差异极显著

5.4.3 小结

不同基因型梁山慈竹茎秆的纤维形态存在一定的差异，29-A、30-B、2-2等基因型相比于栽培型梁山慈竹纤维较长、长宽比较大。29-A、30-B两个株系的细小纤维含量极显著低于栽培型，其纤维形态优良适合用于制浆造纸。

5.5 不同基因型梁山慈竹茎秆组成成分分析

5.5.1 材料与方法

1. 材料

29-A、30-A、212-A、214、30-B、40-2、215、126-2-A、61-B、2-2、66、40-1-B、208-2-B、22-B、129-B、101-1、126-A、90-3-B、14-B、29-B、101-3-B、34-B、5-2、5-3、120-A、64-A、52-B、90-1、35-B、9-A、19-A、101-2-B 32个不同基因型梁山慈竹新种质及栽培梁山慈竹（ZPX）。

2. 仪器与设备

纤维素含量测定仪（FibertecTM 1020 FOSS）等。

3. 纤维素、木质素和灰分含量的测定方法

纤维素和木质素含量的测定参照 FOSS 公司 FibertecTM M6 1020/1021 型纤维素测定仪的操作手册进行。通过酸性洗涤纤维（ADF）和酸性洗涤木质素（ADL）法，得到纤维素含量和木质素含量，每个样品重复 3 次，每组样品运行一个空白对照；灰分含量的测定参照国家标准 GB/T 2677.3—1993 方法进行。

5.5.2　结果与分析

1. 不同基因型梁山慈竹茎秆纤维素含量

不同基因型梁山慈竹的纤维素含量有一定的差异，总体来讲纤维素含量在 40% ～ 60%。就不同基因型梁山慈竹而言，栽培型梁山慈竹纤维素含量较低为 42%。除梁山慈竹新品系 101-3-B、34-B、52-B 外，其余梁山慈竹新品系纤维素含量均高于栽培型，且达到极显著水平，其中，29-A、212-A、214、40-2、215、126-2-A、61-B、2-2、40-1-B、22-B、129-B、101-1、126-A、90-3-B、14-B、64-A、19-A 17 个梁山慈竹新品系纤维素含量较高，都超过 50%（图 5-23）。

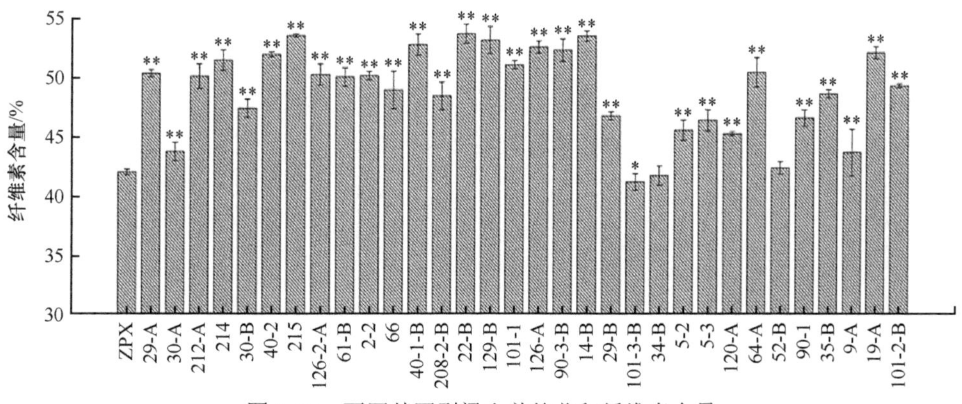

图 5-23　不同基因型梁山慈竹茎秆纤维素含量

* 代表与栽培型（ZPX）相比 0.05 水平差异显著，** 代表与栽培型（ZPX）相比 0.01 水平差异极显著

2. 不同基因型梁山慈竹茎秆木质素含量

不同梁山慈竹木质素含量在 10% ～ 20%，其中栽培型梁山慈竹木质素含量为 16%。29-A、214、215、61-B、66、40-1-B、129-B、101-1、90-3-B、29-B、120-A、

90-1 12 个基因型木质素含量显著或极显著高于栽培型，最高的为 101-1，木质素含量达 20%。梁山慈竹基因型 40-2、126-2-A、2-2、208-2-B、101-3-B、34-B、5-2、9-A 8 个基因型木质素含量显著低于栽培型，最低的为 101-3-B，木质素含量为 12.4%。梁山慈竹基因型 30-A、30-B、212-A、22-B、126-A、14-B、5-3、64-A、52-B、35-B、19-A、101-2-B 的木质素含量与栽培型梁山慈竹接近（图 5-24）。

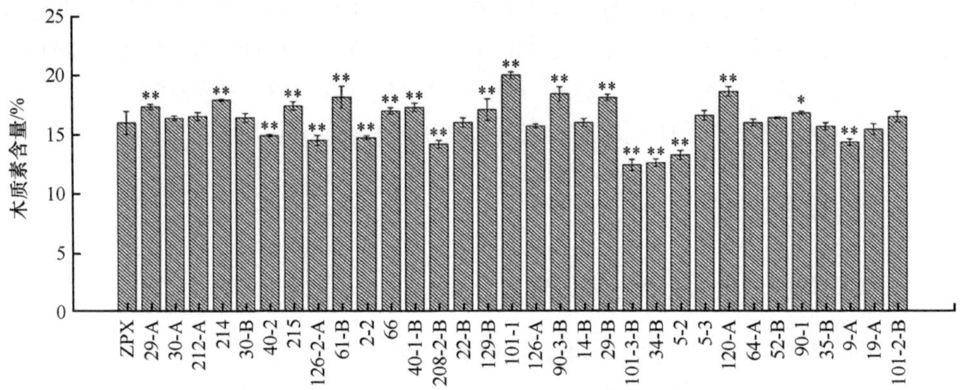

图 5-24　不同基因型梁山慈竹茎秆木质素含量

* 代表与栽培型（ZPX）相比 0.05 水平差异显著，** 代表与栽培型（ZPX）相比 0.01 水平差异极显著

3. 不同基因型梁山慈竹茎秆灰分含量

不同基因型梁山慈竹茎秆的灰分含量也具有一定的差异，栽培型梁山慈竹灰分含量为 1.55%。灰分含量高于栽培型的梁山慈竹基因型有 29-A、215、126-2-A、61-B、14-B，其中 14-B 基因型灰分含量最高，达到 2.38%；梁山慈竹 66、90-3-B 两个基因型灰分含量与栽培型接近，其余新品系灰分含量则显著低于栽培型，最低的为 90-1，灰分含量仅为栽培型的 55%（图 5-25）。

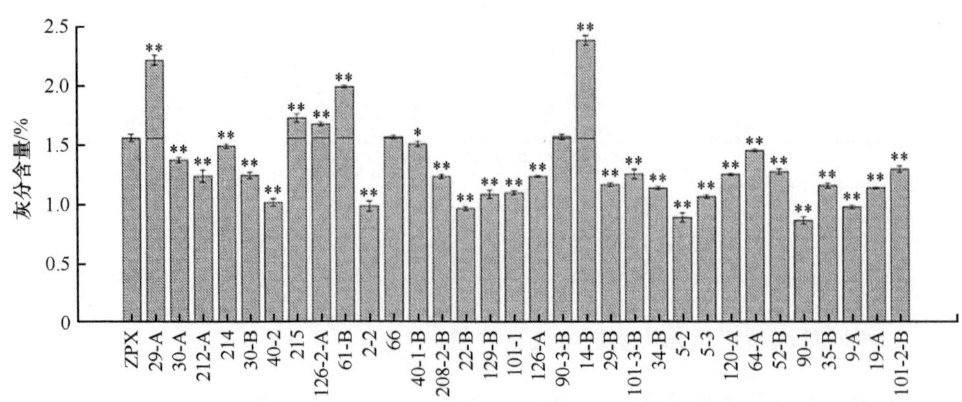

图 5-25　不同基因型梁山慈竹茎秆灰分含量

* 代表与栽培型（ZPX）相比 0.05 水平差异显著，** 代表与栽培型（ZPX）相比 0.01 水平差异极显著

5.5.3 小结

不同基因型梁山慈竹间的纤维素含量在 40% ～ 60%，29-A、212-A、214、40-2、215、126-2-A、61-B、2-2 等基因型的纤维素含量极显著高于 ZPX；不同基因型梁山慈竹木质素含量在 10% ～ 20%，40-2、126-2-A、2-2、208-2-B、101-3-B、34-B、5-2、9-A 的木质素含量极显著低于栽培型。

5.6 不同基因型梁山慈竹竹浆特性分析

在制浆造纸工业中原料的特征是影响纸浆性能的决定性因素。梁山慈竹由于其纤维素含量高、纤维长等特点，与慈竹、金竹、马蹄竹等竹种被中国林业科学研究院木材工业研究所根据制浆应用的优劣划分为第一级竹种（崔敏，2010），是一种优良的造纸原料，然而要想准确地评价一种竹材的制浆造纸性能，必须对影响竹浆质量的竹材纤维素、木质素等化学组成进行综合全面的评价。而原料的纤维形态特征则决定纸浆的抗张、耐破、抗撕裂、耐折等性能（王树力等，1997）。另外，在制浆造纸过程中化学药品的使用量，所造成的环境污染也是评价原料制浆性能的指标（崔敏，2010）。因此，对不同基因型梁山慈竹竹浆特性展开分析十分必要。

5.6.1 材料与方法

1. 材料

以 61-B、212-A、129-B、101-2-B、90-3-B、30-B、126-A、214、64-A、ZPX 10 个生物量较大的不同基因型梁山慈竹同期出笋的 2 年生茎秆为材料，送往国家林业局林化产品质量检验检测中心（南京）进行硫酸盐竹浆相关指标测试。

2. 方法

硫酸盐竹浆相关指标测定分析参照相应的国家标准进行。水分（GB/T 462—2008）；卡伯值（GB/T 1546—2004）；黏度（GB/T 1548—2004）；打浆度（GB/T 3332—2004）；纸浆白度（GB/T 7974—2013）；定量（GB/T 451.2—2002）；厚度（GB/T 451.3—2002）；抗张强度（GB/T 12914—2008）；耐破度（GB/T 454—2002）；撕裂度（GB/T 455—2002）；耐折度（GB/T 457—2008）；灰分（GB/T 742—2008）；纤维长度（GB/T 10336—2002）；有机溶剂抽出物含量（GB/T 2677.6—1994）；酸不溶木素含量（GB/T 2677.8—1994）；综纤维素含量（GB/T 2677.10—1995）；碱（1% 氢氧化钠）抽出物含量（GB/T 2677. 5—1993）。

5.6.2 结果与分析

1. 不同基因型梁山慈竹纤维素含量与形态分析

不同基因型梁山慈竹竹材性能各异（表 5-5），栽培型梁山慈竹比其他基因型梁山慈竹的纤维素含量低了 1.91% ～ 8.33%，酸不溶木质素含量却比其他基因型梁山慈竹高出了 3.6% ～ 8.23%。10 个基因型的梁山慈竹竹材的纤维素含量都在 50% 以上，最高的为 101-2-B，达到 58.66%，其次为 30-B，最低的为栽培型梁山慈竹，仅为 50.33%；酸不溶木质素含量的变化范围为 15.39% ～ 23.62%；纤维长度的变化范围为 1.458 ～ 1.971mm；纤维宽度为 13.5 ～ 16.3μm；双壁厚变化幅度比较大，为 4.0 ～ 12.6μm；长宽比都在 100 以上，最高的为 30-B。

表 5-5　不同基因型梁山慈竹 2 年生竹材材性相关指标

基因型	纤维素含量 /%	酸不溶木质素含量 /%	纤维长度 /mm	纤维宽度 /μm	双壁厚 /μm	长宽比
61-B	55.28	20.02	1.698	15.6	4.4	118.4
212-A	52.24	19.72	1.626	15.5	12.5	106.4
129-B	53.25	15.47	1.542	14.6	10.6	113.5
101-2-B	58.66	15.39	1.486	15.5	11.4	102.8
90-3-B	54.59	19.85	1.458	14.3	4.0	103.9
30-B	56.23	18.73	1.850	13.7	10.0	140.2
126-A	53.75	19.95	1.916	16.3	12.1	122.1
214	55.73	17.38	1.556	14.1	10.7	116.1
64-A	53.83	19.20	1.797	13.5	2.9	140.0
ZPX	50.33	23.62	1.971	16.3	12.6	124.8

2. 不同基因型梁山慈竹硫酸盐浆性能分析

不同基因型梁山慈竹竹材的硫酸盐浆的良浆得率和耐破指数等性能指标明显不同（表 5-6）。良浆得率的变化幅度为 35.98% ～ 45.23%，其中 90-3-B 的良浆得率最高，而栽培型梁山慈竹的最低，其余基因型的梁山慈竹的良浆得率都比栽培型梁山慈竹竹材的高。

表 5-6　不同基因型梁山慈竹硫酸盐浆性能指标

基因型	耐破指数 /（$kPa·m^2/g$）	撕裂指数 /（$mN·m^2/g$）	抗张指数 /（N·m/g）	黏度 /（mL/g）	良浆得率 /%
61-B	5.33	16.96	62.20	862	39.29
212-A	4.06	10.96	59.25	834	41.61

续表

基因型	耐破指数 /（kPa·m²/g）	撕裂指数 /（mN·m²/g）	抗张指数 /（N·m/g）	黏度 /（mL/g）	良浆得率 /%
30-B	4.55	12.70	64.40	800	41.40
126-A	4.58	9.86	59.85	815	41.70
ZPX	5.55	11.03	69.58	763	35.98
GB/T 24322—2009 优等品	4.00	8.50	58.00	700	
101-2-B	3.87	10.58	54.69	854	37.43
90-3-B	4.88	10.88	64.37	673	45.23
214	4.05	9.28	55.13	994	36.92
64-A	4.19	10.78	57.79	780	41.42
GB/T 24322—2009 一等品	3.50	6.50	50.00	550	
129-B	3.34	8.14	50.50	826	43.45
GB/T 24322—2009 合格品	2.50	6.00	40.00	450	

通过对耐破指数、撕裂指数、抗张指数和黏度指标的综合分析，并根据国标 GB/T 24322—2009 漂白硫酸盐竹浆的标准，可将 10 个不同基因型的梁山慈竹竹材硫酸盐竹浆分为三大类型（表 5-6）：①硫酸盐浆性能指标达到国家优等品的要求，包括 61-B、212-A、30-B、126-A 和栽培型梁山慈竹共计 5 个基因型。前 4 种基因型的竹材的良浆得率比栽培型的梁山慈竹高出 3.31% ～ 5.72%，而且硫酸盐浆的黏度值都在 800 以上；②硫酸盐浆性能指标达到国家一等品的要求，包括 101-2-B、90-3-B、214 和 64-A 共计 4 个基因型，其良浆得率比栽培型的梁山慈竹高出 0.94% ～ 9.25%；③硫酸盐浆性能指标达到国家合格品的要求，即 129-B，其良浆得率比栽培型的梁山慈竹高出 7.47%。

3. 不同基因型梁山慈竹硫酸盐浆性能综合分析

竹材的造纸性能的评价是由多个指标构成的体系，不同性能指标对竹浆造纸性能的贡献度不同，通过对不同基因型的梁山慈竹竹材的硫酸盐浆性能指标，参照任辉等（2011）对纸浆材的降维综合评价方法，对反映不同竹材的蒸煮性能的黑液残碱、筛渣率、粗浆得率等指标及反映纸张性能的耐破指数、撕裂指数、抗张指数等共 13 个指标进行因子分析，为浆用竹种的选育提供理论依据。

（1）用于评价竹材硫酸盐浆成纸性能的主成分分析

对黑液残碱、筛渣率、粗浆得率、良浆得率、卡伯值、未漂浆白度、纸浆黏度、紧度、耐破指数、撕裂指数、抗张指数、伸长率、耐折度 13 个指标进行主成分分析，将标准化的 13 个因子 $X_1 \sim X_{13}$ 使用最大四次方值法进行因子旋转，由相关系数矩阵计算得到 13 个主成分 $F_1 \sim F_{13}$ 的全部特征值（表 5-7），第 1 个至第 3 个主成分的贡献率分别为 31.01%、29.07% 和 15.46%，前 3 个主成分的累计贡献率达到 75.54%。这表明前 3 个主成分包含了原来 13 个指标 75.54% 的信息，因此可选择前 3 个主成分代表原来的 13 个指标。

表 5-7　纸浆特性主成分分析特征值

成分	特征值	贡献率 /%	累计贡献率 /%
F_1	4.03	31.01	31.01
F_2	3.78	29.07	60.07
F_3	2.01	15.46	75.54
F_4	1.56	11.99	87.53
F_5	0.60	4.61	92.14
F_6	0.47	3.64	95.78
F_7	0.41	3.14	98.92
F_8	0.11	0.83	99.75
F_9	0.03	0.25	100.00
F_{10}	0.00	0.00	100.00
F_{11}	0.00	0.00	100.00
F_{12}	0.00	0.00	100.00
F_{13}	0.00	0.00	100.00

在未对因子进行旋转之前，通过对因子载荷矩阵分析发现，其主成分在各个因子上的载荷系数比较平均，不能够对其做出专业的解释，在经最大四次方值法对因子进行旋转以后重新对因子载荷矩阵进行分析，如表 5-8 所示，$X_1 \sim X_{13}$ 分别为黑液残碱、筛渣率、粗浆得率、良浆得率、卡伯值、未漂浆白度、纸浆黏度、紧度、耐破指数、撕裂指数、抗张指数、伸长率、耐折度这 13 个指标进行了数据标准化处理，$F_1 \sim F_3$ 分别为主成分 1、主成分 2、主成分 3。结果显示主成分 1（F_1）的因子载荷主要在 X_6、X_9、X_{10}、X_{11}、X_{12}、X_{13} 上。说明主成分 1 主要受未漂浆白度、耐破指数、撕裂指数、抗张指数、伸长率、耐折度等指标的影响，这些主要是体现纸张性能的指标；主成分 2（F_2）的因子载荷主要在 X_3、X_4、X_5、X_6、X_7 上，说明主成分 2 主要受粗浆得率、良浆得率、卡伯值、未漂浆白度、纸浆黏度等指标的影响，这些主要是体现原料的蒸煮性能；主成分 3（F_3）的因子载荷主要在 X_2、X_7、X_8 上，说明主成分 3 主要受筛渣率、纸浆黏度、紧度等指标的影响，专业意义不明显。

表 5-8　因子载荷矩阵

因子	主成分		
	F_1	F_2	F_3
X_1	–0.04	–0.07	0.22
X_2	–0.20	0.19	0.87
X_3	0.02	0.97	–0.05
X_4	0.03	0.97	–0.08
X_5	–0.49	0.73	0.11
X_6	0.51	–0.83	0.05
X_7	–0.35	–0.54	0.57
X_8	–0.09	0.40	–0.84
X_9	0.89	–0.23	–0.29
X_{10}	0.85	–0.03	0.19
X_{11}	0.94	–0.19	–0.14
X_{12}	0.62	0.33	0.02
X_{13}	0.76	0.07	0.01

（2）不同基因型梁山慈竹竹材硫酸盐制浆造纸性能评价

通过计算主成分 1 的因子得分（图 5-26）可以看出，不同基因型梁山慈竹新品系 61-B 的得分最高，其次依次为 30-B、90-3-B、ZPX、212-A、64-A、126-A、214、101-2-B、129-B。由于主成分 1 主要是体现纸张性能的指标，且与这些指标是正相关。由此推断，61-B、30-B、90-3-B 3 个基因型梁山慈竹的硫酸盐浆成纸强度的综合性能较好，且好于栽培型和其他 6 个基因型的梁山慈竹。

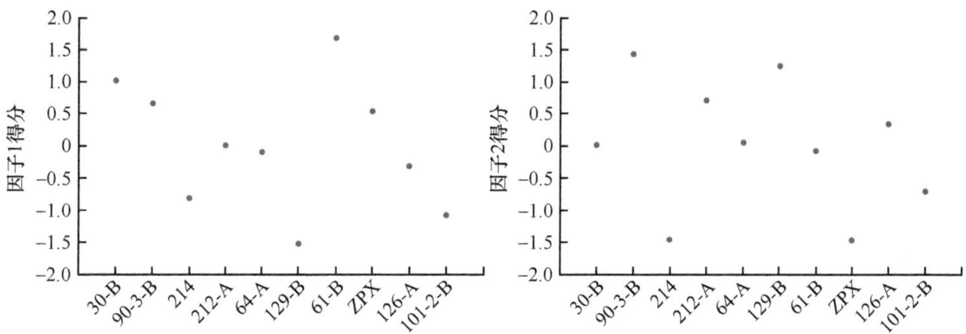

图 5-26　不同基因型梁山慈竹因子得分

通过计算主成分 2 的因子得分（图 5-26）可以看出，不同基因型梁山慈竹中 90-3-B 的得分最高，其次依次为 129-B、212-A、126-A、64-A、30-B、61-B、

101-2-B、ZPX、214。由于主成分 2 主要是体现蒸煮性能的指标，由此推断 90-3-B、129-B、212-A、126-A、64-A 的蒸煮性能较好。

5.6.3　小结

不同基因型梁山慈竹硫酸盐浆的性能各异，61-B、212-A、30-B、126-A 基因型硫酸盐浆性能指标达到国家硫酸盐浆优等品的要求，且良浆得率比栽培型的梁山慈竹高出 3.31% ～ 5.72%。101-2-B、90-3-B、214、64-A 的硫酸盐浆性能指标达到国家一等品的要求，其良浆得率比栽培型的梁山慈竹高出 0.94% ～ 9.25%。通过对多个指标进行因子分析发现，90-3-B、129-B、212-A、126-A、64-A 的蒸煮性能较好；61-B、30-B、90-3-B 的纸张强度综合性能较好。

5.7　不同基因型梁山慈竹原纤维特征

5.7.1　材料与方法

1. 材料

以 30-B、61-B、90-3-B、126-A、212-A、214 及栽培型梁山慈竹（ZPX）共 7 个基因型梁山慈竹一年生茎秆为材料，展开以下研究。

2. 方法

（1）原纤维制备

取一年生梁山慈竹距离地面 1.5m 以上 3 个节间。劈成宽 2cm、长 25cm 的竹片。用自来水清洗竹片。碱液（0.75%NaOH；Na_2SO_3，2g/L；JFC 渗透剂 3mL/L）浸泡 24h，沸水蒸煮 1h，碾压分丝。

（2）原纤维拉伸测定

每个样品选取 20 根，测量直径（依据 SN/T 2672—2010《纺织原料细度试验方法（直径）显微投影仪法》，每根直径及拉伸性能测试一一对应）。夹持长度 12cm，拉伸速度 50mm/min。

（3）改性处理

将原纤维浸泡在改性液体（分别为 30% H_2O_2；20g/L，纳米 $CaCO_3$；20g/L，酚醛树脂；10g/L，纳米 $CaCO_3$+10g/L 酚醛树脂）中置于 55℃烘箱中 24h（Biswas et al.，2013）。

5.7.2　结果与分析

1. 不同基因型梁山慈竹拉伸强度比较

有研究表明，在一定范围内纤维直径的改变对纤维强度的影响可以忽略（Trujillo et al.，2014；Andersons et al.，2005）。为保证不同品系梁山慈竹和栽培型梁山慈竹之间测定效果具有可比性，本研究挑选直径 0.1 ～ 0.3mm 的原纤维束进行拉力测定（图 5-27）。拉伸测定过程中样品容易发生滑动，通过对其形变的观察可以判定测定结果的好坏，排除异常值（表 5-9）。杨氏模量是用来表征材料性质的一个物理量。由同一基因型梁山慈竹所制得的原纤维可认为其杨氏模量相同。实际中原纤维并不是标准圆柱形，通过比较杨氏模量可以进一步排查出误差较大的数值。

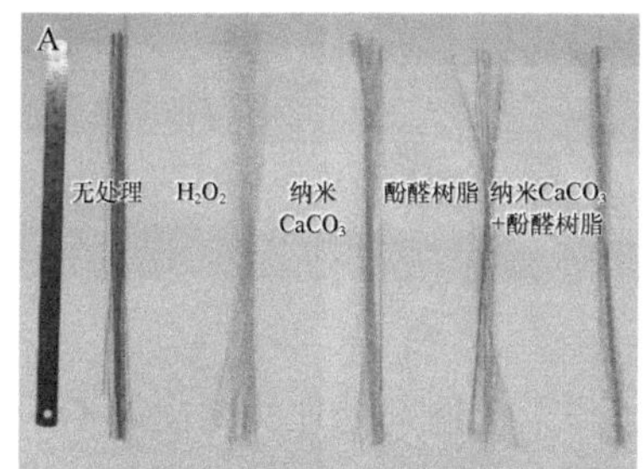

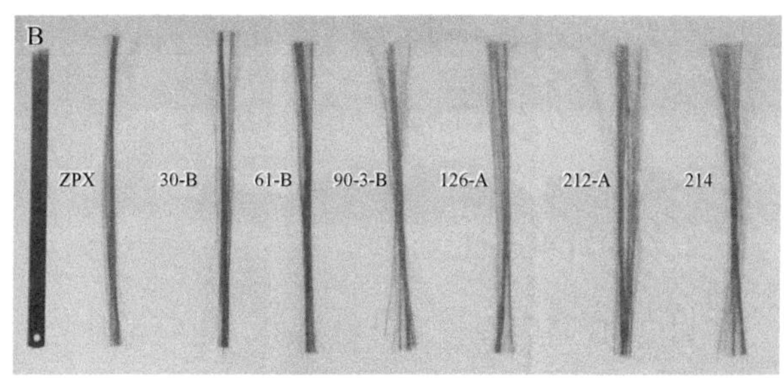

图 5-27　梁山慈竹原纤维

A. 30-B 基因型梁山慈竹原纤维改性前及不同改性剂改性后的样品；B. 7 个不同基因型梁山慈竹原纤维

表 5-9　原纤维拉伸测定效果

编号	直径 /mm	形变 /mm	杨氏模量 /GPa
30-B	0.166 7±0.052 28a	2.049±0.499 6	22.741 8±7.946 4
61-B	0.234 7±0.006 93a	1.441 8±0.388 3	25.309 7±11.022 6
90-3-B	0.238 3±0.007 71b	1.812 7±0.467 3	18.029±8.405 6
126-A	0.173 3±0.039 94a	1.995 6±0.553 2	22.527 7±6.230 6
212-A	0.163 3±0.054 49a	1.598 2±0.524 9	30.915 5±12.046 1
214	0.159 2±0.034 76a	2.086 1±0.327 6	17.156 9±6.208 1
ZPX	0.159 2±0.062 9a	1.611 8±0.513 1	28.573±11.909

将竹纤维模拟为圆柱体状的弹性材料，通过测得每根原纤维束的最大拉力与其通过直径计算所得截面积而得到的数据，经 SPSS 21 单因素方差分析，LSD 法所得结果为 30-B、126-A、212-A 基因型梁山慈竹原纤维平均最大应力与栽培型（ZPX）基本一致；61-B、214 基因型梁山慈竹原纤维平均最大应力较栽培型降低

20% 左右，但统计学分析差异无显著性。90-3-B 基因型梁山慈竹原纤维平均最大应力较栽培型降低超过 30%，且差异显著（$P < 0.05$）（图 5-28）。表明不同基因型的梁山慈竹原纤维质量有一定的差异。

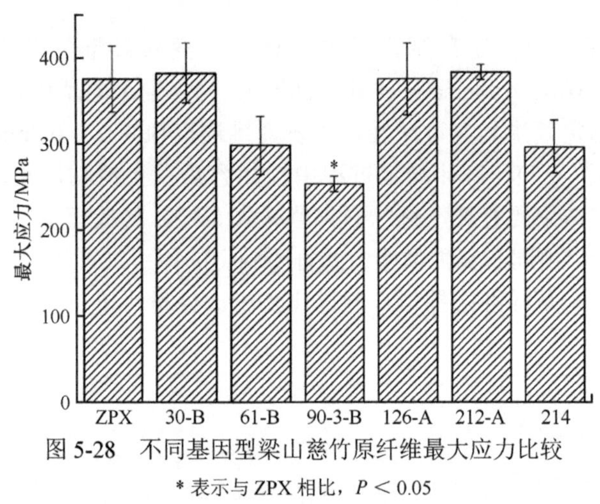

图 5-28　不同基因型梁山慈竹原纤维最大应力比较

* 表示与 ZPX 相比，$P < 0.05$

2. 竹原纤维改性

以 30-B 基因型竹原纤维为例，进行改性处理。与无改性剂处理的相比，不同改性剂处理的竹原纤维的拉伸强度都得到不同程度提高，纳米 $CaCO_3$、酚醛树脂、纳米 $CaCO_3$ 和酚醛树脂混合处理较无处理竹原纤维最大应力分别提升 40%、50%、20% 以上，但统计学分析差异不明显。经 H_2O_2 处理后的竹原纤维较处理前最大应力提升 100% 以上，且差异达极显著水平（图 5-29）。

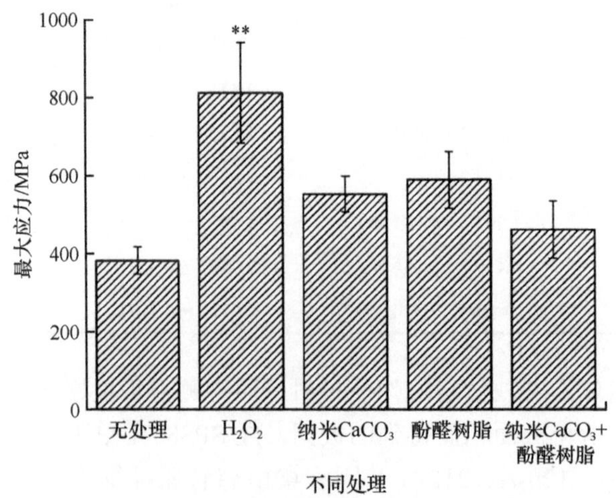

图 5-29　不同处理竹原纤维的拉伸强度

** 表示与无处理相比，$P < 0.01$

由表 5-10 可知，经改性剂处理后的竹原纤维除最大应力得到提高以外，其他力学特性也发生了一些改变，H_2O_2 处理后较处理前竹原纤维的应变提高 37%，杨氏模量提高 50%。纳米 $CaCO_3$ 处理使竹原纤维杨氏模量显著提高，酚醛树脂及纳米碳酸钙和酚醛树脂混合处理使得竹原纤维有略微提高，但是差异不显著。结果表明，H_2O_2 改性效果最好。

表 5-10 竹原纤维经不同方法改性前后力学特性比较

	应变	杨氏模量 /GPa
对照	0.017 1±0.004 16a	22.7±7.9a
H_2O_2	0.023 5±0.004 03b	34.2±10.0b
纳米 $CaCO_3$	0.017±0.003 29a	33.4±13.2b
酚醛树脂	0.021±0.003 83ab	28.7±7.7ab
纳米 $CaCO_3$+ 酚醛树脂	0.017 4±0.005 3a	25.7±10.7ab

5.7.3 小结

不同基因型的梁山慈竹茎秆原纤维质量有一定的差异，基因型 30-B、126-A、212-A 的茎秆原纤维平均最大应力与栽培型（ZPX）基本一致；而 61-B、214 基因型的茎秆原纤维平均最大应力较栽培型降低 20% 左右，90-3-B 基因型的茎秆原纤维平均最大应力较栽培型降低超过 30%。

5.8 不同基因型梁山慈竹纤维素合成相关基因表达分析

5.8.1 材料与方法

1. 材料

以 29-B、126-A、13-A、129-B、64-A、120-A、101-2-B、90-3-B、22-B、40-2、214、61-B、30-B 共 13 个不同基因型梁山慈竹新品系和栽培型（ZPX）为材料，每个基因型选择发笋盛期所出的笋 3 根，生长至露环时期约 60cm，取笋已经开始伸长的第 4 ～第 5 节，液氮冷冻保存。

2. 方法

（1）RNA 提取

使用液氮将上述 60cm 的笋样的基部第 4 ～第 5 节进行研磨（每个样品为 3 根

笋的等质量混样)，使用试剂盒，按照其使用说明书进行总 RNA 的提取。使用天根 FastQuant RT Kit，对提取质量高的 RNA 进行反转录，得到 cDNA 模板备用。

（2）基因相对表达量分析

以梁山慈竹 *Tublin* 基因作为内标，用 Primer Premier 5.0 软件设计 RT-PCR 引物（表 5-11）。使用 SuperReal PreMix Plus（SYBR Green）试剂盒 20μL 体系，在 IQ5 Multicolor RT-PCR 自动扩增仪上按照三步法进行 PCR 反应。反应完成后分析熔解曲线，确认为单峰。采用 2-ΔΔCt 法计算不同组织部位的基因相对表达量。

表 5-11　实时荧光定量 PCR 引物

引物名称	引物序列（5′→3′）
DfCesA3-F（RT）	ACTTGCAACTGCTGGCCCAAG
DfCesA3-R（RT）	CAATACCAGCCTTTTCGTTT
DfCesA4-F（RT）	TCACCATCGGCAGCCACCT
DfCesA4-R（RT）	GCTTTTGCAGCAGCCTTTT
DfCesA7-F（RT）	AAGCCTCACGAGCCTGTTC
DfCesA7-R（RT）	TGGCCTTCCACTTGTCTATCC
DfNAC2-F（RT）	ACCATTTCTTGCCTGGACCTGC
DfNAC2-R（RT）	TCGTAGAGCTGCGACGTCGACA
DfMYB3-F（RT）	AAGCAACGGTATGGTATTCGAG
DfMYB3-R（RT）	GCACATATCCCTTCCATGTTGA
DfTublin-F（RT）	GCCGTGAATCTCATCCCCTT
DfTublin-R（RT）	TTGTTCTTGGCATCCCACAT

5.8.2　结果与分析

1. 纤维素合成相关基因表达分析

纤维素微纤丝在植物细胞壁的组织中起着至关重要的作用，其使得植物形成了一种基于细胞膨压的生长习性。纤维素微纤丝由 β-1,4-葡聚糖链构成聚合度超过 10 000 的葡萄糖聚合物。其由约 36 个亚单位组成的直径 30nm 的纤维素合酶复合体合成，每个纤维素合酶复合体由 3 种 CesA 蛋白组成（Somerville，2006）。每个 CesA 蛋白可以以 UDPG 为直接底物合成 β-1,4-葡聚糖，因而每个纤维素合酶复合体可以同时合成 36（18）条纤维素微纤丝。另外有学者研究还发现 *KOR* 和 *COBL* 等基因也参与纤维素的生物合成与释放过程。

植物细胞在生长伸长的过程中，细胞壁纤维素微纤丝需要不断地解聚与重新合成聚合，另外有研究发现，通过对植物外源施加 GA 等植物激素能够调节 *CesA* 基因的表达，进而促进节间的生长发育（姜勇，2016）。为了探究不同基因型梁山慈竹节间长度、生长速度、纤维素含量之间的差异，对不同基因型梁山慈竹同一部位和生长发育时期（节间快速伸长生长期）的竹笋的多个 *CesA* 基因的相对表达水平进行测定研究。

与 ZPX（栽培型梁山慈竹）相比，129-B、64-A、120-A、90-3-B、22-B、61-B 等新品系的 *DfCesA3* 基因相对表达量较高，为 ZPX 的 2 ～ 4.5 倍，29-B、13-A、101-2-B、214 等基因型 *DfCesA3* 基因相对表达量较低，仅为 ZPX 的一半左右。126-A 和 129-B 基因型的 *DfCesA4* 基因相对表达水平显著高于 ZPX，其他基因型与 ZPX 相比无显著性差异。从 *DfCesA7* 基因相对表达水平来看，基因型 126-A、129-B、120-A、30-B 等基因型相对表达量显著高于 ZPX，其中 129-B 相对表达量最高超过栽培型 20 倍，其他基因型则与 ZPX 相差不大（图 5-30）。

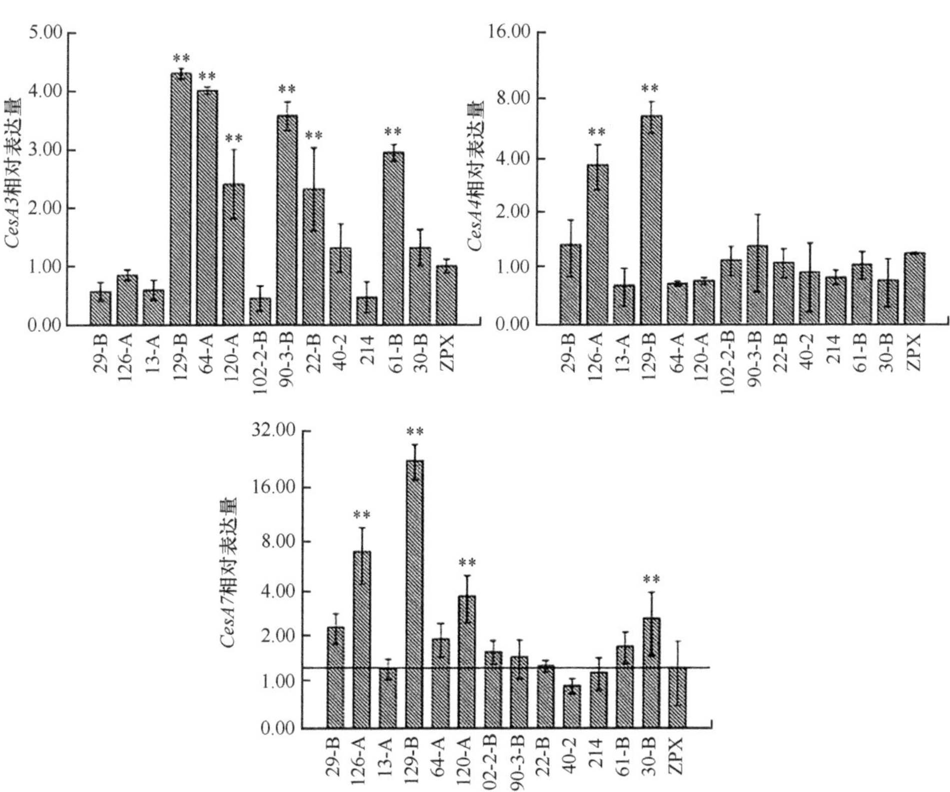

图 5-30　不同基因型梁山慈竹 *CesA* 基因相对表达量

** 表示与 ZPX 相比，$P < 0.01$

2. 纤维素合成调控转录因子相对表达量分析

有学者研究发现，在水稻中OsNAC29/31能够通过调节其下游转录因子OsMYB61进而调节下游*CesA*基因表达（Huang et al.，2015）。为了研究不同基因型梁山慈竹*DfCesA*基因差异表达是否受*DfNAC*和*DfMYB*基因的调控，本试验通过设计梁山慈竹中克隆得到的*DfMYB3*、*DfNAC2*的RT-PCR引物对这两个转录因子在不同基因型梁山慈竹中的相对表达水平进行了探究。

*DfMYB3*和*DfNAC2*在不同基因型梁山慈竹中的表达趋势比较一致，ZPX和30-B中这两个基因相对表达量较低，两个基因在其他基因型中的相对表达水平均高于ZPX和30-B（图5-31）。

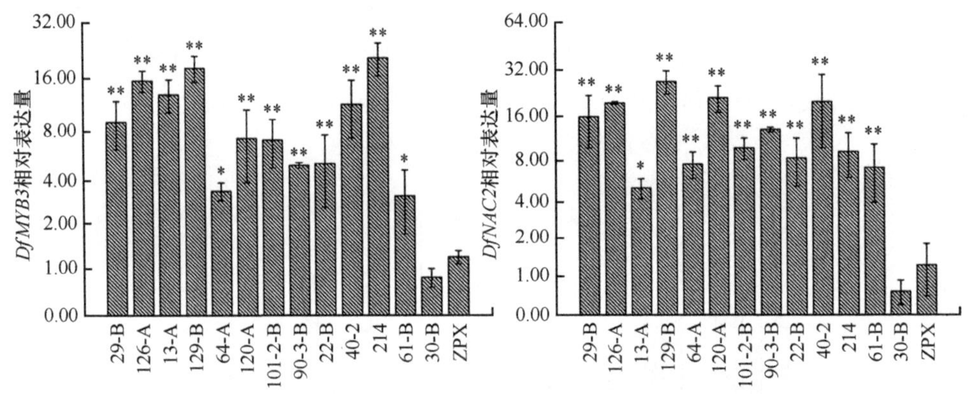

图5-31　转录因子*DfMYB3*、*DfNAC2*相对表达量

* 表示与ZPX相比，$P < 0.05$；** 表示与ZPX相比，$P < 0.01$

3. 纤维素合成基因相对表达量及纤维形态相关性分析

对梁山慈竹*DfCesA3*、*DfCesA4*、*DfCesA7*、*DfMYB3*、*DfNAC2*基因相对表达量进行相关性分析，结果表明，*DfCesA4*与*DfCesA7*相对表达量呈极显著相关，*DfCesA4*、*DfCesA7*相对表达量均与*DfNAC2*相对表达量呈显著正相关，*DfNAC2*相对表达量与*DfMYB3*相对表达量呈显著正相关（表5-12）。结合前人研究，推测*DfNAC2*能够上调*DfMYB3*的表达，而*DfCesAs*基因的表达可能还受到其他基因或者内外环境因素的影响。另外，通过对梁山慈竹基因表达与纤维形态的相关性分析看出，纤维长度与*DfNAC2*相对表达量呈显著负相关，纤维束密度与*DfCesA7*相对表达量呈显著正相关（表5-12）。这表明笋期*DfNAC2*和*DfCesA7*的相对表达水平可能对纤维组织的最终发育结果具有一定的影响。

表 5-12　基因相对表达量及纤维形态相关性分析

	DfCesA3	*DfCesA4*	*DfCesA7*	*DfMYB3*	*DfNAC2*	纤维长度	纤维束密度
DfCesA3	1	—	—	—	—	—	—
DfCesA4	0.324	1	—	—	—	—	—
DfCesA7	0.454	0.954**	1	—	—	—	0.558*
DfMYB3	–0.153	0.526	0.473	1	—	—	—
DfNAC2	0.243	0.623*	0.631*	0.657*	1	–0.655*	—

* 表示 $P < 0.05$，** 表示 $P < 0.01$

5.8.3　小结

对不同基因型梁山慈竹的笋期纤维素合成相关基因的表达水平检测发现：129-B、64-A、120-A、90-3-B、22-B、61-B 的 *DfCesA3* 基因相对表达量较高，为 ZPX 的 2 ～ 4.5 倍；126-A 和 129-B 基因型的 *DfCesA4* 基因相对表达水平显著高于 ZPX；126-A、129-B、120-A、30-B 等基因型 *DfCesA7* 基因相对表达水平显著高于 ZPX。相关性分析表明，*DfNAC2* 与 *DfMYB3* 相对表达水平呈极显著正相关，成竹茎秆的纤维长度与 *DfNAC2* 相对表达量呈显著负相关，竹笋纤维束密度与 *DfCesA7* 相对表达量呈显著正相关。

5.9　不同基因型梁山慈竹 EST-SSR 标记分析

5.9.1　材料与方法

1. 材料

37 个不同基因型梁山慈竹包括 29-A、30-A、212-A、214、30-B、40-2、215、126-2-A、90-1-A、66-2-A、61-B、2-2、40-1-B、208-2-B、44-1-B、42-2-B、22-B、129-B、43-B、101-1、126-A、90-3-B、14-B、29-B、101-3-B、34-B、5-2、5-3、120-A、64-A、52-B、90-1、35-B、74-A、60-B、101-2-B 及栽培型梁山慈竹，取幼嫩叶片液氮冷冻保存，用于提取总 DNA。

2. 方法

（1）总 DNA 提取

采用改良 CTAB 法提取不同基因型梁山慈竹 37 个新品系叶片 DNA。紫外分光光度法检测 DNA 提取质量及浓度，取 10μL DNA，用蒸馏水稀释 DNA 至 20ng/μL 的工作浓度，–20℃冰箱保存备用。

（2）引物设计与数据分析

从梁山慈竹转录组数据库的SSR序列中，随机筛选SSR序列73条，使用BatchPrimer3在线软件批量设计SSR引物73对（表5-13）。核酸聚丙烯酰胺凝胶电泳参照薛月寒（2013）的方法。

表5-13　EST-SSR引物

编号	分子标记	引物序列	重复类型	目标基因
C1	T1_Unigene_BMK.11010	[F] TCATCATGGCGTTCTTCT [R]GGGCTGAAGAAGGAGAGAG	GCG	E3泛素连接酶基因
C2	T1_Unigene_BMK.36394	[F]CATCAACGACAACCTCTTCT [R] ATGCACAGTTCAGTGGATG	GAC	类纤维素合酶基因*CslF6*
C3	T1_Unigene_BMK.42655	[F]GGACAGGATAGACAAGTGGA [R] GTACGGGTTGATCTTGCTC	CGA	纤维素合酶基因7
C8	T1_Unigene_BMK.55459	[F] GTAGCTTGCCATTGTTTCTT [R] CTGCTGGCCCTCATTGTT	GA	类纤维素合酶基因*CslF6*
L1	T1_Unigene_BMK.1035	[F]ACCCAAAATCCTAACCCTAA [R] GAGTGAGGAACTGAGGTGAA	GCC	未知
L2	T1_Unigene_BMK.5634	[F] ATCTCCTCCCACGTCGTC [R] CCAGCTAGGGTTTTGGTC	CGC	未知
L6	T1_Unigene_BMK.10206	[F] CAAGATTCAGAGTGGGAGA [R] CTTCGAATAGCCCCAAAC	GCC	未知
L7	T1_Unigene_BMK.11002	[F] GCTGCTCACACGACAGATA [R] CCTTGCAATCCTCAAATTAT	ATA	未知
L10	T1_Unigene_BMK.14774	[F] ATATATGCCCACACCTGTTC [R] TAACTAAAGCCTTGGTTTGC	AGG	E3泛素连接酶基因 *SUD1*
L26	T1_Unigene_BMK.48783	[F] ACGAATAAAATCCAGCTCAA [R] CCAATAGGTCAAAAGAATCG	TGC	核糖核酸酶P 蛋白亚基p14基因
L30	T1_Unigene_BMK.49397	[F] CCCCAAGACATCTTCCAT [R] AATGTCTCCTTCAAGCTCAA	CGA	FAM10家族蛋白基因
L32	T1_Unigene_BMK.49750	[F] CAAATCTACCACCCCAGAT [R] CTCCTCATGGCTGTTTGA	TAGC	类受体蛋白激酶 FERONIA基因
L35	T1_Unigene_BMK.49993	[F] CATGGGCAACTACTCTTCTC [R] AACGATTACGAGAGAGGAAA	CT	类锚蛋白重复蛋白 2基因
P4	T1_Unigene_BMK.16596	[F] AAGGTTTCAACCCCACAT [R] GAGAAGCCATGGTGAAAAT	CGC	类伸展蛋白基因
P12	T1_Unigene_BMK.34334	[F] AGCTCGTAGACCCTAGCTG [R] CTTGAGCGTGGTCTTGTACT	GAG	*TFB1-1*

续表

编号	分子标记	引物序列	重复类型	目标基因
P15	T1_Unigene_BMK.39567	[F] GGACGTCGTACTCTTACA [R] CATTAATTTCTTGCCACTTG	CGA	*WRKY24*
P17	T1_Unigene_BMK.41124	[F] AACGATGATTTATCTGTCGAG [R] CATTAGCAGAATTTTCAGAGC	GAT	阳离子过氧化物酶基因
R2	CL1CONTIG10	[F] TCCCACAGGAATTATGTAGC [R] CACTACTCCCCCTTTTTCTT	TGT	VAN3 结合蛋白基因
R8	CL26776CONTIG1	[F] CAGTGCTCCAGACTGATCTC [R] CCCAAATCCTCTCGACTC	GCG	*EMF2*
R68	T4_Unigene_BMK.38757	[F]GCAATAATACAAGGGGAGTG [R] ACGTCGTCTACGAGAAGATT	CGG	含有受体激酶 S.7 的 L 型凝集素结构域基因
R71	T4_Unigene_BMK.40502	[F] ACATGTACCTCGTGGTGAAG [R] AAAGAGGTGGTAGGTGCTG	CGC	可能的脯氨酸转运载体 2 基因
R83	T5_Unigene_BMK.31025	[F] GAACAGGGTAGATTGGAAGA [R] CACAACAATGGCAGATACC	GAG	*Trip4*

数据分析：SSR 条带读取与记录，从大到小依次记录，“1”存在条带，“0”无扩展带，STRUCTURE 2.3.4 进行群体结构分析参考 Evanno 等（2005）的方法。ΔK 的计算按照 Evanno 等（2005）的计算方法。

5.9.2　结果与分析

1. EST-SSR 分子标记检测

37 个基因型梁山慈竹叶片所提取的基因组 DNA，均具有明亮的条带，而且条带没有明显的拖尾，另外 DNA 的紫外分光光度检测显示 OD_{260}/OD_{280} 均在 1.7 ～ 1.9，DNA 浓度均在 200ng/μL 以上，综上说明了 DNA 降解较少，蛋白质杂质污染较轻，提取质量较高，可以满足后续实验要求。

通过对 73 对 EST-SSR 引物进行筛选，我们得到 21 对具有多态性条带的 SSR 引物，引物的多态性比例为 28.8%。图 5-32 分别为 L6、L30、P15、P17、P12 及 R83 多态性引物对部分不同基因型梁山慈竹扩增后的聚丙烯酰胺凝胶电泳图，M 表示 Marker，不同泳道数字编号对应表 5-14 不同基因型梁山慈竹。通过统计分析得知，这 21 对 SSR 引物在 37 个不同基因型梁山慈竹之间共获得 85 个多态性条带。平均每对引物有效扩展条带为 4 条，条带的大小在 100 ～ 300bp。

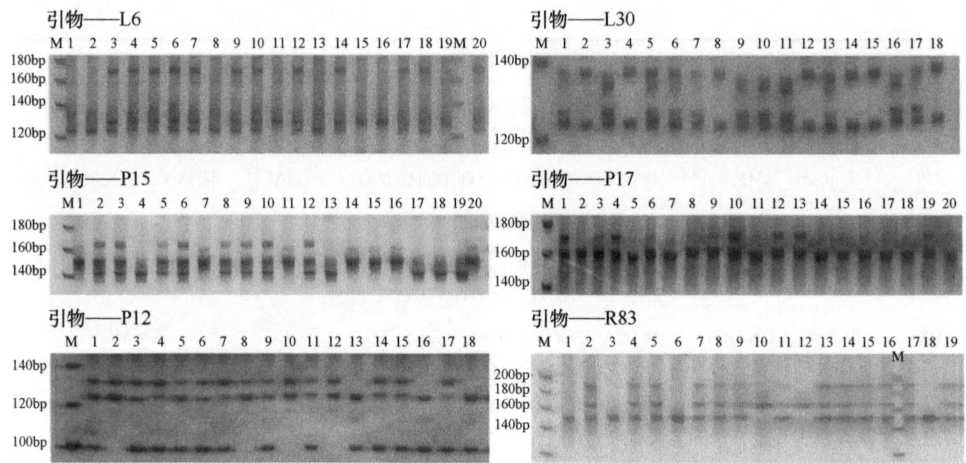

图 5-32　不同基因型梁山慈竹部分 SSR 标记扩展结果

表 5-14　梁山慈竹基因型编号及 *Q* 值

编号	基因型名称	Q_1	Q_2	Q_3	Q_4
1	ZPX	0.879	0.094	0.018	0.009
2	29-A	0.933	0.053	0.007	0.008
3	30-A	0.960	0.014	0.012	0.015
4	212-A	0.825	0.026	0.124	0.025
5	214	0.855	0.063	0.075	0.007
6	30-B	0.982	0.004	0.006	0.009
7	40-2	0.004	0.003	0.99	0.004
8	215	0.801	0.176	0.006	0.017
9	126-2-A	0.200	0.508	0.142	0.149
10	90-1-A	0.015	0.973	0.003	0.008
11	66-2-A	0.964	0.005	0.018	0.013
12	61-B	0.007	0.971	0.018	0.003
13	2-2	0.958	0.014	0.006	0.023
14	40-1-B	0.004	0.004	0.988	0.004
15	208-2-B	0.646	0.008	0.299	0.047
16	44-1-B	0.792	0.009	0.008	0.192
17	42-2-B	0.853	0.046	0.092	0.009
18	22-B	0.004	0.003	0.003	0.99
19	129-B	0.007	0.007	0.008	0.978
20	43-B	0.790	0.008	0.005	0.197

续表

编号	基因型名称	Q_1	Q_2	Q_3	Q_4
21	101-1	0.958	0.004	0.025	0.012
22	126-A	0.877	0.012	0.074	0.036
23	90-3-B	0.142	0.837	0.014	0.008
24	14-B	0.759	0.042	0.004	0.196
25	29-B	0.957	0.021	0.009	0.014
26	101-3-B	0.004	0.004	0.008	0.983
27	34-B	0.224	0.008	0.013	0.756
28	5-2	0.032	0.007	0.006	0.955
29	5-3	0.534	0.044	0.401	0.02
30	120-A	0.889	0.011	0.082	0.018
31	64-A	0.017	0.968	0.005	0.009
32	52-B	0.827	0.031	0.004	0.138
33	90-1	0.008	0.979	0.007	0.006
34	35-B	0.463	0.038	0.023	0.477
35	74-A	0.009	0.011	0.903	0.077
36	60-B	0.005	0.005	0.985	0.005
37	101-2-B	0.090	0.008	0.162	0.740

2. 基于 SSR 分子标记的不同基因型梁山慈竹聚类分析

基于 SSR 分子标记，通过 SPSS 进行聚类分析，如图 5-33 所示，如果以距离 20 为界限，可将所有基因型划分为 8 个类群，其中 ZPX（栽培型梁山慈竹）、126-A 及 90-1-A 与其他新品系距离较远，均被单独划分为一类；215、29-B、29-A、30-A、30-B 为同一类群；22-B、129-B、101-3-B、101-2-B、2-2、43-B、212-A、42-2-B、35-B 划分为一个类群；40-2、40-1-B、74-A、5-2、120-A、208-2-B、101-1、60-B、44-1-B、66-2-A 划分为同一个类群；5-3、90-1、34-B、14-B、52-B 划分为同一类群；214、126-2-A、61-B、64-A、90-3-B、90-1-A 划分为同一类群。通过与基于表型性状的聚类分析结果比较，发现两种聚类结果具有较大的差异性，分子标记聚类分析结果更加复杂。

3. 不同基因型梁山慈竹群体结构分析

对 21 对引物的扩增结果进行统计后，使用 STRUCTURE 2.2.3 软件对 37 个不同基因型的梁山慈竹新品系进行群体结构的分析。类群数量 K 设置为 1 ～ 10，然

后以 K 为横坐标，根据 $\ln P(D)$ 计算 ΔK，进行作图（图 5-34），同样发现 K=4 时，ΔK 获得最大值。由此确定最合适的类群数目为 K=4。以 K=4 为亚群数，计算每个新品系的 Q 值，对 37 个不同基因型梁山慈竹新品系进行群体结构分析（图 5-35）。结果显示，基因型 ZPX、29-A、30-A、212-A、214、30-B、215、66-2-A、2-2、208-2-B、44-1-B、42-2-B、43-B、101-1、126-A、14-B、29-B、5-3、120-A、52-B 被归为一个亚群，126-2-A、90-3-B、64-A、90-1-A、90-1、61-B 基因型被归为第二个亚群，基因型 74-A、60-B、40-2、40-1-B 被归为第三亚群，基因型 22-B、129-B、101-3-B、101-2-B、5-2、35-B、34-B 被归为第四个亚群。

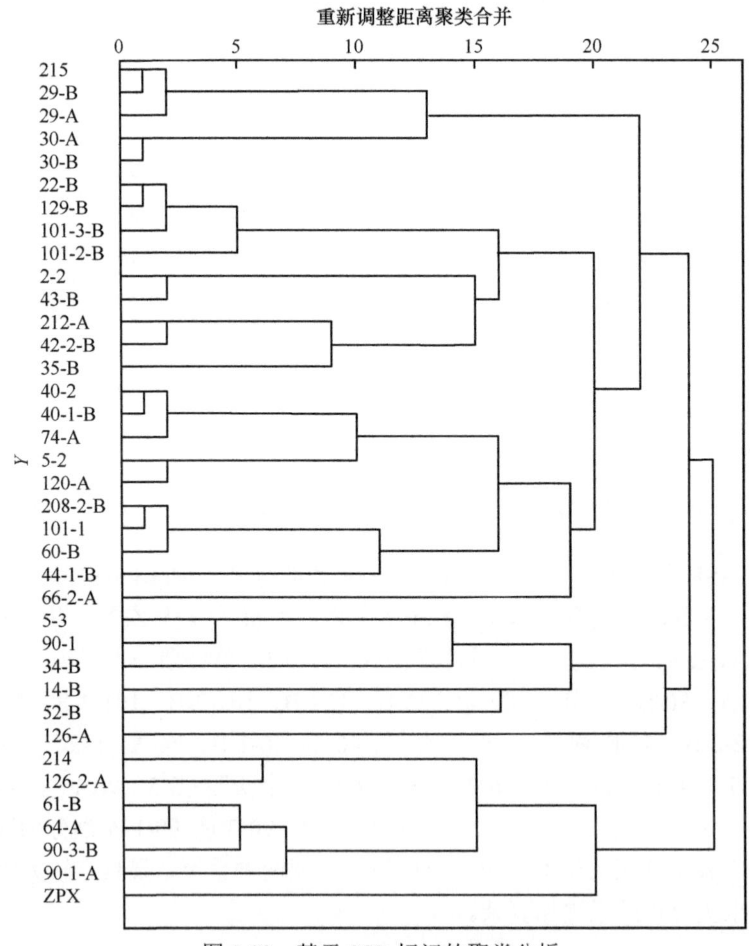

图 5-33　基于 SSR 标记的聚类分析

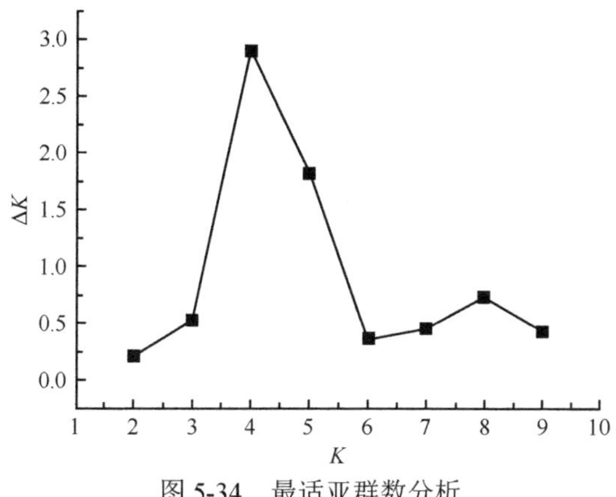

图 5-34　最适亚群数分析

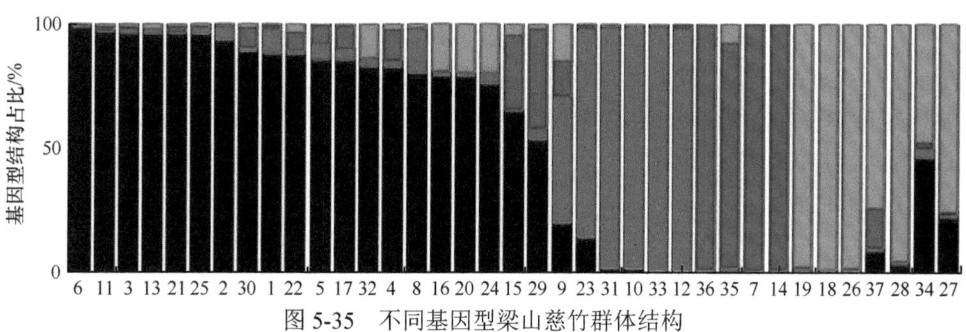

图 5-35　不同基因型梁山慈竹群体结构

图中横坐标基因型编号见表 5-14

4. 不同基因型梁山慈竹群体性状关联分析

使用 TASSEL 4.0 软件，对 37 个不同基因型梁山慈竹新品系的 SSR 标记位点与 12 个表型性状（灰分含量、纤维素含量、木质素含量、胸径、最长节间长度、干重、纤维长度、纤维宽度、长宽比、细小纤维含量、卷曲指数、扭结指数）进行关联分析。使用该软件的 GLM（generalized linear model，混合线性模型）程序以 K 值矩阵（亲缘关系矩阵）和上述使用 STRUCTURE 软件计算所得的 Q 值为协方差对基因型和表型性状进行回归分析。

如表 5-15 所示，通过性状与基因型的关联分析，发现了与生物量（茎秆干重、胸径）性状相关的标记，在 $P < 0.01$ 的检测条件下，干重和胸径均与 2 对引物 3 个位点相关联，其中干重与 SSR 标记 L26 的 2 个位点的 R^2 分别达到 0.65 和 0.67，与 SSR 标记 L1 的 R^2 为 0.55；胸径与这 3 个位点的 R^2 分别为 0.51、0.53 和 0.39。这表明干重及胸径这两个性状至少受到 2 个潜在基因的调控影响，这也符合质量性状受多基因调控的原则。

表 5-15　性状关联分析

性状	Marker	*F* 值	*P* 值	R^2
干重	L26（locus-27）	27.317 05	9.25×10^{-8}	0.654 944
干重	L26（locus-28）	30.628 18	3.31×10^{-8}	0.673 552
干重	L1（locus-51）	23.739 39	2.05×10^{-6}	0.553 927
胸径	L26（locus-27）	12.771 03	4.05×10^{-5}	0.510 775
胸径	L26（locus-28）	14.239 47	1.86×10^{-5}	0.531 335
胸径	L1（locus-51）	11.650 57	2.91×10^{-4}	0.393 385

5.9.3　小结

通过对 73 对 EST-SSR 引物进行筛选，得到 21 对具有多态性条带的 SSR 引物，引物的多态性比例为 28.8%，利用筛选得到的 21 对多态性 SSR 引物在 37 个不同基因型梁山慈竹之间共获得 85 个多态性条带，平均每对引物有效扩展条带为 4 条。通过性状与 SSR 条带表型的关联分析，发现了与茎秆干重和胸径相关联的两个标记（L1 和 L26）。

第 6 章　梁山慈竹新种质 NO.29 的转录组分析

转录组（transcriptome）作为基因功能及结构的基础研究，能了解某一特定的生物过程及分子机理（祁云霞等，2011）。Peng 等（2013）利用转录组测序技术对毛竹笋的快速生长机理进行了研究，对与植物激素、细胞周期调控、细胞壁合成、细胞形态及转录因子等相关的候选基因进行了系统分析。Liu 等（2012）分析了麻竹的转录组，筛选出 105 个木质素生物合成途径相关关键酶基因，并与毛竹的相关基因进行了比对，确定了潜在的与生长和发育相关的候选基因。陈宇鹏等（2016）利用 RNA sequence 技术，对处于早期生长的 4 个不同高度的慈竹笋进行转录组从头测序，得到了非冗余的 111 137 条慈竹笋的单基因（Unigene）。COG 和 KEGG 功能注释表明，除了基本的功能外，这些 Unigene 涉及蔗糖转运与代谢、次级代谢产物（如与木质素相关的苯丙烷类的生物合成）及细胞壁的生物合成等方面，为研究慈竹笋的生长发育，以及纤维素、木质素生物合成相关的基因奠定了一定的基础。

梁山慈竹新种质 NO.29 具有高纤维特性，因此，2013 年本研究于西南科技大学生命科学与工程学院资源圃分别采集高纤维新种质 NO.29 和实生植株（CK）同期生长 30 天、高度一致的竹笋，通过 Solexa 测序技术完成对梁山慈竹新种质 NO.29 和同期生长的实生植株的竹笋的转录组测序，并对转录组数据进行了较为系统的生物信息学分析，从而为梁山慈竹新种质 NO.29 遗传基础的研究提供理论依据，也为其优质功能基因的挖掘奠定基础。

6.1　测序质量评估与数据组装及分析

6.1.1　测序质量评估

测序质量值 CycleQ20 百分比均为 100，表明测序质量较高，较为可靠。CK 总读段数为 10 679 155，总核苷酸个数为 2 157 189 310bp，GC 含量为 51.25%。NO.29 总读段数为 9 912 257，总核苷酸个数为 2 002 275 914bp，GC 含量为 50.95%（表 6-1）。上述测序质量指标表明，本次测序质量较高，具有较高的可信度。

表 6-1 测序质量评估

样品名称	样品编号	读段总数	核苷酸总数 /bp	Q20 比例 /%	GC 比例 /%
CK	T1	10 679 155	2 157 189 310	100	51.25
NO.29	T2	9 912 257	2 002 275 914	100	50.95

注：Q20 表示质量值大于或等于 20 的碱基所占比例

6.1.2 数据组装

使用 Trinity 软件对各样品数据进行组装，获得对应的转录本（transcript）；再将各样品的转录本序列根据相似度进行聚类，在聚类单元中选取最长的转录本作为 Unigene 序列，完成 Unigene 库的构建，用于后续分析。共得到 Unigene 68 800 条，其中长度在 1kb 以上的 Unigene 有 9197 条，占 Unigene 库总数的 13.37%。

1. 重叠群统计

转录组测序得到的原始数据经过去除杂质和冗余处理后，利用 Trinity 软件对过滤后的高质量数据进行从头合成（*de novo*）拼接，CK 和 NO.29 分别得到 910 140 条和 836 207 条没有缺口的重叠群（contig），总长度分别为 82 120 603nt 和 77 248 247nt。N50 长度分别为 134nt 和 139nt，平均长度分别为 90.23nt 和 92.23nt。二者的重叠群分布特征及其比例分析表明，两个样品的重叠群长度绝大多数分布在 0 ～ 300bp，所占比例分别为 95.8% 和 95.7%，分布在 300 ～ 500bp 的重叠群所占比例均约为 2%，分布在 500 ～ 1000bp 的比例均约为 1%，分布在 1000 ～ 2000bp 的比例均约为 0.6%，大于 2000bp 的重叠群数所占比例最小，所占比例均小于 0.2%（表 6-2，图 6-1）。

表 6-2 梁山慈竹 ALL-Unigene 长度分布

长度区间	重叠群			转录本			Unigene		
	CK	NO.29	ALL-Unigene	CK	NO.29	ALL-Unigene	CK	NO.29	ALL-Unigene
0 ～ 300bp	871 566	801 339	—	24 127	21 195	—	18 172	15 643	25 185
300 ～ 500bp	19 697	17 847	—	24 257	21 960	—	15 478	13 635	21 130
500 ～ 1000bp	11 902	11 224	—	21 265	20 396	—	10 077	9471	13 288
1000 ～ 2000bp	5 554	5 650	—	13 233	12 736	—	5 186	5 379	7 165
2000+bp	1 421	147	—	3558	3278	—	1 352	1 348	2 032
序列总数 /bp	910 140	836 207	—	86 440	79 565	—	50 265	45 476	68 800
总长度 /nt	82 120 603	77 248 247	—	57 902 118	54 218 423	—	28 017 028	26 540 739	38 650 756
N50/nt	134	139	—	951	958	—	727	795	743
平均长度 /nt	90.23	92.23	—	669.85	681.44	—	557.39	584.32	561.78

注：“—”表示无相关信息

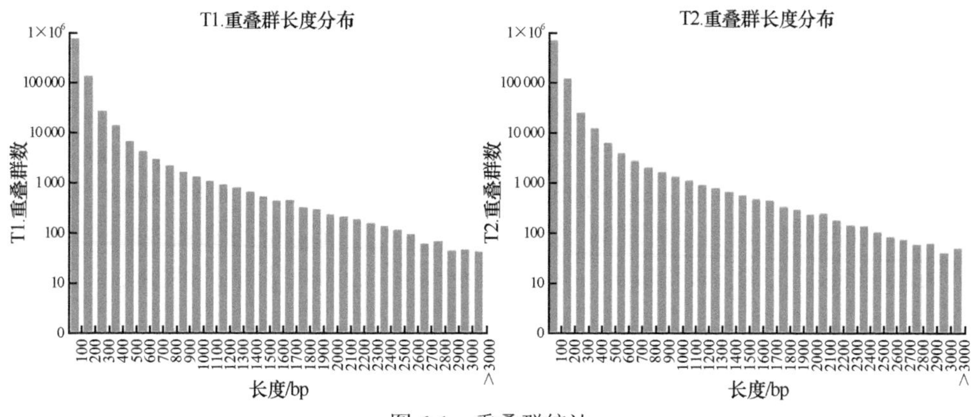

图 6-1　重叠群统计

2. 转录本统计

随后根据重叠群结果，利用双末端（paired-end）信息将来自同一转录本的不同重叠群连在一起，做进一步的序列拼接，得到转录本。CK 和 NO.29 分别得到 86 440 条和 79 565 条转录本，总长度分别为 57 902 118nt 和 54 218 423nt。N50 长度分别为 951nt 和 958nt，平均长度分别为 670nt 和 681nt。二者的转录本分布特征及其比例分析表明，转录本分布最多的区间为 300 ～ 500bp，所占比例分别为 28.06% 和 27.60%，分布在 200 ～ 300bp 所占比例分别为 27.91% 和 26.64%，分布在 500 ～ 1000bp 的比例分别为 24.60% 和 25.63%，分布在 1000 ～ 2000bp 的比例分别为 15.31% 和 16.01%，大于 2000bp 的转录本数所占比例最小，均为 4.12%（表 6-2 和图 6-2）。

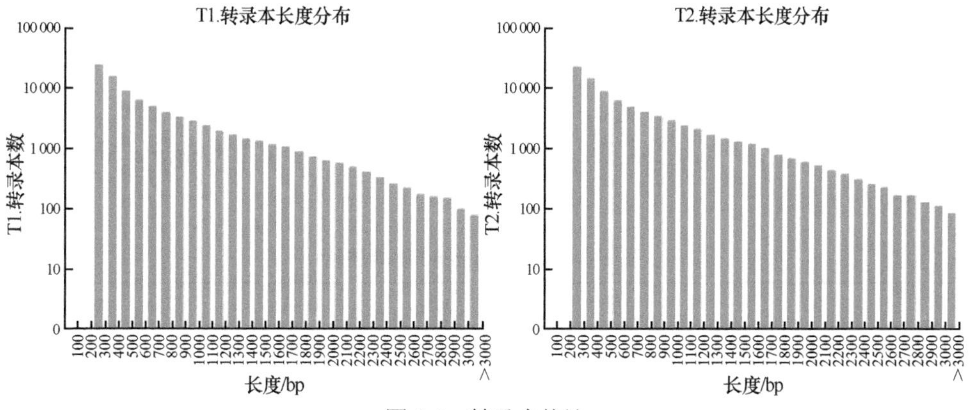

图 6-2　转录本统计

3. Unigene 统计

在转录本聚类单元中选取最主要的转录本作为 Unigene 序列，并对 Unigene 数据进行聚类分析和进一步去冗余处理，最终得到非冗余 Unigene 库。CK 和 NO.29 分别得到 50 265 条和 45 476 条 Unigene，平均长度分别为 557nt 和 584nt，长度在 200 ～ 300bp 所占比例分别为 36.15% 和 34.44%，是 Unigene 分布最多的区间。长度在 2000bp 以上的片段均最少，分别为 2.69% 和 2.97%（表 6-2 和图 6-3）。

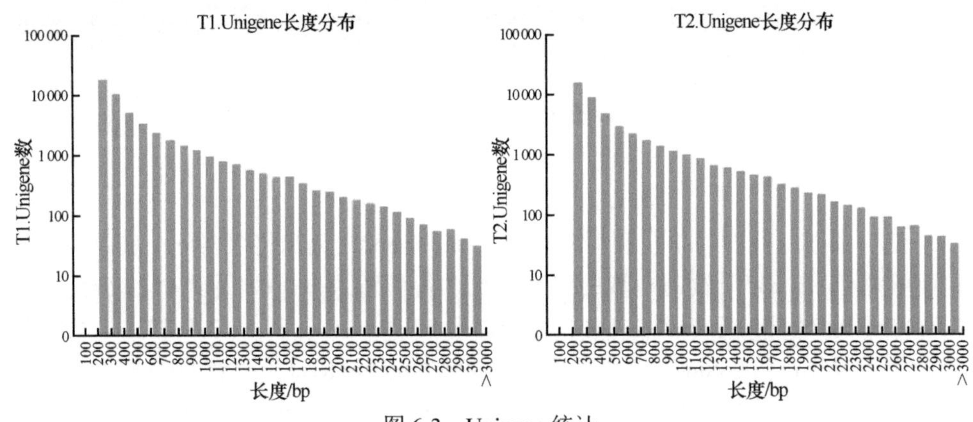

图 6-3　Unigene 统计

6.1.3　ALL-Unigene功能注释与分类

1. ALL-Unigene 功能注释及 COG 分类

梁山慈竹没有全基因组测序背景，故将组装后得到的 48 771 条 ALL-Unigene 通过 Blastn 和 Blastx 与已知公共数据库 COG、GO、KEGG、Swiss-Prot、TrEMBL、NR、NT 中的 ALL-Unigene 进行功能注释，总计 48 771 个，其中，300 ～ 1000bp 的 ALL-Unigene 共计 26 253 条，长度大于等于 1000 的 ALL-Unigene 有 9109 条（表 6-3）。

表 6-3　ALL-Unigene 功能注释

注释数据库	注释数	300bp ≤长度＜ 1000bp	长度≥ 1000bp
COG 注释	10 350	5 087	4 041
GO 注释	30 902	16 782	7 770
KEGG 注释	7 558	3 699	2 460
Swiss-Prot 注释	28 534	15 344	8 024
TrEMBL 注释	42 672	23 501	9 048

续表

注释数据库	注释数	300bp ≤长度< 1000bp	长度≥ 1000bp
NR 注释	42 445	23 392	9 041
NT 注释	45 016	24 228	9 020
全部注释	48 771	26 253	9 109

将 ALL-Unigene 比对到 COG 数据库中，结果显示有 10 350 条序列共获得 14 850 个 COG 功能注释信息，在功能上划分为 25 类。从 ALL-Unigene 功能分布特征中可以发现一般功能预测 ALL-Unigene 分布最多，达 2773 条，涉及复制、重组和修复的功能 ALL-Unigene 次之，有 1648 条，其次是涉及转录和信号转导机制的，分别有 1422 条和 1211 条。核糖体结构和生物发生功能的 ALL-Unigene，翻译后修饰、蛋白质翻转和分子伴侣的功能 ALL-Unigene 也较为丰富。涉及细胞核结构和细胞外结构最少，只有 4 条和 0 条。另外，有 420 条 ALL-Unigene 功能基因未被注释（图 6-4）。

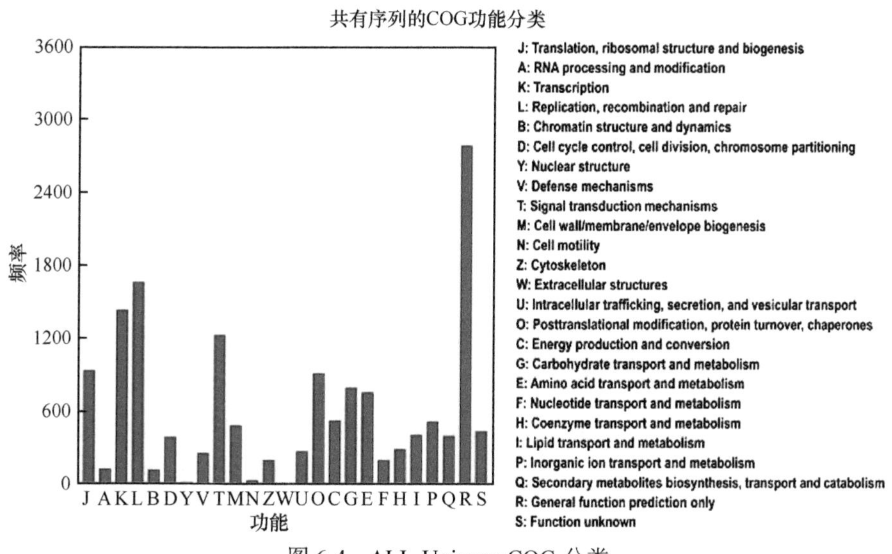

图 6-4　ALL-Unigene COG 分类

2. ALL-Unigene GO 分类

通过使用 Blast2GO 软件得到注释信息后，用 WEGO 软件进行分类统计，共有 211 038 条 ALL-Unigene 注释到 211 043 个 GO 功能注释并对其分类（图 6-5）。细胞组分注释基因最多，有 88 318 条，占全部的 41.84%；其次是生物过程，有 87 402 条，占 41.41%；最后是分子功能，有 35 323 条，占 16.75%。这三大功能分类可细分为 56 个功能亚类，生物过程有 25 个亚类，分子功能有 16 个亚类，细胞组分有 15 亚类。

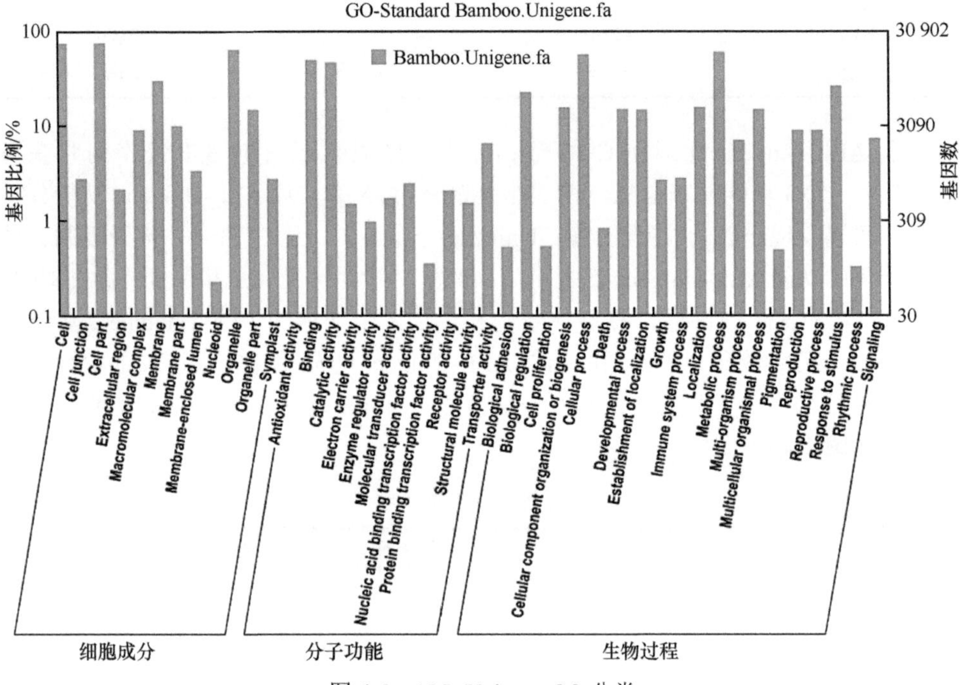

图 6-5　ALL-Unigene GO 分类

6.1.4　ALL-Unigene可读框的预测与代谢通路分析

1. ALL-Unigene 可读框的预测

组装完成得到 ALL-Unigene 数据库后，利用 Getorf 软件对 ALL-Unigene 进行可读框（open reading frame，ORF）预测，从正向和反向的前 3 个碱基向中间开始预测，分别遇到起始和终止密码子后结束预测，从而得到 ALL-Unigene 对应的编码序列（coding sequence，CDS），由 CDS 即可得到相应的蛋白质序列。由表 6-4 可知，预测 ORF 共计 68 800 个，总长度 38 650 756bp，N50 为 743bp，平均长度 561.78bp。由图 6-6 可知，ALL-Unigene 长度在 200 ～ 300bp 的 ALL-Unigene 数量最多（25 185 条），占总数的 36.61%；其次为 300 ～ 400bp，共计 14 176 条，占 20.6%；再次为 400 ～ 500bp，共计 6954 条，占 10.11%；其他区间数量较少，共占 32.7%，其中 1500bp 以上的 ALL-Unigene 较少，各区间所占比例均小于 1%。

表 6-4　ALL-Unigene ORF 统计

	总数	总长度 /bp	N50 长度 /bp	平均长度 /bp
ORF	68 800	38 650 756	743	561.78

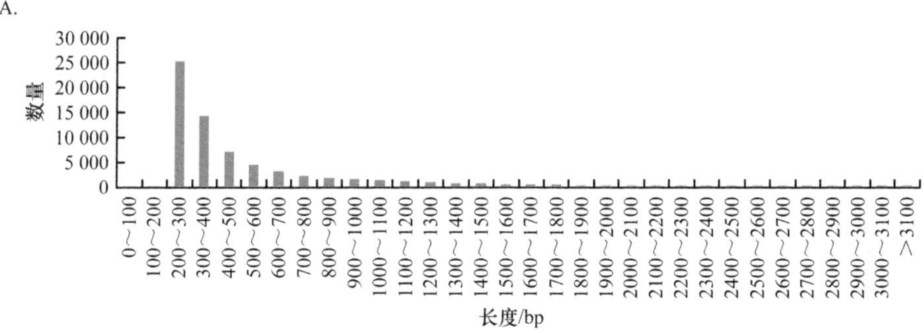

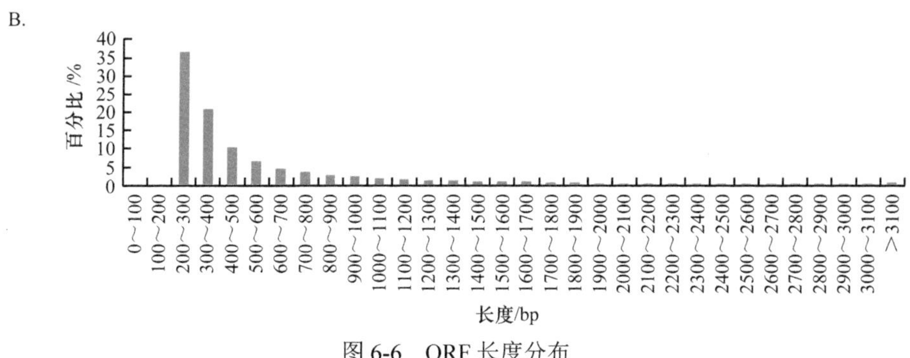

图 6-6　ORF 长度分布

2. ALL-Unigene 代谢通路分析

将本次测序的 ALL-Unigene 比对到 KEGG 数据库中，进行代谢通路注释，获得基因产物在细胞中的代谢途径及这些基因产物的功能。比对结果显示有 48 771 个 ALL-Unigene 成功获得注释，共涉及 262 个 KEGG 标准代谢通路。按基因获得注释量的多少排序，选取前 20 个代谢途径列于表 6-5，涉及染色体代谢途径的 ALL-Unigene 数量最多，有 536 个，占总基因的 3.32%；与剪接体相关的 ALL-Unigene 数量次之，基因数量有 434 个，占 2.68%；其他涉及 DNA 修复和重组蛋白、泛素系统、肽酶等代谢通路（表 6-5）。

表 6-5 ALL-Unigene 代谢通路分析

途径	注释基因数量	占总基因数比例 /%	代谢通路 ID
染色体	536	3.32	Ko03036
剪接体	434	2.68	Ko03041
DNA 修复和重组蛋白	408	2.53	Ko03400
泛素系统	399	2.47	Ko04121
肽酶	315	1.95	Ko01002
RNA 转运	291	1.80	Ko03013
转录因子	265	1.64	Ko03000
蛋白质激酶	252	1.56	Ko01001
糖基转移酶	249	1.54	Ko01003
DNA 复制蛋白质	238	1.47	Ko03032
植物激素信号转导	235	1.46	Ko04075
嘌呤代谢	223	1.38	Ko00230
核糖体	220	1.36	Ko03011
氧化磷酸化	206	1.28	Ko00190
伴侣蛋白和级联反应	202	1.25	Ko03110
内质网蛋白质发生	198	1.23	Ko04141
mRNA 监管途径	192	1.19	Ko03015
真核生物核糖体发生	189	1.17	Ko03008
泛素介导的蛋白质降解	184	1.14	Ko04120
嘧啶代谢	180	1.11	Ko00340

6.1.5 差异表达基因分析

1. 差异表达基因 GO 分析

对梁山慈竹 NO.29 和实生植株差异表达基因进行 GO 富集分析，确定差异表达基因主要行驶的生物学功能。根据 GO 功能分析，结果显示 843 条差异表达基因共得到 4952 个 GO 功能注释，分为生物过程、细胞组分和分子功能三大类，其中，生物过程得到 1898 个 GO 功能注释，占 38.33%；细胞组分得到 2310 个 GO 功能注释，占 46.65%；分子功能得到 744 个 GO 注释，占 15.02%。上述三大功能进一步分为 47 个亚类，生物过程分为 21 个亚类，细胞组分分为 14 个亚类，分子功能分为 12 个亚类（图 6-7）。

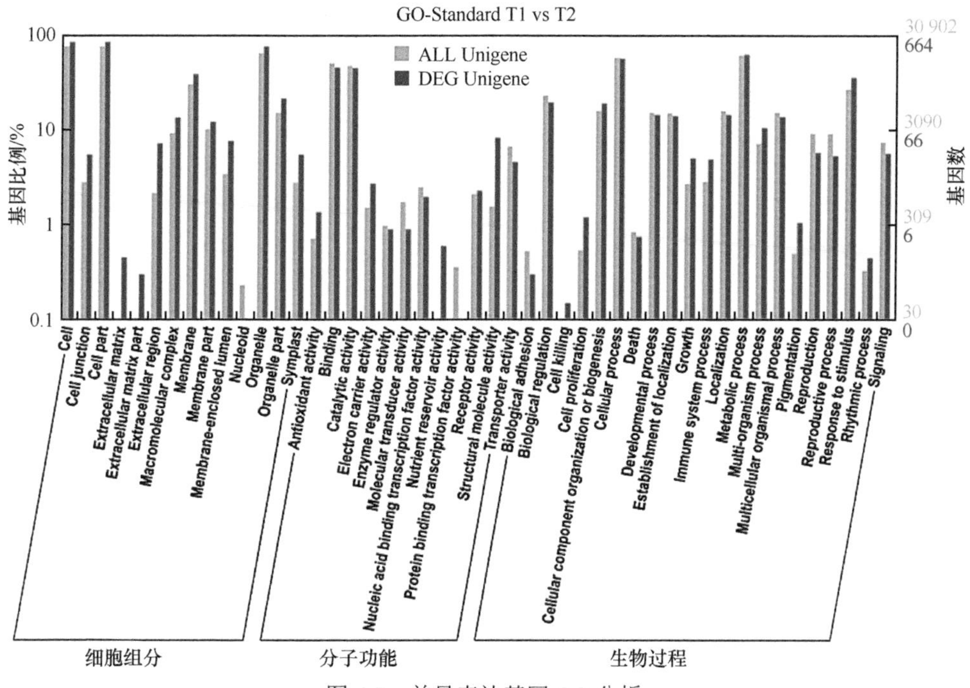

图 6-7　差异表达基因 GO 分析

2. 差异表达基因代谢通路分析

将差异表达基因比对到 KEGG 上，共有 11 371 条 Unigene 获得注释，共涉及 129 条代谢通路。通过对差异表达基因的显著性富集代谢通路分析，确定差异表达基因参与的主要生理生化代谢途径和信号传导途径，将有助于更加深入了解基因的生物学功能。选取 NO.29 和对照差异表达基因富集代谢通路最为显著的 20 个通路列于表 6-6，其中核糖体相关的差异表达基因最多，有 43 条；其次是苯丙素生物合成和苯丙氨酸代谢。

表 6-6　差异表达基因代谢通路分析

途径	注释到该通路的差异表达基因（370）	注释到该通路的 ALL-Unigene 的数目（11 371）	*P* 值	代谢通路 ID
1 核糖体	43	220	2.9805×10^{-12}	Ko03011
2 苯丙素生物合成	10	85	4.1961×10^{-4}	Ko00940
3 苯丙氨酸代谢	7	66	5.4578×10^{-3}	Ko00360
4 半乳糖代谢	7	70	7.5245×10^{-3}	Ko00052
5 吞噬体	8	89	8.3084×10^{-3}	Ko04145

续表

途径	注释到该通路的差异表达基因（370）	注释到该通路的 ALL-Unigene 的数目（11 371）	*P* 值	代谢通路 ID
6 氮代谢	6	56	9.3932×10^{-3}	Ko00910
7 类固醇生物合成	5	43	1.2383×10^{-2}	Ko00100
8 氨基糖和核苷酸糖代谢	10	137	1.3948×10^{-2}	Ko00520
9 细胞骨架蛋白	8	103	1.8963×10^{-2}	Ko04812
10 转运蛋白	5	51	2.4505×10^{-2}	Ko02000
11 黄酮类代谢	2	8	2.5964×10^{-2}	Ko00944
12 细胞色素 P450	5	55	3.2699×10^{-2}	Ko00199
13 黄酮类生物合成	3	32	8.4700×10^{-2}	Ko00941
14 芥子油苷生物合成	1	3	9.4483×10^{-2}	Ko00966
15 淀粉和蔗糖代谢	9	169	1.0045×10^{-1}	Ko00500
16 抗原的发生	3	43	1.6356×10^{-1}	Ko04612
17 光传导	1	7	2.0675×10^{-1}	Ko04745
18 抗坏血酸代谢	3	50	2.2174×10^{-1}	Ko00053
19 氧化磷酸化	9	206	2.2887×10^{-1}	Ko00190
20 鞘脂类代谢	2	31	2.6745×10^{-1}	Ko00600

3. SSR 分析

微卫星（simple sequence repeat，SSR）是由一串联简单重复的短序列组成，一般为 1 ～ 16bp，广泛分布在真核生物的基因组中。SSR 作为分子标记的一种，被广泛应用于杂交育种、种群遗传多样性、遗传连锁图谱的构建等研究领域。目前，关于梁山慈竹的分子标记未见报道，本研究找出 ALL-Unigene 中的全部 SSR，共计 2119 个，其中单碱基重复和三碱基重复较多，分别占总数的 33.9% 和 41.5%（表 6-7）。

表 6-7　SSR 分析

SSR 类型	SSR 数目统计	所占比例 /%
复合型 SSR	133	6.3
复合型 SSR*	5	0.2
单碱基重复	718	33.9
双碱基重复	348	16.5
三碱基重复	879	41.5

续表

SSR 类型	SSR 数目统计	所占比例 /%
四碱基重复	26	1.2
五碱基重复	5	0.2
六碱基重复	5	0.2
总计	2119	

6.1.6　小结

本节运用高通量测序技术对梁山慈竹进行转录组测序并进行了较为系统的分析，丰富了梁山慈竹转录组数据资源，为今后梁山慈竹基因组学和分子生物学及遗传改良等领域的研究奠定了基础，也进一步充实了竹类植物的公共数据库。

1）样品经过提取 RNA、制备 cDNA 文库、Solexa 测序、过滤不合格序列和组装等步骤后，最终获得 68 800 条梁山慈竹 ALL-Unigene，总长度 38 650 756nt，平均长度 562nt，N50 为 743nt。获得的梁山慈竹转录组库数据全面且可信度高，可用于进一步的数据挖掘和深度分析。

2）获得的 ALL-Unigene 与 COG、GO、KEGG、Swiss-Prot、TrEMBL、NR、NT 7 个数据库比对，分别有 10 350 条、30 902 条、7558 条、28 534 条、42 672 条、42 445 条、45 016 条比对到相应的数据库。所有注释到的基因共有 48 771 条。其中 COG、GO、KEGG 3 个库的注释结果主要用于整体数据的分类，Swiss-Prot、TrEMBL、NR、NT 4 个数据库的注释较为详细，用于后续功能基因的筛选和深度挖掘，其中 Swiss-Prot 注释到的基因多，但多是比对到拟南芥中，而 TrEMBL、NR、NT 注释到的基因相对少，但都比对到如绿竹、毛竹、水稻等与梁山慈竹亲缘关系比较近的植物中，具有更高的可信度。因此，在筛选基因确定其功能注释时，应先参考 TrEMBL、NR、NT 的注释结果，而后参考 COG、GO、KEGG、Swiss-Prot 库中的注释结果。

3）对 ALL-Unigene 进行 GO 和代谢通路富集分析。得到 43 个不同 GO 功能分类和 294 个代谢通路。ALL-Unigene GO 功能分类结果显示，这两个梁山慈竹样品构建成的基因库中，细胞组分和生物过程类别中的基因分别占到了 41.84% 和 41.41%，而分子功能的类别中的基因只占 16.75%。可以推测，在梁山慈竹中大部分基因的表达产物用于梁山慈竹的形态建成和新陈代谢，行使分子功能的基因占少数，但是起着决定梁山慈竹体内代谢方向的关键作用，这三大类功能基因协同作用，使得梁山慈竹处于一种生理稳态。ALL-Unigene 代谢通路富集分析结果显示，染色体和剪接体两条途径是最为显著的两条途径，表明梁山慈竹在此生长阶段正处于生命过程的活跃状态，有较多的转录和翻译过程发生，并通过翻译后修饰等方法表达出具有多种功能的蛋白质分子。DNA 修复和重组蛋白、泛素系统、肽酶、RNA 转运途径也较为显著，表明该时期的梁山慈竹体内蛋白质的修饰及分配较为活跃。

4）通过对梁山慈竹新种质 NO.29 和对照进行差异表达分析，得到差异表达基因 843 条，并进行 GO 和代谢通路富集分析，得到 47 个 GO 分类和 129 条代谢通路。差异表达基因分析可以用于探讨 NO.29 的突变机制，GO 功能分类结果表明，注释到细胞组分类别的基因占 46.65%，说明 NO.29 中的细胞组分功能基因活跃，可能与其快速生长和生物量的大量积累有关。代谢通路富集分析显示，核糖体途径、苯丙素生物合成途径和苯丙氨酸代谢途径是较为显著的 3 个途径。

5）通过 SSR 分析，共获得 2119 个 SSR 标记，SSR 类型分布较多的是三碱基型、单碱基型和双碱基型，占总数的 91.8%；而四碱基型、五碱基型和六碱基型仅占总数的 1.7%；两种复合型 SSR，占总数的 6.5%。获得的 SSR 标记可用于进一步的分子标记的筛选和发掘。

6.2 梁山慈竹生长关键途径的相关差异表达基因分析

6.2.1 纤维素合成途径相关差异表达基因分析

1. *CesA* 在 NO.29 和 CK 中的表达分析

由图 6-8 可知，*CesA* 在 NO.29 和 CK 中呈现出了差异表达，在 NT 数据库中检索到 30 条 *CesA* 基因，其中有 27 条比对到绿竹（*Bambusa oldhamii*）上。注解得到的结果中，有 2 条 *CesA2*，2 条 *CesA3*，4 条 *CesA5*，3 条 *CesA6*，13 条 *CesA7*，2 条 *CesA8*，1 条 *CesA9*，2 条 *CesA10*，1 条 *CesA11*。由聚类结果可见，这些 *CesA* 基因分为两类，一类是表达水平较高且在 NO.29 上调表达的，另一类表达水平相对较低且在 CK 中呈现了上调趋势（图 6-8）。表 6-8 给出了没有表达的 *CesA* 基因详细信息。

2. *SuSy* 在 NO.29 和 CK 中的表达分析

由图 6-9 可知，*SuSy* 基因在 NO.29 中整体呈现上调表达，共筛选到 9 条 *SuSy* 基因，其中有 2 条 *SuSy1*、5 条 *SuSy2*、1 条 *SuSy4* 和 1 条没有确定的 *SuSy*。*SuSy* 平均的表达水平高，NO.29 中的 *SuSy1*（T1_Unigene_BMK.45851）的表达量为 1340，是 *SuSy* 基因中表达量最高的基因。表 6-9 给出了没有表达的 *SuSy* 基因的详细信息。

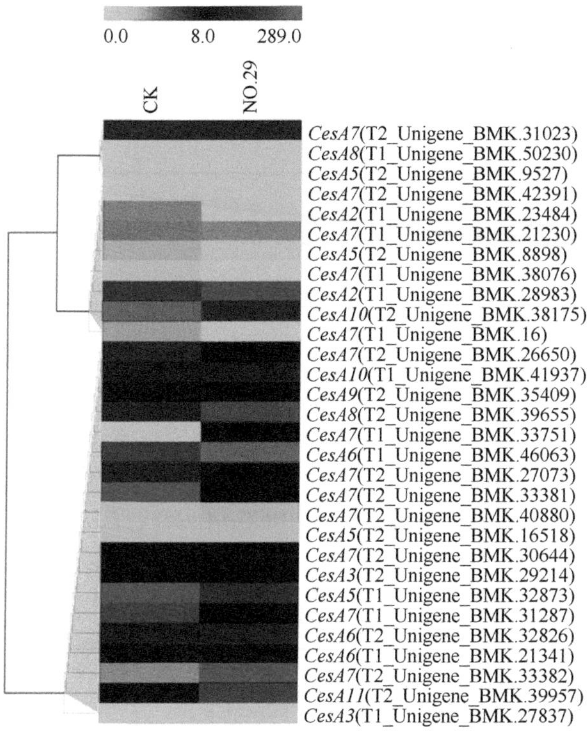

图 6-8　*CesA* 在 NO.29 和 CK 中的表达热图

表 6-8　样品中没有表达的 *CesA* 基因

GeneID	注释	CK	NO.29
T2_Unigene_BMK.42391	*CesA7*	0.00	0.81
T1_Unigene_BMK.23484	*CesA2*	4.00	0.00
T1_Unigene_BMK.50230	*CesA8*	0.00	0.00
T2_Unigene_BMK.9527	*CesA5*	0.00	0.00

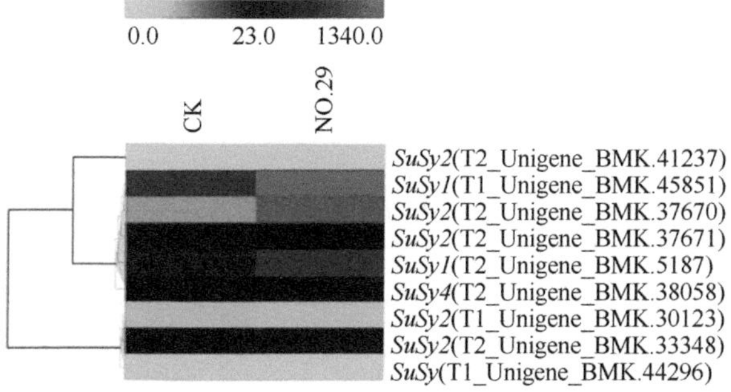

图 6-9　*SuSy* 在 NO.29 和 CK 中的表达热图

表 6-9　样品中没有表达的 *SuSy* 基因

GeneID	注释	CK	NO.29
T2_Unigene_BMK.41237	*SuSy2*	0.00	0.00
T1_Unigene_BMK.44296	*SuSy*	2.23	0.00

6.2.2　木质素合成途径相关基因的分析

植物体内木质素的生物合成是以苯丙氨酸为起始，在一系列酶催化下，经过羟基化、甲基化、还原等反应生成 3 种木质素单体，最后经过键与键的连接使单体木质素聚合在一起，从而形成木质素。竹类植物的木质素含量要高于其他草本植物，这可能与木质素生物合成关键酶的数量和表达水平的差异有关，这也是影响竹子应用于造纸行业的一个重要因素。表 6-10 中列举了在本研究结果中的木质素合成途径中关键基因的检索情况，其中 *CCoAOMT*、*F5H*、*C3H*、*C4H*、*CCR* 检索到的基因较少，不便于分析，故选取 *PAL*、*4CL*、*CAD*、*LAC*、*PRX* 进行分析。

表 6-10　木质素合成途径中的关键酶

木质素合成途径关键酶	数目		
	Swiss-Prot	NR	NT
苯丙氨酸裂解酶（PAL）	61	10	21
4-香豆酸 CoA 连接酶（4CL）	31	11	4
咖啡酰 CoA-3-*O*-甲基转移酶（CCoAOMT）	4	0	0
肉桂酰-CoA 还原酶（CCR）	0	1	1
咖啡酸 *O*-甲基转移酶（COMT）	2	0	1
肉桂酰乙醇脱氢酶（CAD）	35	1	2
漆酶（LAC）	32	9	0
过氧化物酶（PRX）	10	1	3
阿魏酸-5-羟化酶（F5H）	0	0	3
香豆酸-3-羟化酶（C3H）	0	0	3
肉桂酸-4-羟化酶（C4H）	0	0	0

1. *PAL* 在 NO.29 和 CK 中的表达分析

由图 6-10 可知，NO.29 中的 17 条 *PAL* 基因的表达呈现出上调和下调，下调基因较多，有 10 条；上调部分较少，有 7 条基因。这 17 条基因中，只有 *PAL1* 和

PAL4 两类基因的表达较高，*PAL1*（T2_Unigene_BMK.34866）在 CK 和 NO.29 中的表达量分别为 47.75 和 43.02；*PAL4*（T1_Unigene_BMK.38250）在 CK 和 NO.29 中的表达量分别为 328.86 和 109.36，其他 *PAL* 基因的表达量均在 0 ～ 20 波动。表 6-11 给出了没有表达的 *PAL* 基因的详细信息。

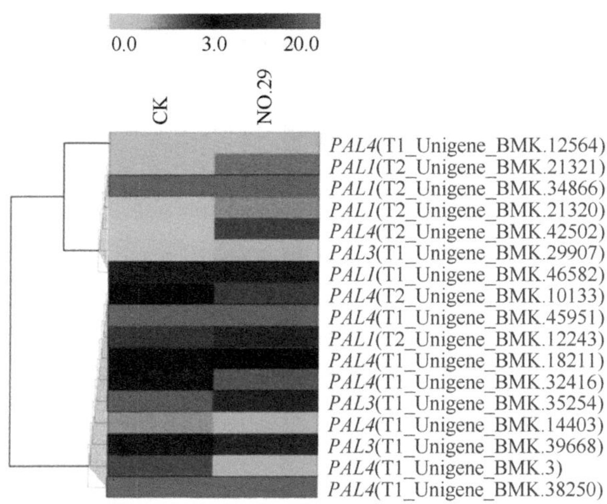

图 6-10　*PAL* 在 NO.29 和 CK 中的表达热图

表 6-11　样品中没有表达的 *PAL* 基因

GeneID	注释	CK	NO.29
T2_Unigene_BMK.21321	*PAL1*	0.00	1.65
T1_Unigene_BMK.29907	*PAL3*	0.59	0.00
T1_Unigene_BMK.14403	*PAL4*	1.34	0.00
T1_Unigene_BMK.12564	*PAL4*	0.00	0.00
T1_Unigene_BMK.3	*PAL4*	2.08	0.00

2. *4CL* 在 NO.29 和 CK 中的表达分析

由图 6-11 可知，在 NO.29 中 *4CL* 基因差异表达明显，29 条基因表现为上调或下调，聚类结果显示，有 12 条基因表达呈现上调和 17 条基因表达呈现下调。*4CL3*（T1_Unigene_BMK.44793）在 NO.29 和 CK 中的表达量分别是 257.67 和 55.26，是表达水平较高的一条 *4CL* 基因，其余基因表达水平较低，在 0 ～ 10 波动。表 6-12 给出了没有表达的 *4CL* 基因的具体信息。

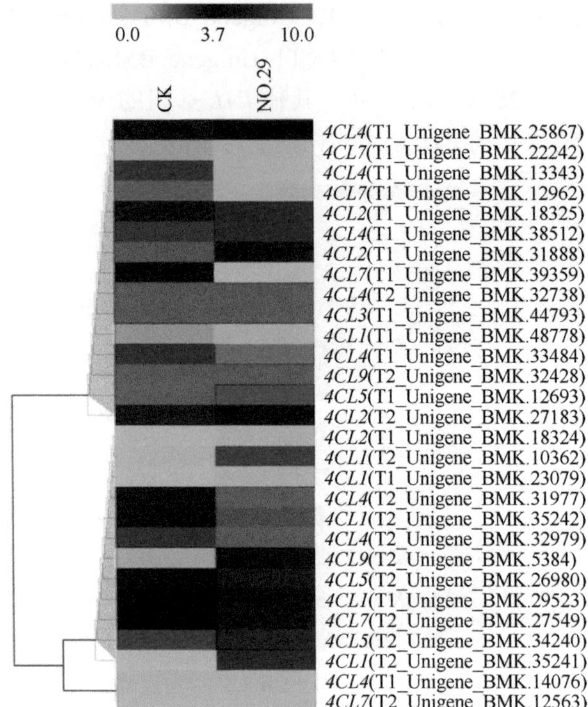

图 6-11　*4CL* 在 NO.29 和 CK 中的表达热图

表 6-12　样品中没有表达的 *4CL* 基因

GeneID	注释	CK	NO.29
T1_Unigene_BMK.18324	*4CL2*	0.65	0.00
T1_Unigene_BMK.23079	*4CL1*	0.63	0.00
T1_Unigene_BMK.22242	*4CL7*	1.38	0.00
T1_Unigene_BMK.48778	*4CL1*	1.48	0.00
T1_Unigene_BMK.14076	*4CL4*	0.00	0.00
T2_Unigene_BMK.12563	*4CL7*	0.00	0.00

3. *CAD* 在 NO.29 和 CK 中的表达分析

由图 6-12 可知，与 CK 相比，NO.29 中 *CAD* 基因表达差异不大，其中 *CAD2*（T2_Unigene_BMK.36479）在 NO.29 中的表达只有 48.7，比对照低 65%，其余基因表达量波动较小，均在 0 ～ 40，并且同一基因在 NO.29 和 CK 之间的表达量差异较小。*CAD9*（T1_Unigene_BMK.9013）在 NO.29 中表达量为 0，这是唯一一个在 NO.29 中没有表达的基因。

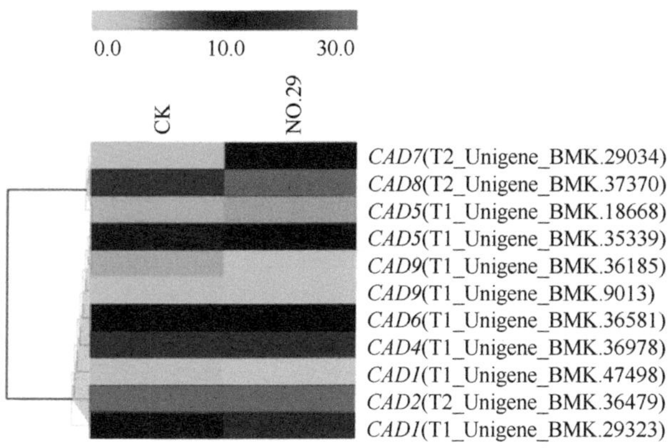

图 6-12　*CAD* 在 NO.29 和 CK 中的表达热图

4. *LAC* 在 NO.29 和 CK 中的表达分析

由图 6-13 可知，有 32 条 *LAC* 基因被检索到，并且在 NO.29 和 CK 之间产生了差异表达，聚类结果显示，上调基因有 15 条，下调基因有 17 条。其中，*LAC11*（T2_Unigene_BMK.36843）、*LAC22*（T2_Unigene_BMK.36698）、*LAC12*

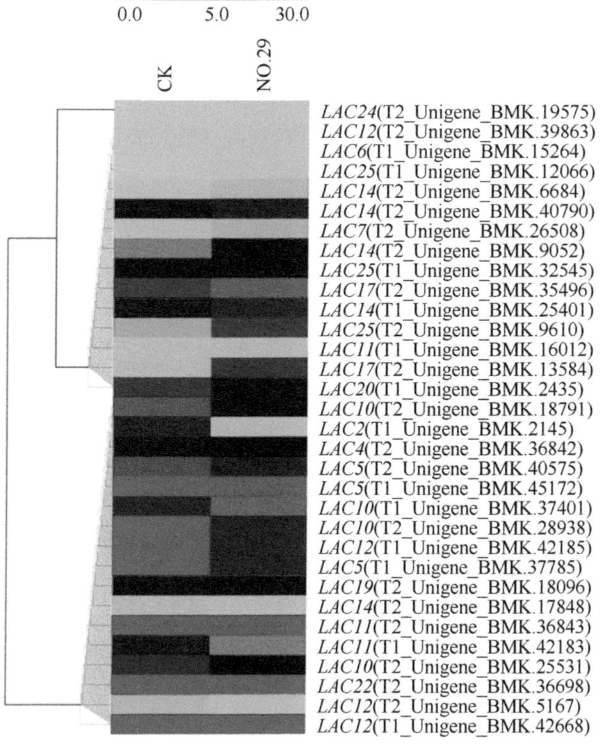

图 6-13　*LAC* 在 NO.29 和 CK 中的表达热图

（T1_Unigene_BMK.42668）3 条基因的平均表达水平均在 68 ～ 150，较其他 *LAC* 基因表达水平高，其他基因表达水平在 0 ～ 30，波动较小。表 6-13 给出了在 CK 中或者 NO.29 中没有表达的基因，共有 8 条。

表 6-13　样品中没有表达的 *LAC* 基因

GeneID	注释	CK	NO.29
T1_Unigene_BMK.2145	*LAC2*	4.33	0.00
T1_Unigene_BMK.15264	*LAC6*	0.91	0.00
T1_Unigene_BMK.12066	*LAC25*	0.79	0.00
T2_Unigene_BMK.26508	*LAC7*	0.00	1.75
T2_Unigene_BMK.17848	*LAC14*	0.00	0.75
T2_Unigene_BMK.19575	*LAC24*	0.00	0.00
T1_Unigene_BMK.16012	*LAC11*	0.85	0.00
T2_Unigene_BMK.13584	*LAC17*	0.00	3.76

5. *PRX* 在 NO.29 和 CK 中的表达分析

由图 6-14 可知，NO.29 中 *PRX* 基因大部分表现为下调，8 条基因中的 7 条均有不同程度的下调，*PRX2*（T2_Unigene_BMK.40906）是众多 *PRX* 中唯一表达上调的基因，且该基因上调了 44 倍。其他 7 条基因虽有不同程度的下调，但下调程度很小，或者表达量相近。*PRX117* 和 *PRX138* 基因没有在 NO.29 中表达，但在 CK 中表达（表 6-14）。

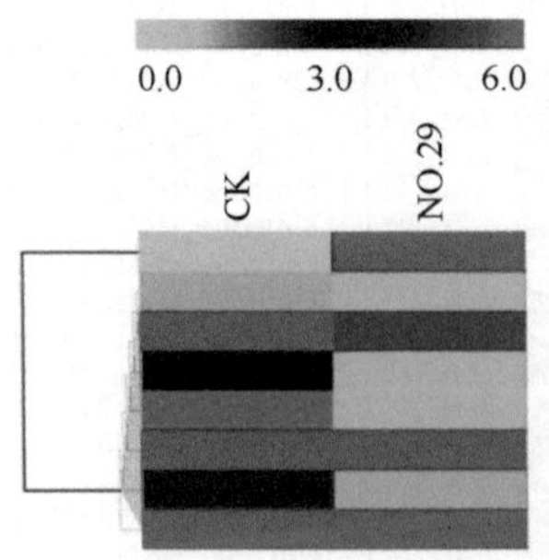

图 6-14　*PRX* 在 NO.29 和 CK 中的表达热图

表 6-14　样品中没有表达的 *PRX* 基因

GeneID	注释	CK	NO.29
T2_Unigene_BMK.34911	*PRX138*	1.11	0.00
T1_Unigene_BMK.20840	*PRX117*	3.07	0.00

6.2.3　转录因子分析

1. *MYB* 转录因子表达分析

由图 6-15 可知，共有 32 条 *MYB* 基因呈现出了差异表达。聚类结果显示，NO.29 中有 10 条基因表达水平上调，22 条下调，表达量总体波动较小，在 0 ～ 40。注释结果未能注释到 *MYB* 具体的基因，图中没有标识 *MYB* 具体的名字。表 6-15 给出了没有表达的 *MYB* 基因具体信息。

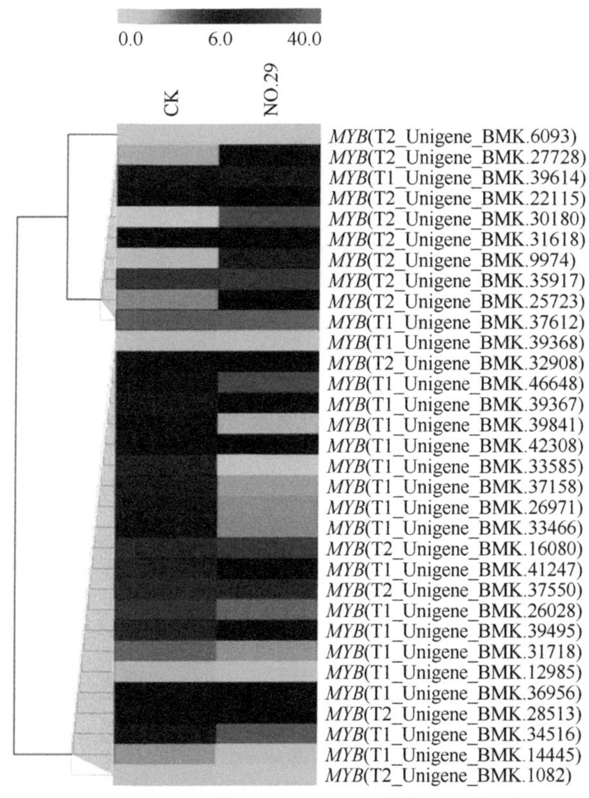

图 6-15　*MYB* 在 NO.29 和 CK 中的表达热图

表 6-15　样品中没有表达的 *MYB* 基因

GeneID	注释	CK	NO.29
T1_Unigene_BMK.12985	*MYB*	1.85	0.00
T2_Unigene_BMK.6093	*MYB*	0.00	0.00
T2_Unigene_BMK.1082	*MYB*	0.00	0.81

2. *NAC* 转录因子表达分析

由图 6-16 可知，*NAC* 的表达也呈现出上调和下调。聚类结果显示，在 NO.29 中有 6 条基因表达水平下调，5 条基因上调。*NAC* 总体表达水平较低，在 0 ～ 6，其中 *NAC74*（T2_Unigene_BMK.38929）表达量较高，在 CK 中为 59.18，NO.29 中为 28.84，是表达水平较高的一条基因。表 6-16 给出了没有表达的 *NAC* 基因具体信息。

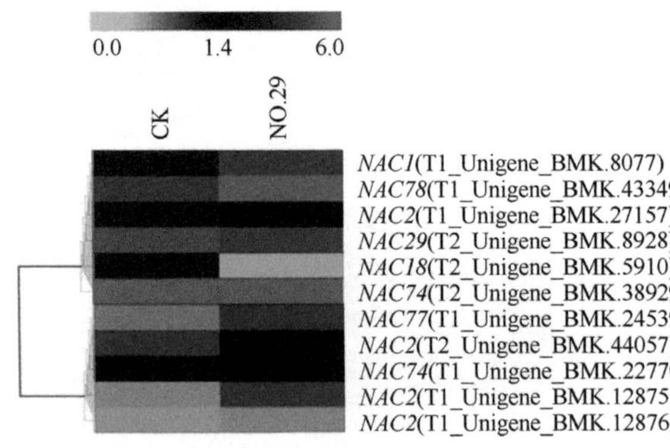

图 6-16　*NAC* 在 NO.29 和 CK 中的表达热图

表 6-16　样品中没有表达的 *NAC* 基因

GeneID	注释	CK	NO.29
T1_Unigene_BMK.24539	*NAC77*	0.72	0.00
T2_Unigene_BMK.44057	*NAC2*	0.00	1.45
T1_Unigene_BMK.8077	*NAC1*	2.31	0.00
T1_Unigene_BMK.43349	*NAC78*	0.00	0.82
T1_Unigene_BMK.12875	*NAC2*	0.64	0.00

3. *WRKY* 转录因子表达分析

由图 6-17 可知，*WRKY* 基因有上调、下调和均无表达 3 种情况，聚类结果显示，NO.29 中 12 条基因表达水平下调，7 条基因上调，有 4 条基因均无表达。*WRKY19*（T2_Unigene_BMK.5354）表达量较高，均在 20 以上，其余基因表达水平较低，在 0 ～ 10 且波动较小。表 6-17 给出了没有表达的 *WRKY* 基因具体信息。

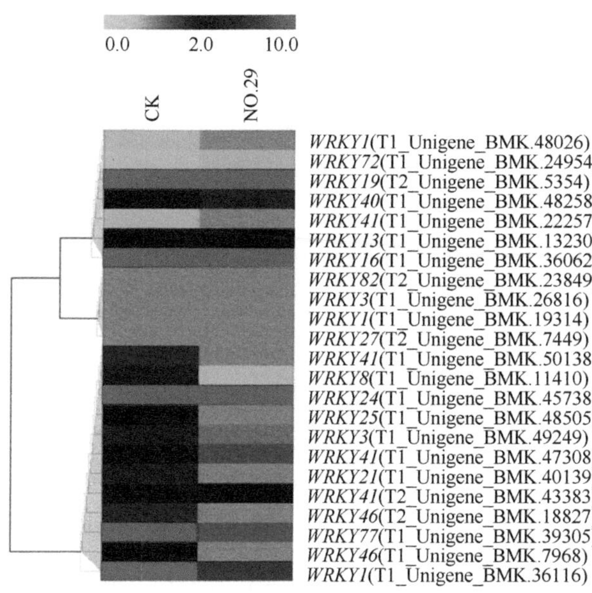

图 6-17　*WRKY* 在 NO.29 和 CK 中的表达热图

表 6-17　样品中没有表达的 *WRKY* 基因

GeneID	注释	CK	NO.29
T1_Unigene_BMK.50138	*WRKY41*	5.32	0.00
T1_Unigene_BMK.48026	*WRKY1*	0.71	0.00
T2_Unigene_BMK.23849	*WRKY82*	0.00	0.00
T1_Unigene_BMK.26816	*WRKY3*	0.00	0.00
T1_Unigene_BMK.48505	*WRKY25*	2.11	0.00
T1_Unigene_BMK.22257	*WRKY41*	0.69	0.00
T1_Unigene_BMK.19314	*WRKY1*	0.00	0.00
T1_Unigene_BMK.40139	*WRKY21*	3.87	0.00
T2_Unigene_BMK.18827	*WRKY46*	1.69	0.00
T2_Unigene_BMK.7449	*WRKY27*	0.00	0.00
T1_Unigene_BMK.7968	*WRKY46*	2.16	0.00

4. *bZIP* 转录因子分析

由图 6-18 可知，*bZIP* 在 NO.29 中的表达情况大致分为上调和下调，各有 6 个基因，其整体表达差异不大，只有 *bZIP*（T1_Unigene_BMK.43443）、*bZIP*（T2_Unigene_BMK.31433）、*bZIP*（T2_Unigene_BMK.28140）3 条基因的表达水平呈现

出较明显的差异。由于没有注释到具体的 *bZIP* 基因，没能标识具体基因名。表 6-18 给出了没有表达的 *bZIP* 基因具体信息。

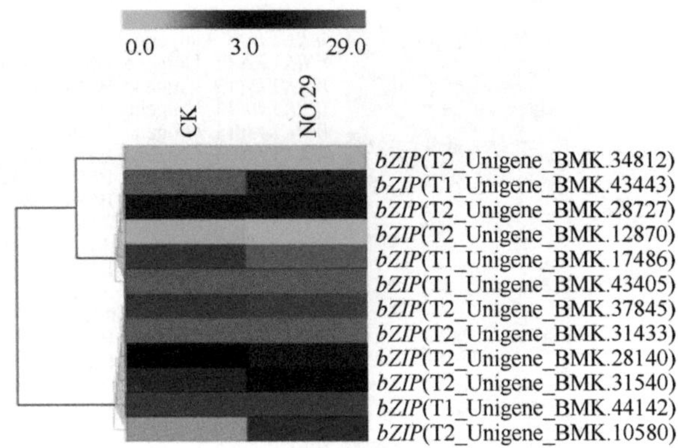

图 6-18　*bZIP* 在 NO.29 和 CK 中的表达热图

表 6-18　样品中没有表达的 *bZIP* 基因

GeneID	注释	CK	NO.29
T2_Unigene_BMK.34812	*bZIP*	0.00	0.00
T2_Unigene_BMK.12870	*bZIP*	0.00	0.56

6.2.4　差异表达基因分析

木质素合成途径中的相关基因中，*4CL*、*PAL*、*C3H*、*CAD*、*LAC* 表达下调幅度很大，与对照相比分别下调 78.6%、66.8%、74.0%、65.0%、54.1%；*PRX* 上调了 1067%（图 6-19），是对照的 11.6 倍。与纤维素合成过程有关的关键酶基因 *CesA*、*SUS*、尿苷二磷酸酶（UDP-glucose pyrophosphorylase，UDPase）的表达分别比对照上调 117%、205%、115%（图 6-20）。转录因子 *MYB* 上调 214%；*NAC*、

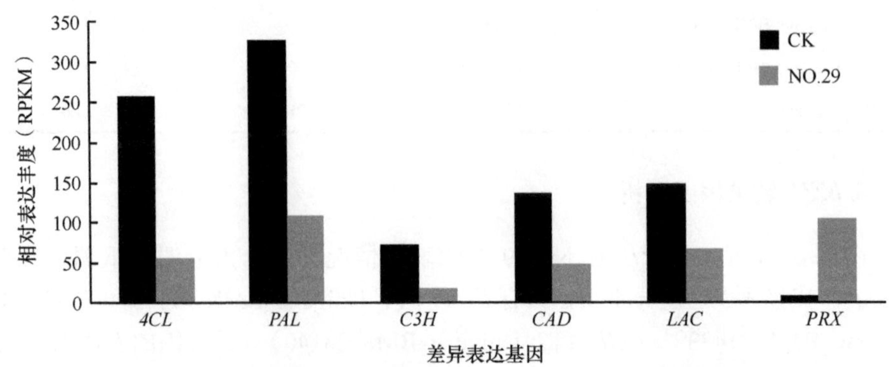

图 6-19　NO.29 和 CK 的木质素合成途径相关基因的差异表达

WRKY 和甲基化酶基因没有差异表达；酰基转移酶基因（acyltransferase，Acylase）上调 123%；伴随钙调蛋白结合蛋白基因（CBP）的下调；钙调蛋白激酶基因（calmodulin-dependent protein kinase，CAMK）上调，并只在 NO.29 植株中表达。泛素基因（Ub）也表现出上调，驱动蛋白基因（KIF）上调 1000%，是对照的 11 倍，动力蛋白基因（DYN）上调 760%（图 6-21）。

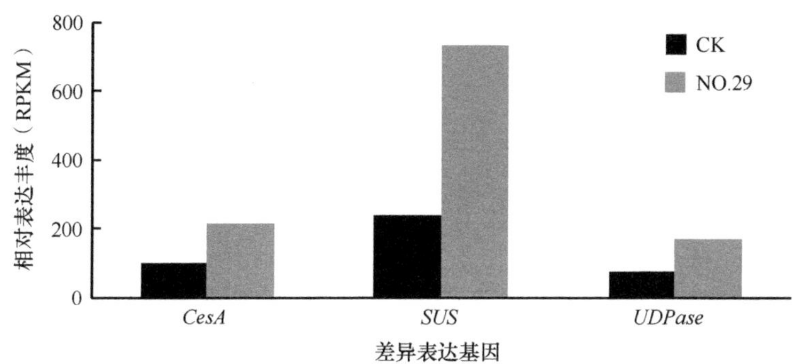

图 6-20　NO.29 和 CK 的纤维素合成途径相关基因的差异表达

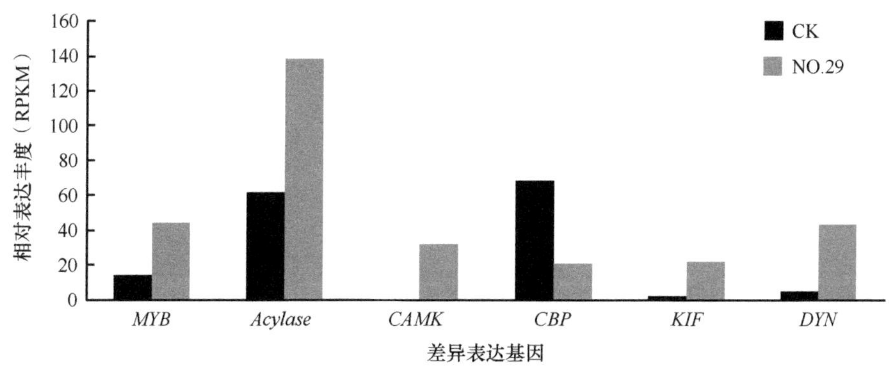

图 6-21　NO.29 和 CK 的相关调节因子基因的差异表达

6.2.5　结论与讨论

CesA、*SUS*、*UDPase* 基因在纤维素合成过程中都是关键的正调控基因，它们上调表达会直接使植物的纤维素含量增加（Saxena and Brown，2008）。本研究结果发现，NO.29 植株中 *CesA*、*SUS*、*UDPase* 分别上调 117%、205%、115%（图 6-20），可能是 NO.29 植株中的纤维素含量显著增加的主要原因。漆酶和过氧化物酶在拟南芥导管发生过程中的木质素单体聚合时是非冗余的两种重要的酶，在 *lac4*、*lac17*、*lac11* 三突变体拟南芥中，有着较高的过氧化物酶基因表达量并且其木质素含量显著降低（Zhao et al.，2013），但在 *lac4*、*lac17* 双突变体中并未出

现木质素含量显著的降低，NO.29 植株差异表达的 *LAC* 基因为 *LAC5*、*LAC10*，并没有 *LAC4*、*LAC17*、*LAC11* 基因的差异表达。试验结果还显示，木质素合成相关基因 *4CL*、*PAL*、*C3H*、*CAD*、*LAC* 表达显著下调的同时过氧化物酶基因上调（图 6-19），这可能是 NO.29 植株实际产生的木质素含量并未降低的一个原因。因此可以推测，漆酶和过氧化物酶的动态调整，使 NO.29 植株中整个木质素合成过程保持了一种平衡。

第 7 章　梁山慈竹新种质 NO.30 的转录组分析

梁山慈竹新种质 NO.30 具有高产和高纤维的特性，因此 2013 年本研究于西南科技大学生命科学与工程学院资源圃分别采集高纤维新种质 NO.30 和实生植株（CK）同期生长 30 天、高度一致的梁山慈竹竹笋，通过 Solexa 测序技术完成对梁山慈竹新种质 NO.30 和同期生长的实生植株的竹笋的转录组测序，并对转录组数据进行了较为系统的生物信息学分析，从而为梁山慈竹新种质 NO.30 遗传基础的研究提供理论依据，也为其优质功能基因的挖掘奠定基础。

7.1　测序质量评估与数据组装及分析

7.1.1　Illumina HiSeqTM 2000测序和序列拼接

提取竹笋 RNA 通过 Illumina 平台测序，共得到 86 575 631 条原始序列数据（测序片段），总碱基数为 17.48Gb。Q30 值均达到 80.00% 以上（表 7-1），可见，本次测序量与测序质量都是比较好的，为后续的数据组装提供了很好的原始数据。CK 和 NO.30 经高通量测序，从头合成组装分别得到 49 826 和 47 528 条 Unigene。转录物总长度为 72.70Mb，平均转录物长度约为 857.89bp，N50 长度为 1595bp。长度为 200 ～ 300bp 的转录物所占比例最大，为 31.86%；长度大于 1kb 的转录物所占比例为 27.27%（表 7-2）。

表 7-1　测序质量评估

样品	样品编号	测序片段总数	核苷酸总数 /bp	GC 比例 /%	Q20 比例 /%	Q30 比例 /%
Ck	T4	28 884 144	5 833 026 026	52.71	89.40	80.94
NO.30	T5	25 611 724	5 172 450 058	53.16	89.14	80.56

注：Q20 表示质量值大于或等于 20 的碱基所占比例，Q30 表示质量值大于或等于 30 的碱基所占比例

表 7-2　梁山慈竹 ALL-Unigene 长度分布

长度区间 /bp	测序片段总数量	比例 /%
200 ～ 300	26 998	31.86
300 ～ 500	19 660	23.2

续表

长度区间 /bp	测序片段总数量	比例 /%
500 ～ 1000	14 972	17.67
1000 ～ 2000	13 657	16.12
2000+	9 454	11.15
总数量	84 741	
总长度	72 698 730	
N50 长度	1595	
平均长度	857.89	

7.1.2 梁山慈竹转录物ALL-Unigene的功能注释

为从整体上了解转录物 ALL-Unigene 序列功能信息，对拼接组装的转录物进行 NR、Swiss-Prot、KEGG、COG 和 GO 数据库比对、注释。通过 NCBI 的 Blastx 比对，有 49 688 条转录物被注释到 NR 数据库，36 907 条转录物被注释到 Swiss-Prot 数据库（表 7-3）。84 741 条转录物中共有 49 829 条得到注释。

表 7-3 梁山慈竹 ALL-Unigene 功能注释

注释的数据库	注释数量	300bp ≤长度＜ 1000bp	长度≥ 1000bp
COG 注释	13 730	3 701	9 082
GO 注释	42 138	14 939	20 556
KEGG 注释	8 624	2 513	5 030
Swiss-Prot 注释	36 907	12 577	19 828
NR 注释	49 688	18 694	21 956
全部注释	49 829	18 765	21 963

7.1.3 差异表达基因的筛选

梁山慈竹体细胞突变体 NO.30 纤维素和木质素含量均明显高于 CK，基于 CK 与 NO.30 两个样本的转录组测序数据筛选纤维素和木质素生物合成相关差异表达基因。差异表达基因的筛选与分析，有助于初步了解 NO.30 高纤维素和木质素含量产生的可能机制，并为相关基因克隆提供重要基因序列信息。从两个样本 Unigene 库中共有 3572 条差异表达 Unigene 被筛选出来，2655 条被注释到 NR 数据库，2062 条被注释到 Swiss-Prot 数据库（表 7-4）。

表 7-4 注释的差异基因数目统计

类型	NR 注释	Swiss-Prot 注释	GO 注释	KEGG 注释	COG 注释
CK 与 NO.30	2655	2062	2213	385	757

7.1.4　差异表达基因的COG分析

COG 数据库的目的是对基因产物进行直系同源分类。在 COG 分类体系中，757 条差异表达 Unigene 具有详细的蛋白质功能释义，共获得 1086 个 COG 注释，涉及细胞结构、信号转导、次生代谢等 25 个 COG 功能分类。一般功能注释（general function prediction only）代表最大的一类，所占比例为 25.10%；其次复制、重组与修复（replication, recombination and repair）所占比例为 17.17%（图 7-1）。此外，该转录组还主要涉及转录（transcription）、信号转导机制（signal transduction mechanisms）、碳水化合物运输与代谢（carbohydrate transport and metabolism）、氨基酸运输与代谢（amino acid transport and metabolism）等功能定义。

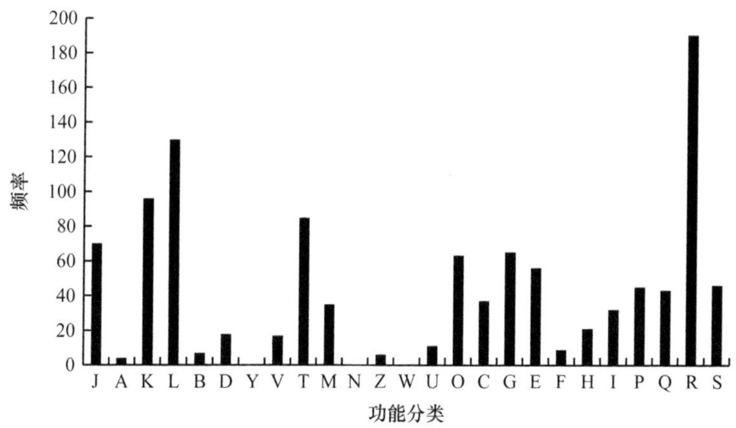

图 7-1　差异表达基因的 COG 功能分类

J. 翻译，核糖体结构与生物合成；A. RNA 加工与修饰；K. 转录；L. 复制、重组与修复；B. 染色质结构与变化；D. 细胞周期调控与分裂，染色质重排；Y. 核酸结构；V. 防御机制；T. 信号转导机制；M. 细胞壁/膜生物发生；N. 细胞运动；Z. 细胞骨架；W. 胞外结构；U. 胞内分泌与膜泡运输；O. 蛋白质翻译后修饰与转运，分子伴侣；C. 能量产生与转化；G. 碳水化合物运输与代谢；E. 氨基酸运输与代谢；F. 核苷酸运输与代谢；H. 辅酶运输与代谢；I. 脂类运输与代谢；P. 无机离子运输与代谢；Q. 次生产物合成、运输及代谢；R. 一般功能基因；S. 功能未知

7.1.5　差异表达基因的GO分析

为进一步了解差异表达基因的功能，筛选得到序列注释到 GO 数据库，有 2213 条差异表达 Unigene 具有功能定义，分别注释到细胞组分（cellular component）、分子功能（molecular function）、生物过程（biological process）3 个大的功能类别，而上述三大功能类别又可以被划分为更详细的 62 个亚类，分别包含了 18 个、18 个、26 个功能亚类（图 7-2）。在细胞组分功能类型中，细胞（cell）和细胞部分（cell part）两个功能亚类所占比例最高；在分子功能类型中，结合

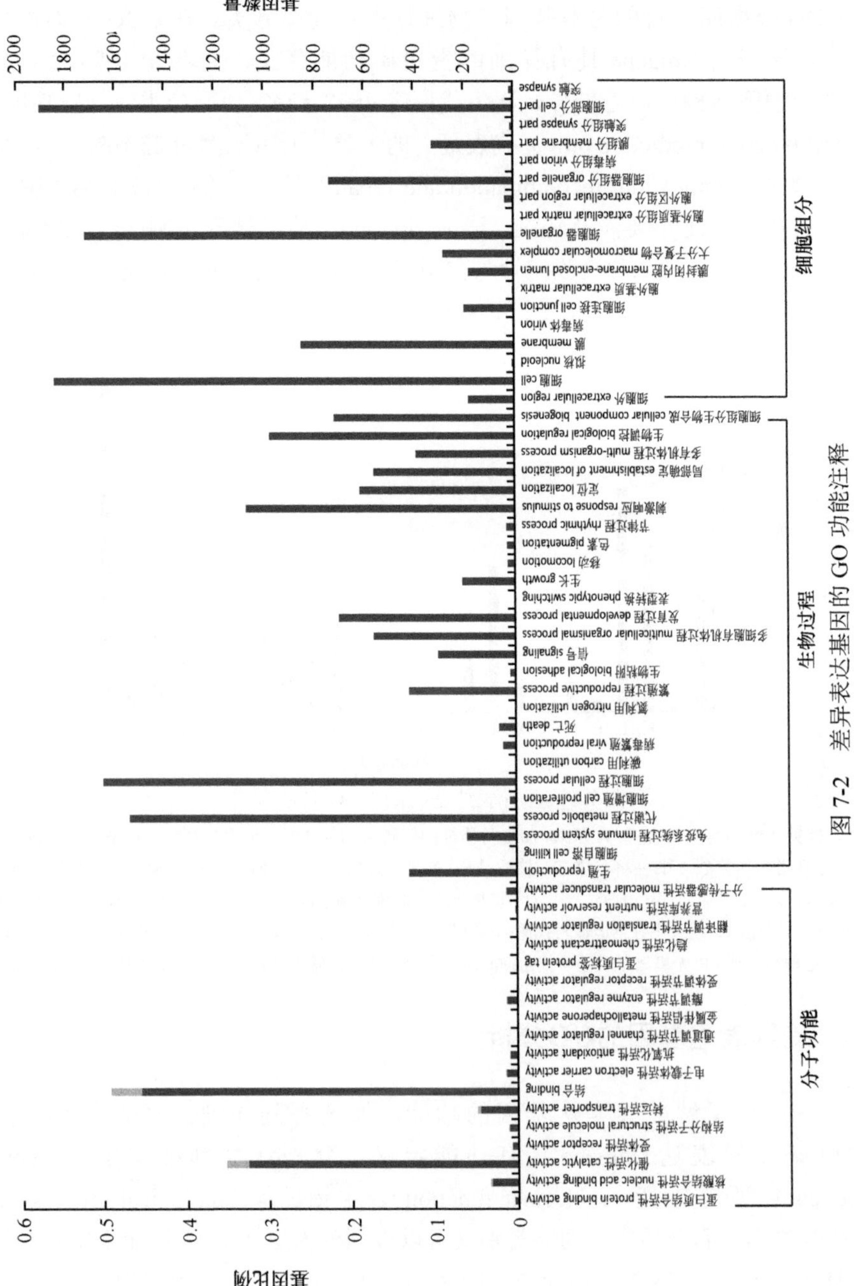

图 7-2 差异表达基因的 GO 功能注释

(binding)和催化活性(catalytic activity)两个功能亚类所占比例最高;在生物过程功能类型中,细胞过程(cellular process)和代谢过程(metabolic process)所占比例最高。

7.1.6 差异表达基因KEGG代谢通路功能注释

基因间的相互作用对于生物体行使生物学功能有着非常重要的作用,为了鉴定在代谢或者信号通路中显著富集的基因,将差异表达基因映射到 KEGG 数据库,得到 385 个功能定义,被注释到 94 条 KEGG 代谢通路中。差异表达基因注释序列最多的 10 条代谢通路为嘌呤代谢(purine metabolism)、光合有机体碳固定(carbon fixation in photosynthetic organisms)、半胱氨酸和甲硫氨酸代谢(cysteine and methionine metabolism)、苯丙烷类生物合成(phenylpropanoid biosynthesis)等(图 7-3)。

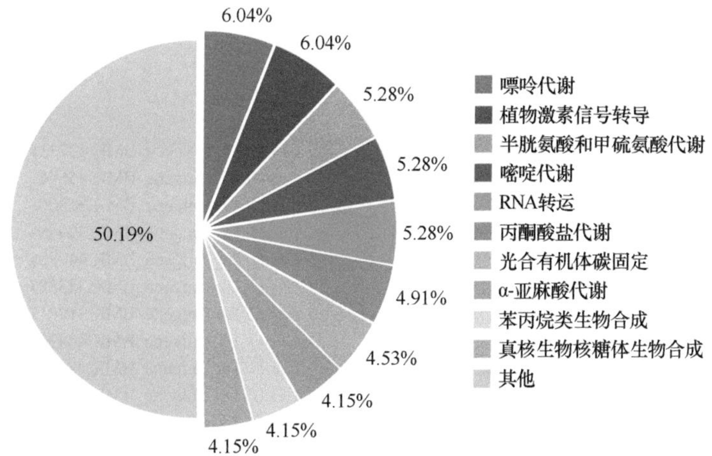

图 7-3 差异表达基因 KEGG 功能注释

7.1.7 纤维素合成途径相关差异表达基因分析

植物体内纤维素生物合成由一系列酶催化合成,主要包括纤维素合酶(cellulose synthase,CesA)、纤维素合酶相似蛋白(cellulose synthase-like protein,Csl)、蔗糖合酶(sucrose synthase,SUS)及尿苷二磷酸葡萄糖焦磷酸化酶(UDP glucose pyrophosphorylase,UGPase)。我们列举了一些从梁山慈竹转录组数据库筛选出来的纤维素生物合成相关关键基因的检索情况(表 7-5),由于 *SuSy* 及 *UGPase* 检索出来基因数量较少,因此选择 *CesA* 及 *Csl* 基因制作热图进行分析。

表 7-5　纤维素合成途径中的关键酶

纤维素合成途径关键酶	数目	
	Swiss-Prot	NR
纤维素合酶	41	27
纤维素合酶相似蛋白	26	14
蔗糖合酶	8	7
尿苷二磷酸葡萄糖焦磷酸化酶	0	2

由图 7-4 可以看出，共有 21 条 *CesA* 基因在两个样本中呈现出差异表达，其中有 8 条在 NO.30 中上调表达，13 条下调表达，其中 *CesA7*（T4_Unigene_BMK.44788）和 *CesA7*（T5_Unigene_BMK.31801）在 CK 和 NO.30 样本中的表达量（RPKM）分别为 7.78、20.8 和 0.32、9.21，提高了数倍及数十倍，RPKM 值在两个样本中均大于 150 的有 8 条，其余基因的 RPKM 值均在 50 以下。

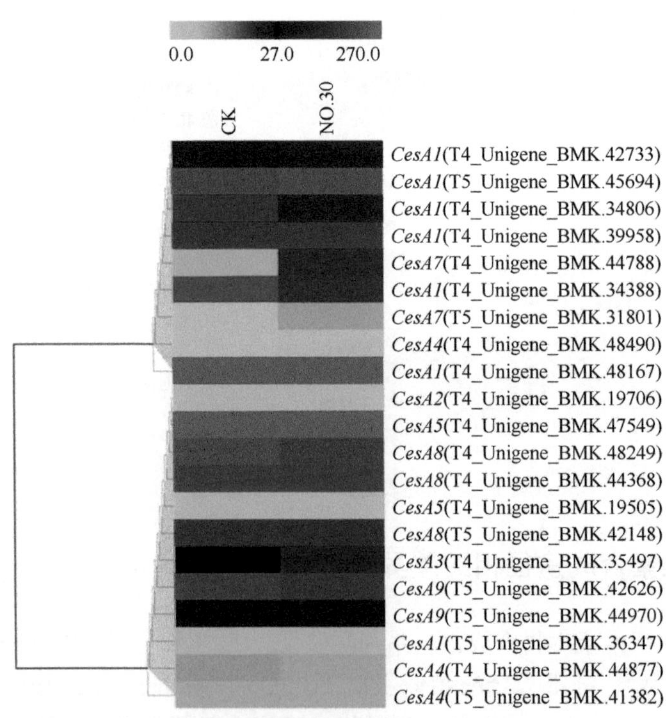

图 7-4　*CesA* 在 CK 和 NO.30 中的差异表达

由图 7-5 可以看出，共有 8 条 *Csl* 基因在两个样本中呈现出差异表达，其中有 5 条在 NO.30 中上调表达，3 条下调表达，其中有 2 条 *Csl* 基因在两个样本中 RPKM 值大于均 40，其余基因的 RPKM 值均小于 5。

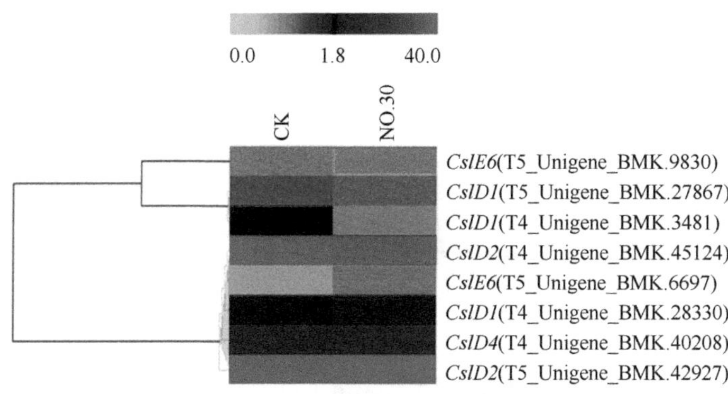

图 7-5　*Csl* 在 CK 和 NO.30 中的差异表达

7.1.8　木质素合成途径相关差异表达基因分析

木质素生物合成途径是以苯丙氨酸为起点，在许多酶的催化下脱氢聚合而成。我们列举了在转录组数据中一些木质素生物合成途径关键基因的检索情况（表 7-6），其中 *CCoAOMT*、*COMT* 及 *C4H* 在转录组数据库中检索到的基因很少，因此我们选择 *4CL*、*PAL*、*CAD*、*LAC*、*PRX* 及 *CCR* 基因进行分析。

表 7-6　木质素合成途径中的关键酶

木质素合成途径关键酶	数目	
	Swiss-Prot	NR
4CL	24	7
PAL	16	10
CAD	16	7
LAC	37	22
PRX	174	93
CCR	31	6
COMT	1	0
C4H	1	0
CCoAOMT	5	3

由图 7-6 可以看出，共有 10 条 *4CL* 基因在两个样本中呈现出差异表达，其中有 2 条在 NO.30 中上调表达，8 条下调表达，有 3 条 *4CL* 基因在两个样本中 RPKM 值均在 50 以上，其余的均在 2 以下。

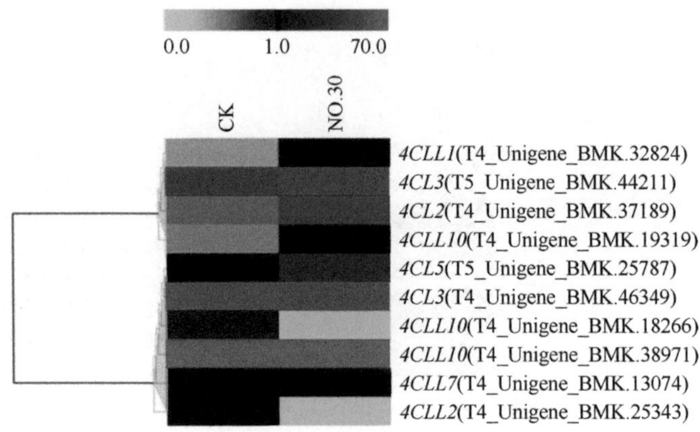

图 7-6　*4CL* 在 CK 和 NO.30 中的差异表达

由图 7-7 可以看出，共有 8 条 *PAL* 基因在两个样本中呈现出差异表达，其中有 1 条在 NO.30 中上调表达，有 7 条下调表达，有 3 条 *PAL* 基因的 RPKM 值在两个样本中表达值均在 50 以上，其余的均在 30 以下。

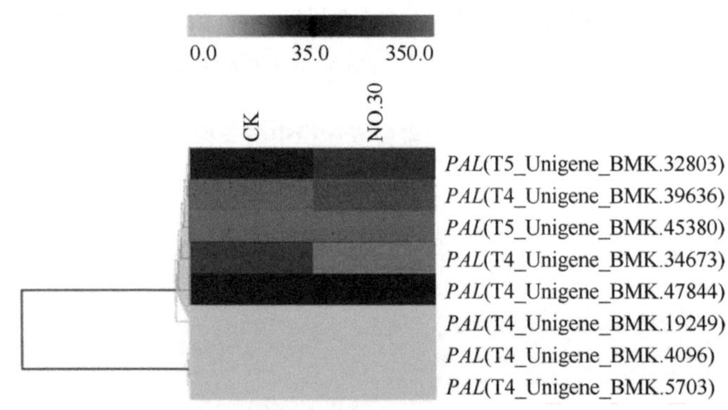

图 7-7　*PAL* 在 CK 和 NO.30 中的差异表达

从图 7-8 可以看出，共有 5 条 *CAD* 基因在两个样本中呈现出差异表达，其中有 1 条 *CAD* 基因在两个样本中表达值大于 250，其余的均在 15 以下。

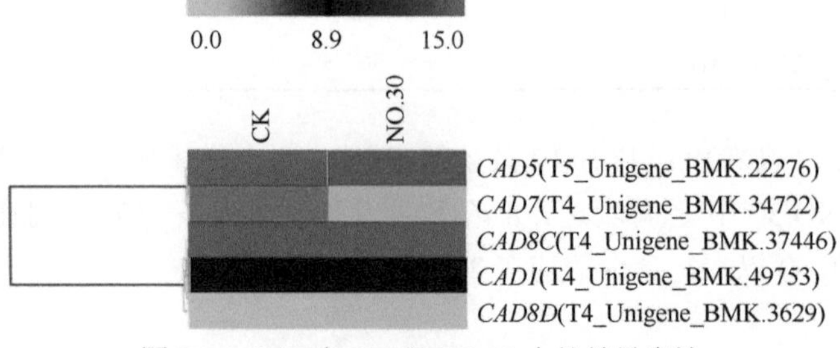

图 7-8　*CAD* 在 CK 和 NO.30 中的差异表达

由图 7-9 可以看出，共有 13 条 *LAC* 基因在两个样本中呈现出差异表达，其中有 2 条在 NO.30 中上调表达，11 条下调表达，*LAC* 基因表达量在两个样本中 RPKM 值大于 50 的有 3 条，其余的均在 30 以下。

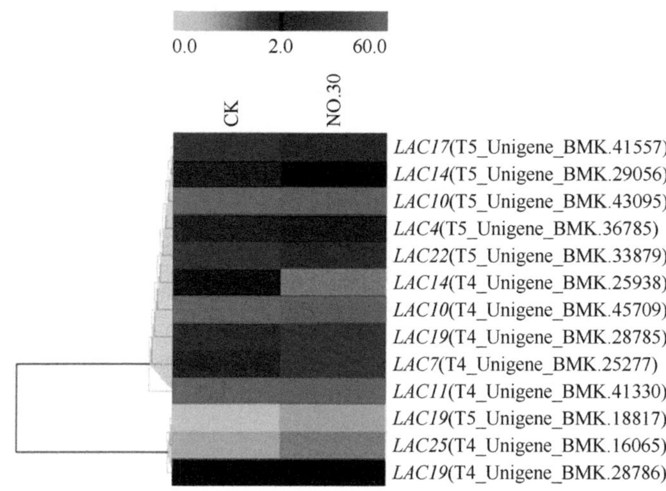

图 7-9　*LAC* 在 CK 和 NO.30 中的差异表达

在梁山慈竹转录组数据库中 *PRX* 基因筛选出来的较多，其在木质素聚合的最后一步通过过氧化氢氧化其底物发挥作用，与 *LAC* 在木质素聚合最后一步发挥作用之间的联系尚不完全清晰（Zhao et al.，2013）。由图 7-10 可以看出，共有 32 条 *PRX* 基因在两个样本中呈现出差异表达，其中，有 18 条在 NO.30 中上调表达，14 条下调表达，*PRX* 基因在两个样本中 RPKM 值均低于 5 的有 17 条，其中 *PRX52*（T4_Unigene_BMK.21511）和 *PRX112*（T4_Unigene_BMK.27371）在两个样本中表达量均为 0。

由图 7-11 可以看出，共有 7 条 *CCR* 基因筛选出来，其中有 3 条在 NO.30 中上调表达，有 2 条下调表达，但是仅有 *CCR1*（T4_Unigene_BMK.38950）在两个样本中 RPKM 值大于 1，其余的均在 1 以下，且 *CCR1*（T5_Unigene_BMK.18191）和 *CCR1*（T4_Unigene_BMK.14594）在两个样本中表达量均为 0。

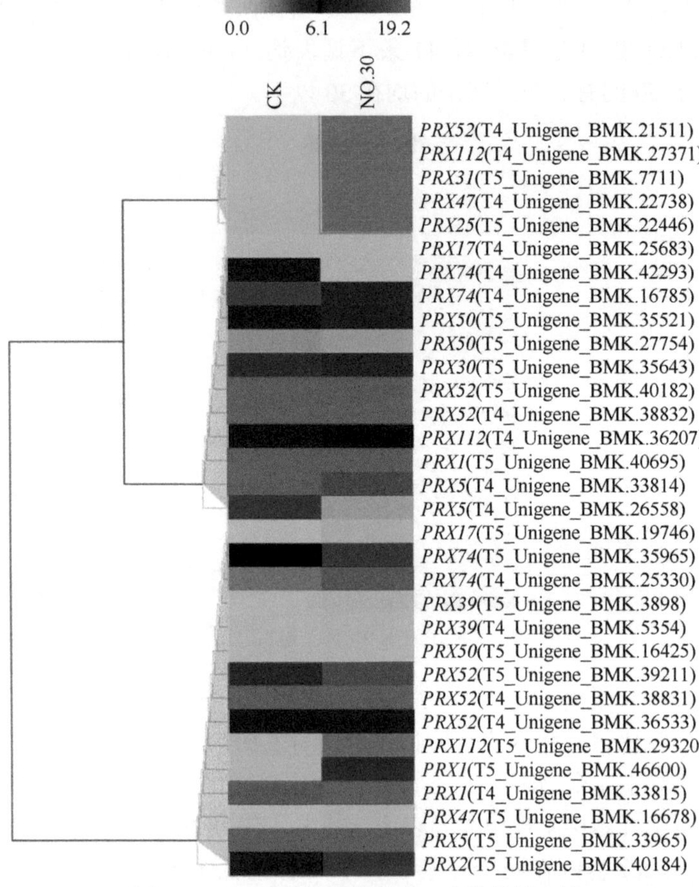

图 7-10　*PRX* 在 CK 和 NO.30 中的差异表达

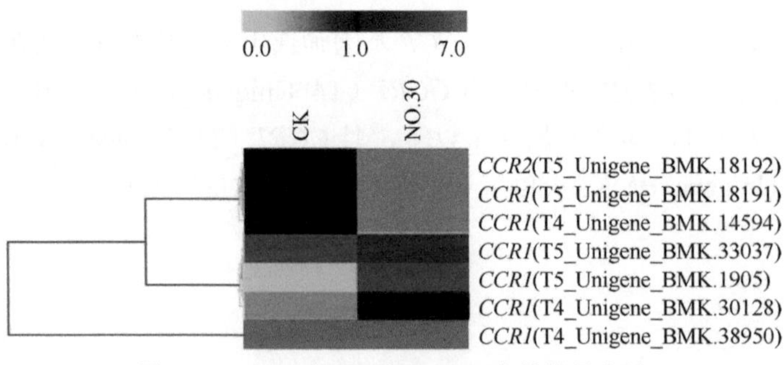

图 7-11　*CCR* 在 CK 和 NO.30 中的差异表达

7.1.9 转录因子分析

1. *MYB* 转录因子表达分析

由图 7-12 可以看出，共有 27 条 *MYB* 基因在两个样本中呈现出差异表达，其中有 11 条在 NO.30 中上调表达，16 条下调表达，*MYB4*（T5_Unigene_BMK.40819）在两个样本中 RPKM 值分别为 217.69 和 254.12，其余的 RPKM 值均在 50 以下，表明 *MYB* 转录因子在样本中整体表达水平较低。

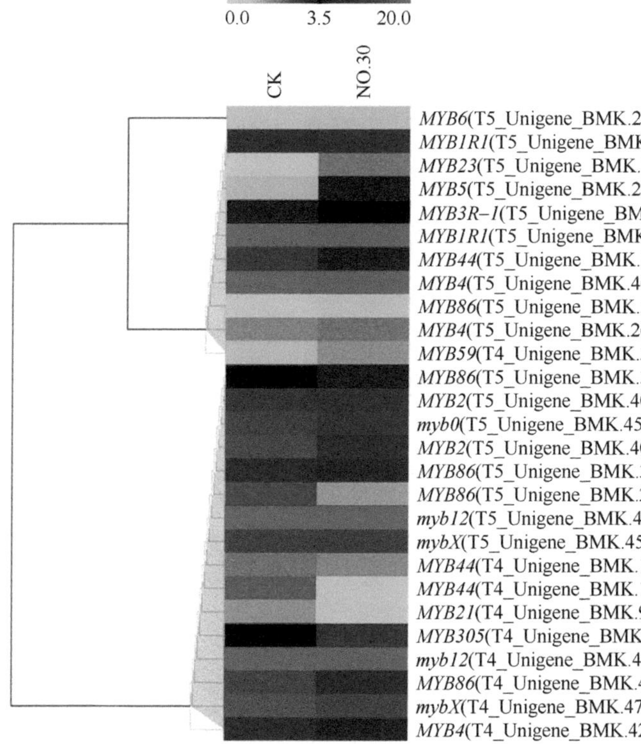

图 7-12 *MYB* 在 CK 和 NO.30 中的差异表达

2. *NAC* 转录因子表达分析

由图 7-13 可以看出，共有 32 条 *NAC* 基因在两个样本中呈现出差异表达，其中有 18 条在 NO.30 中上调表达，14 条下调表达，仅有 *NAC74*（T5_Unigene_BMK.44297）在两个样本中 RPKM 值分别为 93.46 和 123.22，其余的均在 30 以下，与 *MYB* 转录因子表达模式一样，在两个样本中整体表达水平较低。

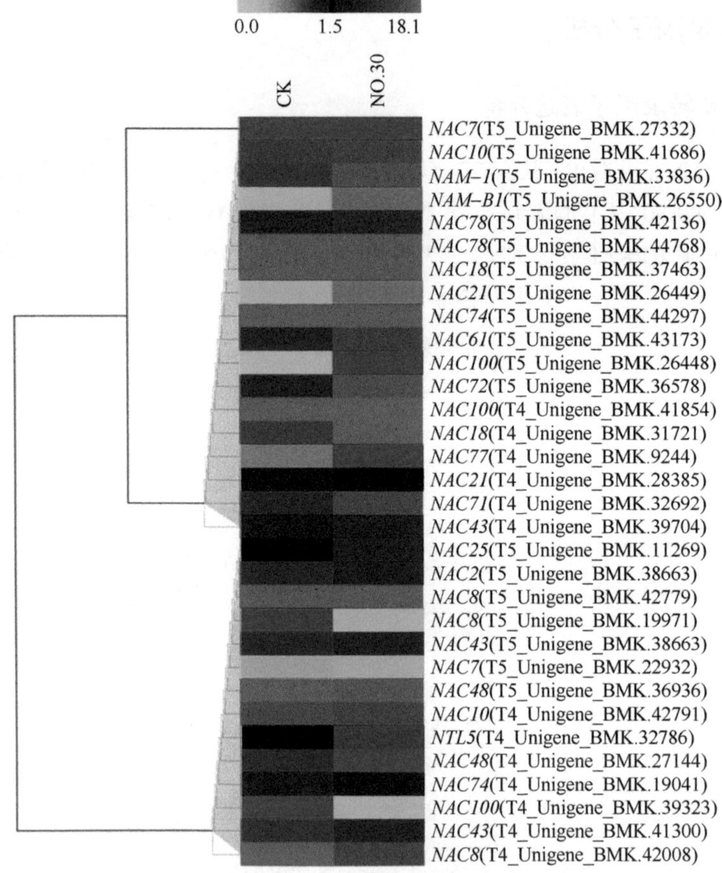

图 7-13 *NAC* 在 CK 和 NO.30 中的差异表达

3. *WRKY* 转录因子表达分析

由图 7-14 可以看出，共有 48 条 *WRKY* 基因在两个样本中呈现出差异表达，其中有 15 条在 NO.30 中上调表达，33 条下调表达，其中有 5 条基因在两个样本中 RPKM 值均大于 50，其余的均在 50 以下，其中 *WRKY22*（T4_Unigene_BMK.42342）和 *WRKY33*（T4_Unigene_BMK.16226）两个基因在两个样本中表达量均为 0。

4. *bZIP* 转录因子表达分析

由图 7-15 可以看出，共有 9 条 *bZIP* 基因在两个样本中呈现出差异表达，其中有 6 条在 NO.30 中上调表达，3 条下调表达，*bZIP60*（T5_Unigene_BMK.33772）在两个样本中 RPKM 值分别为 83.13 和 92.32，其余基因的 RPKM 值均在 50 以下。

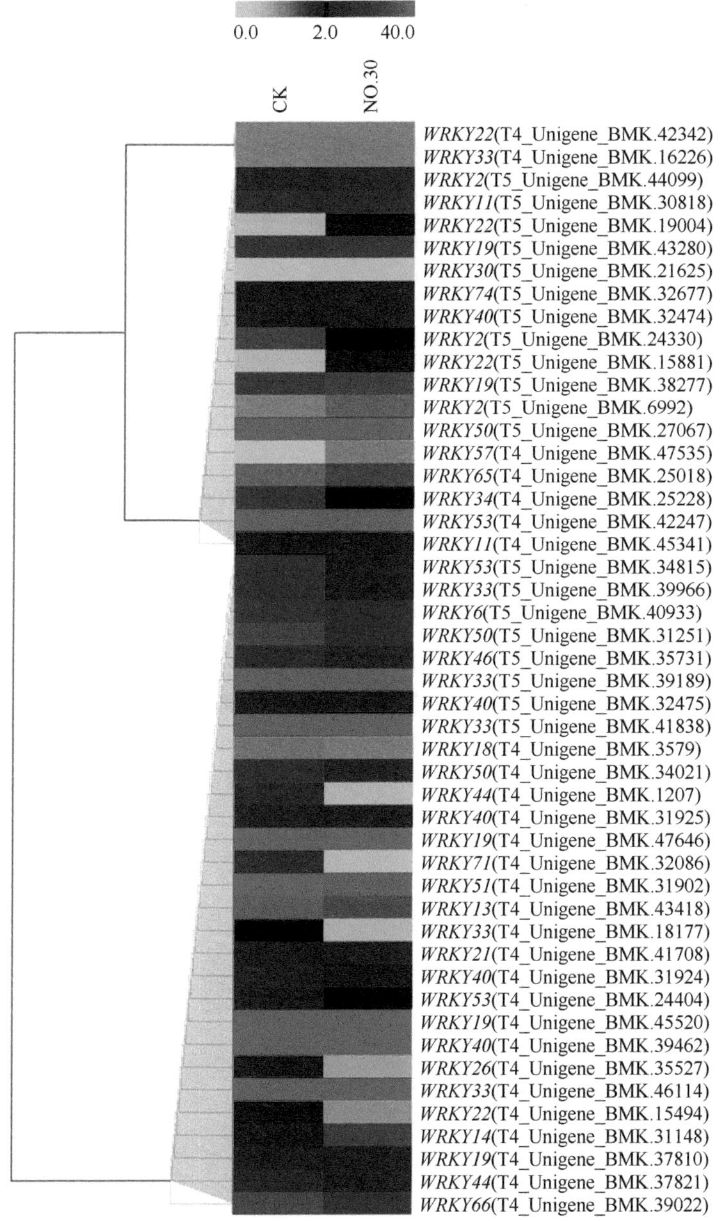

图 7-14　*WRKY* 在 CK 和 NO.30 中的差异表达

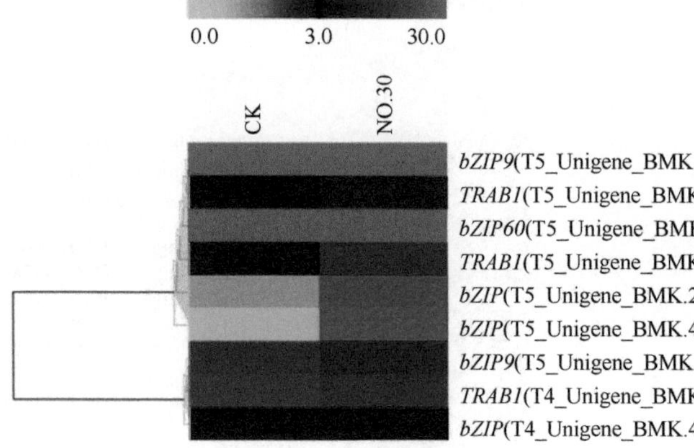

图 7-15　*bZIP* 在 CK 和 NO.30 中的差异表达

7.1.10　纤维素和木质素生物合成相关基因表达差异分析

由于 RNA-Seq 中的差异基因分析是对大量基因进行的独立的统计假设检验，会导致总体假阳性偏高，所以在利用差异分析软件进行差异分析的过程中，采用 Benjamini-Hochberg 方法校正，对原有假设检验得到的 *p*-value 进行校正，最终使用 FDR 作为差异基因筛选的关键指标。转录组数据的表达差异分析表明，在 NO.30 突变体中，木质素合成相关基因 *4CL* 和 *CAD* 表达下调，而 *PRX* 基因表达上调；纤维素合成相关基因 *CesA* 表达上调，*SuSy* 基因表达量无显著差异；转录因子 *NAC*、*MYB4* 及 *Katanin* 表达下调（图 7-16）。

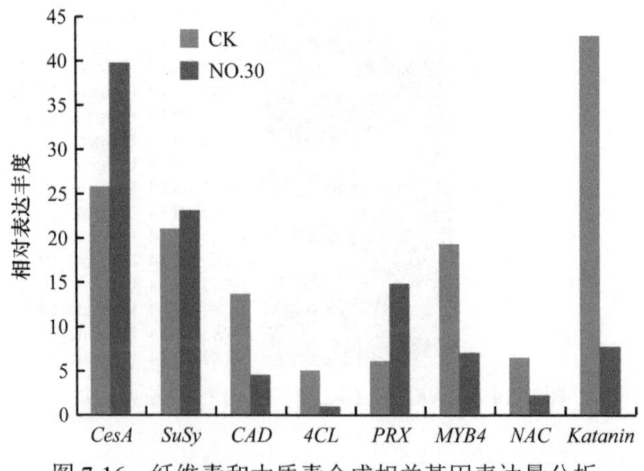

图 7-16　纤维素和木质素合成相关基因表达量分析

7.1.11　小结

利用 RNA-Seq 技术进行转录组测序，测序结果表明，共获得 86 575 631 条测序片段，从头合成组装得到 84 741 条 Unigene，共有 49 829 条被 NR、COG、GO、KEGG、Swiss-Prot 注释。

从梁山慈竹实生植株（对照）和梁山慈竹新种质 NO.30 两个测序样本中，筛选出 3572 条差异表达 Unigene，757 条差异表达 Unigene 在 COG 分类体系中具有详细的蛋白质功能释义，2213 条差异表达 Unigene 在 GO 数据库中具有功能定义，385 条 Unigene 被注释到 94 条 KEGG 代谢通路中。

纤维素合成相关 *CesA*、*PRX* 和热休克蛋白基因在梁山慈竹新种质 NO.30 中表达量升高，木质素合成相关基因 *MYB4*、*4CL*、*CAD*、*CCR* 和 *LAC* 在突变体中表达量降低。

7.2　基于转录组测序的转录因子生物信息学分析

转录因子在植物生长发育各个时期均发挥重要功能，其中 NAC、MYB 及 WRKY 等转录因子在植物非生物胁迫（Abe et al.，1997）、植物次生生长（Zhao et al.，2008）方面发挥重要功能，基于突变体 NO.30 表型变异，对转录组数据库中的转录因子的基因序列进行生物信息学分析，以期为突变体 NO.30 植株变异机理提供理论依据。

7.2.1　材料与方法

1. 材料

基于转录组数据库中 Swiss-Prot 及 NR 注释筛选出注释结果为 NAC、MYB 及 WRKY 且其核酸序列长度大于 1000bp 的具有起始密码子的 Unigene 用于后续分析（表 7-7）。

表 7-7　转录组测序数据库筛选出来的 NAC、MYB 及 WRKY 转录因子

转录因子	CK	NO.30
MYB	T4_Unigene_BMK.39064	T5_Unigene_BMK.39667
MYB	T4_Unigene_BMK.41930	T5_Unigene_BMK.45324
MYB	T4_Unigene_BMK.44591	T5_Unigene_BMK.40978
MYB	T4_Unigene_BMK.43777	T5_Unigene_BMK.32412

续表

转录因子	CK	NO.30
MYB	T4_Unigene_BMK.47366	T5_Unigene_BMK.37522
MYB	T4_Unigene_BMK.46978	T5_Unigene_BMK.40872
MYB	T4_Unigene_BMK.44218	T5_Unigene_BMK.37282
MYB	T4_Unigene_BMK.47766	T5_Unigene_BMK.45130
MYB	T4_Unigene_BMK.41591	T5_Unigene_BMK.40819
MYB		T5_Unigene_BMK.41271
MYB		T5_Unigene_BMK.45116
NAC	T4_Unigene_BMK.42791	T5_Unigene_BMK.41686
NAC	T4_Unigene_BMK.42130	T5_Unigene_BMK.38663
NAC	T4_Unigene_BMK.41854	T5_Unigene_BMK.42136
NAC	T4_Unigene_BMK.39098	T5_Unigene_BMK.44768
NAC	T4_Unigene_BMK.39704	T5_Unigene_BMK.42779
NAC	T4_Unigene_BMK.45695	T5_Unigene_BMK.37463
NAC	T4_Unigene_BMK.41267	T5_Unigene_BMK.44297
NAC	T4_Unigene_BMK.41300	T5_Unigene_BMK.43173
WRKY	T4_Unigene_BMK.34021	T5_Unigene_BMK.44099
WRKY	T4_Unigene_BMK.31902	T5_Unigene_BMK.39189
WRKY	T4_Unigene_BMK.43418	T5_Unigene_BMK.27067
WRKY	T4_Unigene_BMK.39462	
WRKY	T4_Unigene_BMK.46114	
WRKY	T4_Unigene_BMK.37821	

2. 方法

（1）系统发育树的构建

将从转录组数据库及 NCBI 网站查询的氨基酸序列导入 Mega5，采用最大似然法构建系统进化树，Bootstrap 参数为 1000 个复制。

（2）蛋白质保守结构域的分析

利用 MEME 在线软件及 NCBI 在线 Conserved Domains 预测分析蛋白质结构域。

（3）氨基酸序列比对

用 DNAMAN 软件对筛选获得的氨基酸序列进行比对分析。

（4）编码蛋白质的一级结构分析

用 ExPaSy 工具中的在线 ProtParam 软件（http://web.expasy.org/protparam/）对梁山慈竹基因编码蛋白质的氨基酸个数、相对分子质量、组成及理论等电点分析。

（5）编码蛋白质的二级结构分析

利用 ExPaSy 工具中的在线 SOPMA 软件预测分析编码蛋白质的 α 螺旋、β 转角、无规则卷曲及延伸链等。

（6）编码蛋白质的三级结构分析

利用 ExPaSy 工具中的在线 CPHmodels 软件对编码蛋白质三级结构进行分析，利用 RasMol-Raindy 汉化版本地软件对结果进行观察分析。

7.2.2 结果与分析

1. MYB 转录因子生物信息学分析

基于转录组数据库 Swiss-Prot 及 NR 注释结果，将从 CK 及 NO.30 两个转录组测序数据库中筛选出的 MYB 转录因子（核酸长度＞1000bp）进行系统进化树的构建，发现有 6 对基因分别聚类到一个分支（图 7-17），初步认为 T4_Unigene_BMK.44591 和 T5_Unigene_BMK.40872、T4_Unigene_BMK.46978 和 T5_Unigene_

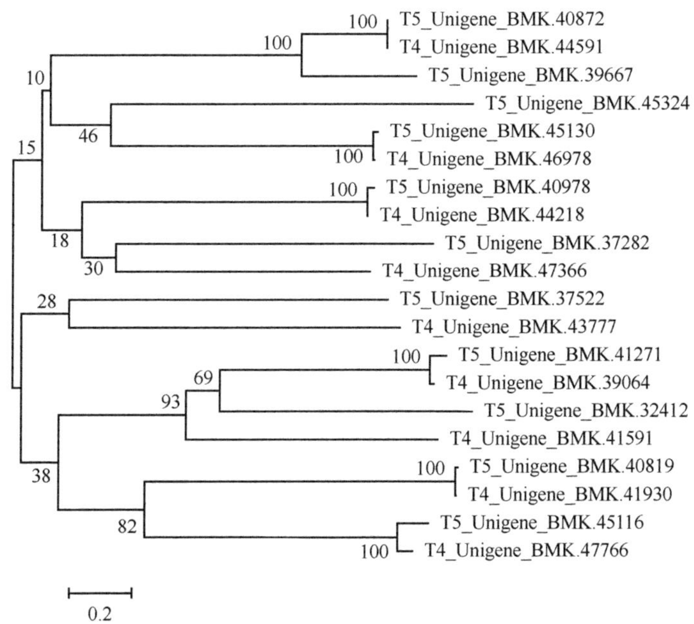

图 7-17　转录组数据库 MYB 转录因子系统进化树

BMK.45130、T4_Unigene_BMK.44218 和 T5_Unigene_BMK.40978、T4_Unigene_BMK.39064 和 T5_Unigene_BMK.41271、T4_Unigene_BMK.41930 和 T5_Unigene_BMK.40819、T4_Unigene_BMK.47766 和 T5_Unigene_BMK.45116 分别属于同一条基因，然后对这 6 对基因进行保守结构域的分析，进一步确定这 6 对基因都属于 MYB 家族转录因子。

通过保守功能域分析，发现在这 6 对基因之中有 3 对基因具有 MYB 家族转录因子 SANT 保守结构域（图 7-18），将这 3 对基因序列从转录组数据库查找出来并比对分析（图 7-19～图 7-21）。图 7-18 和图 7-19 结果显示，T4_Unigene_BMK.44591 和 T5_Unigene_BMK.40872 确定为同一条基因，均在 K87-R137 具有一个典型的 MYB 结构域，蛋白质序列没有发生变异；图 7-17 和图 7-18 结果显示，T4_Unigene_BMK.46978 和 T5_Unigene_BMK.45130 均在 H26-S75 及 K78-K126 具有两个典型的 MYB 结构域，共有 19 个氨基酸残基在非保守域处发生变异；图 7-18 和图 7-21 结果显示，T4_Unigene_BMK.43777 在 V12-L61、D64-V112 两处具有典型的 MYB 结构域，T5_Unigene_BMK.37522 在 R13-V63、R66-L114 两处具有典型的 MYB 结构域，蛋白质序列变异较大，因此排除此对基因作为候选差异基因的分析。基于上述分析，将 T4_Unigene_BMK.46978 和 T5_Unigene_BMK.45130 作为候选具有差异的 *MYB* 基因进行一级结构、二级结构和蛋白质三级结构预测，以及后续的与其他物种的比对分析。

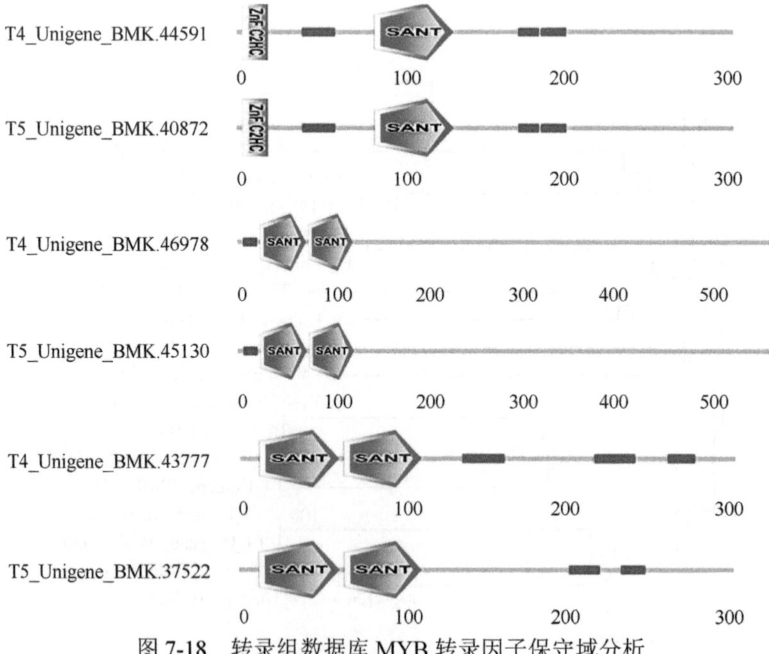

图 7-18　转录组数据库 MYB 转录因子保守域分析

```
T5 Unigene BMK.40872    MTRRCSHCSHNGHNSRTCPNRGVKIFGVRLTDGSIRKSAS    40
T4 Unigene BMK.44591    MTRRCSHCSHNGHNSRTCPNRGVKIFGVRLTDGSIRKSAS    40
Consensus               mtrrcshcshnghnsrtcpnrgvkifgvrltdgsirksas

T5 Unigene BMK.40872    MGNLSLLSAGSTSGGASPADGPNAAADGYASDDFVQGSSS    80
T4 Unigene BMK.44591    MGNLSLLSAGSTSGGASPADGPNAAADGYASDDFVQGSSS    80
Consensus               mgnlsllsagstsggaspadgpnaaadgyasddfvqgsss

T5 Unigene BMK.40872    ASRERKKGVPWTEEEHRRFLLGLQKLGKGDWRGISRNFVV    120
T4 Unigene BMK.44591    ASRERKKGVPWTEEEHRRFLLGLQKLGKGDWRGISRNFVV    120
Consensus               asrerkkgvpwteeehrrfllglqklgkgdwrgisrnfvv

T5 Unigene BMK.40872    SRTPTQVASHAQKYFIRQANVSRRKRRSSLFDMVPDESMD    160
T4 Unigene BMK.44591    SRTPTQVASHAQKYFIRQANVSRRKRRSSLFDMVPDESMD    160
Consensus               srtptqvashaqkyfirqanvsrrkrrsslfdmvpdesmd

T5 Unigene BMK.40872    LPPLHGSQEPEAQVLNQPPLPPPREEEVESMESDTSAVAE    200
T4 Unigene BMK.44591    LPPLHGSQEPEAQVLNQPPLPPPREEEVESMESDTSAVAE    200
Consensus               lpplhgsqepeaqvlnqpplpppreeevesmesdtsavae

T5 Unigene BMK.40872    SSSTSAIMPENLRSSYPVIVPAYFSPFLQFSVPFWQNQKD    240
T4 Unigene BMK.44591    SSSTSAIMPENLRSSYPVIVPAYFSPFLQFSVPFWQNQKD    240
Consensus               ssstsaimpenlrssypvivpayfspflqfsvpfwqnqkd

T5 Unigene BMK.40872    GDDLGQETHEIVKPVPVHSKSPINVDDLVGMSKLSIGDST    280
T4 Unigene BMK.44591    GDDLGQETHEIVKPVPVHSKSPINVDDLVGMSKLSIGDST    280
Consensus               gddlgqetheivkpvpvhskspinvddlvgmsklsigdst

T5 Unigene BMK.40872    QETVSTSLSLNLVGGQNRQSAFHANPPTRAQ             311
T4 Unigene BMK.44591    QETVSTSLSLNLVGGQNRQSAFHANPPTRAQ             311
Consensus               qetvstslslnlvggqnrqsafhanpptraq
```

图 7-19　T4_Unigene_BMK.44591 和 T5_Unigene_BMK.40872 氨基酸比对分析

```
T5 Unigene BMK.45130    MATGPDLSSSSAGPAGGAPASKKDRHIVSWSAEEDDVLRA    40
T4 Unigene BMK.46978    MATGPDLSSSSAGPAAGAPASKKDRHIVSWSAEEDDVLRA    40
Consensus               matgpdlssssagpa gapaskkdrhivswsaeeddvlra

T5 Unigene BMK.45130    QIAHHGTDNWTIIAAQFKDKTARQCRRRWYNYLNSECKKG    80
T4 Unigene BMK.46978    QIAHHGTDNWTIIAAQFKDKTARQCRRRWYNYLNSECKKG    80
Consensus               qiahhgtdnwtiiaaqfkdktarqcrrrwynylnseckkg

T5 Unigene BMK.45130    GWSQEEDMLLCEAQKVLGNKWTEIAKVVSGRTDNAVKNRF    120
T4 Unigene BMK.46978    GWSQEEDMLLCEAQKVLGNKWTEIAKVVSGRTDNAVKNRF    120
Consensus               gwsqeedmllceaqkvlgnkwteiakvvsgrtdnavknrf

T5 Unigene BMK.45130    STLCKKRAKDEELFKENVALCSNANAKRVLTQTGCPTSGS    160
T4 Unigene BMK.46978    STLCKKRAKDEELFKENVALCSNANAKRVLTQTGCPTSGS    160
Consensus               stlckkrakdeelfkenvalcsnanakrvltqtgcptsgs

T5 Unigene BMK.45130    SPPIKQMRSCKTDFKENIAPNMRLFGQEKSTQQDSRQPLA    200
T4 Unigene BMK.46978    SPPIKQMRSCKTDFKENIAPNMRLFGQEKSAQQDSRQPLA    200
Consensus               sppikqmrscktdfkeniapnmrlfgqeks qqdsrqpla

T5 Unigene BMK.45130    IISPINQDNVNIVETQNLVAKTATEQLFG.....VEQEGN    235
T4 Unigene BMK.46978    TISPNNQDNVNVVETPNLAAKIATKQLFGGEQNCVKHESN    240
Consensus                isp nqdnvn vet nl ak at qlfg     v  e n

T5 Unigene BMK.45130    FLKKDDPKFATLLQQADLLCSLATKINTENTSQSMDEAWQ    275
T4 Unigene BMK.46978    FLKKDDPKFATLLHQADLLCSLATKINTENTSQSMDEAWQ    280
Consensus               flkkddpkfatll qadllcslatkintentsqsmdeawq

T5 Unigene BMK.45130    KLQHHLVKKDDNDMSESSMSGIASLLEELDDLIVDPYENE    315
T4 Unigene BMK.46978    KLQHHLVKKDDNDMSESSMSGIASLLEELDDLIVDPYENE    320
Consensus               klqhhlvkkddndmsessmsgiaslleelddlivdpyene

T5 Unigene BMK.45130    EKDEQKSREQNEQIDVYNKHSNGSSQTSMEVTSQMAPDQK    355
T4 Unigene BMK.46978    EKDEQKSREQNEQIDVYNKHSNGSSQTSMEVTSQMAPDQK    360
Consensus               ekdeqksreqneqidvynkhsngssqtsmevtsqmapdqk
```

```
T5 Unigene BMK.45130    MDDCPVDKSTDDSSLCRNVLSSSMEPCPGAEIPASVNLSE    395
T4 Unigene BMK.46978    MDDCPVDKSTDDSSLCRNVLSSSMEPCPGAEIPASVNLSE    400
Consensus               mddcpvdkstddsslcrnvlsssmepcpgaeipasvnlse

T5 Unigene BMK.45130    AAEDSMLQCMEYTSPAHTVLQAKADAEMPGSENFGEVADD    435
T4 Unigene BMK.46978    AAEDSMLQCMEYTSPAHTVLQAKADAEMPGSENFGEVADD    440
Consensus               aaedsmlqcmeytspahtvlqakadaempgsenfgevadd

T5 Unigene BMK.45130    SRLQCMECTSPAHTVLQAKADAGIPASESFSEVAEDRRLQ    475
T4 Unigene BMK.46978    SRLQCMECTSPAHTVLQAKADAGIPASESFSEVAEDRRLQ    480
Consensus               srlqcmectspahtvlqakadagipasesfsevaedrrlq

T5 Unigene BMK.45130    CIEFNSPAHTTIQAKAGAEILTSENFSEVANDGKLPCMEF    515
T4 Unigene BMK.46978    CIEFNSPAHTTIQAKAGAEILTSENFSEVANDGKLPCMEF    520
Consensus               ciefnspahttiqakagaeiltsenfsevandgklpcmef

T5 Unigene BMK.45130    TSPGHTVSTFQPYTDDMPTPKITASERNFLLSVLELTSPG    555
T4 Unigene BMK.46978    TSPGHTVSTFQPFTDDMPTPKITASERNFLLSVLELTSPG    560
Consensus               tspghtvstfqp tddmptpkitasernfllsvleltspg

T5 Unigene BMK.45130    PRPDTSHQPSCKRALLNS                          573
T4 Unigene BMK.46978    PRPDTSHQPSCKRALLNS                          578
Consensus               prpdtshqpsckrallns
```

图 7-20　T4_Unigene_BMK.46978 和 T5_Unigene_BMK.45130 氨基酸比对分析

```
T5 Unigene BMK.37522    MGHHSCCNQQKVKRGLWSPEEDEKLIRYITTHGYGCWSEV    40
T4 Unigene BMK.43777    MGGGVEVECDRIR.GPWSPEEDDALRLLVERHGARNWTAI    39
Consensus               mg            g wspeed  l      hg   w

T5 Unigene BMK.37522    PDKAGLQRCGKSCRLRWINYLRPDIRRGRFTAEEEKLIIS    80
T4 Unigene BMK.43777    G.REIPGRSGKSCRLRWCNQLSPQVERRPFTAEEDATILR    78
Consensus                      r gkscrlrw n l p   r  ftaee   i

T5 Unigene BMK.37522    LHAIVGNRWAHIASHLPGRTDNEIKNYWRTRVQKHAKQLK    120
T4 Unigene BMK.43777    AHARLGNRWAAIARLLHGRTDNAVKNHWNCSLKR.....K    113
Consensus                ha  gnrwa ia  l grtdn  kn w           k

T5 Unigene BMK.37522    CDVNSQQFKDVMRYLWMPRLVERIQAAASAAGEDQPTADT    160
T4 Unigene BMK.43777    LAVATAASAGVTDGAEFERPCKRVSPAPDSPSGSGSGSDR    153
Consensus                 v       v       r   r   a           d

T5 Unigene BMK.37522    PLSWQHGADGLYESPELPAADACWPAEYSAAAGGQLAN..    198
T4 Unigene BMK.43777    .SDLSHGGGGFGQIYRPVARTGGFERADCAISRRHEEDPL    192
Consensus                    hg  g        a          a

T5 Unigene BMK.37522    TSAVPELSSTTAGSSSPSTDSGAGAQPSWPPTVDGAEWFT    238
T4 Unigene BMK.43777    TSLSLSLPGMDQGFKHDSAHSHFQELPPSPTPSPPPPPPA    232
Consensus               ts    l     g    s  s     p  p

T5 Unigene BMK.37522    TACDASSAAAMCDTNLTPQQ..PPCQFGEAWTSEPLPGLV    276
T4 Unigene BMK.43777    PVAATPSSYPFSPEFMTAMQDMIRAEVQKYMASVGVRAGC    272
Consensus                     s         t  q            s

T5 Unigene BMK.37522    YQEFGVADVEIGSFDVDSIWSMDDLWYTQGV.            307
T4 Unigene BMK.43777    GGGAGSADLFMPQLMEGVMRAAAERVGGVGRM            304
Consensus                   g ad                     g
```

图 7-21　T4_Unigene_BMK.43777 和 T5_Unigene_BMK.37522 氨基酸比对分析

T4_Unigene_BMK.46978 和 T5_Unigene_BMK.45130 分别编码 579 个和 574 个氨基酸（表 7-8），分子质量大小不同，T4_Unigene_BMK.46978 少编码 1 个酸性氨基酸但多编码 2 个碱性氨基酸，两者都是酸性氨基酸个数多于碱性氨基酸个数，表现为酸性蛋白质；二级结构分析结果（表 7-9）表明，两者表现出一样的规律，均是 α 螺旋居多，其次为无规卷曲和延伸链，β 转角为最少；三级结构（图 7-22）分析结果表明，均含有大量的 α 螺旋，蛋白质空间结构较为相似。

表 7-8　T4_Unigene_BMK.46978 和 T5_Unigene_BMK.45130 编码蛋白质的理化性质分析

基因名称	氨基酸个数	分子质量 /kDa	酸性氨基酸	碱性氨基酸	理论等电点	总亲水性平均系数
T5_Unigene_BMK.45130	574	63.1	87	59	4.88	–0.663
T4_Unigene_BMK.46978	579	63.6	86	61	5.03	–0.673

表 7-9　T4_Unigene_BMK.46978 和 T5_Unigene_BMK.45130 编码蛋白质二级结构分析

基因名称	α 螺旋	β 转角	延伸链	无规卷曲
T5_Unigene_BMK.45130	252（43.9%）	39（6.79%）	70（12.2%）	213（37.11%）
T4_Unigene_BMK.46978	256（44.21%）	39（6.74%）	67（11.57%）	217（37.48%）

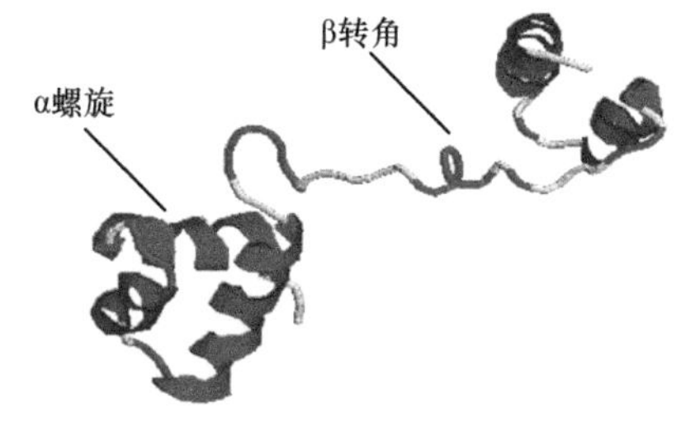

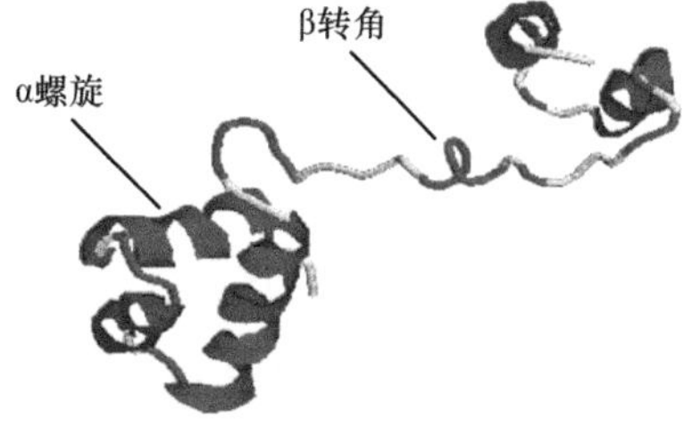

图 7-22　T4_Unigene_BMK.46978 和 T5_Unigene_BMK.45130 编码蛋白质的三级结构预测

将候选的 *MYB* 基因 T4_Unigene_BMK.46978 和 T5_Unigene_BMK.45130 通过 Blast P 在 NCBI 进行检索，搜索与其蛋白质序列同源性较高的小麦、桉树、拟南芥、水稻、玉米等不同物种 MYB 蛋白质序列，MEGA 构建进化树（图 7-23）。结果显示，其与同属于 R2R3-MYB 家族的 TaMYB30 聚为一小支，并与 *AtMYB88* 聚为一大支。相关研究表明，*TaMYB30*（Zhang et al.，2012）主要提高植株幼苗期的抗干旱能力，其过表达植株体内胁迫相关基因表达及胁迫相关生理指标都会发生变化；而 *AtMYB88*（Lai et al.，2005）主要作用是调控细胞周期相关基因，保证气孔的正常分化及维持气孔的正常形态。

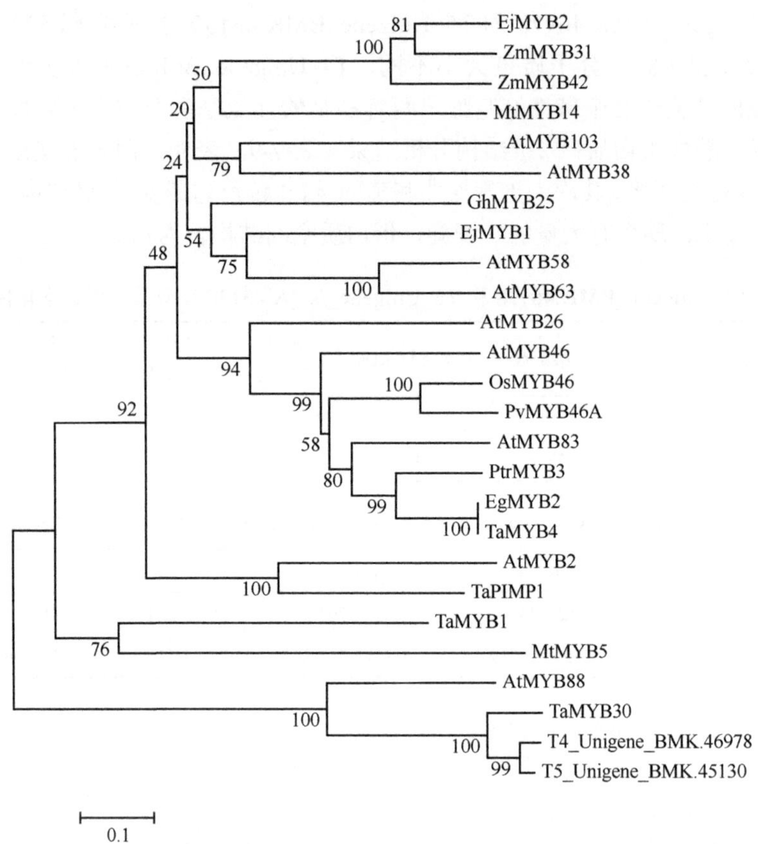

图 7-23 不同植物 MYB 系统进化树构建

2. NAC 转录因子生物信息学分析

基于转录组数据库 Swiss-Prot 及 NR 注释结果，将从 CK 及 NO.30 两个转录组测序数据库中筛选出来的 NAC 转录因子（核酸长度＞1000bp）进行系统进化树的构建，发现有 3 对来自 CK 及 NO.30 两个样本的基因分别聚类到一个分支（图 7-24），初步认为 T4_Unigene_BMK.39098 和 T5_Unigene_BMK.42136、T4_Unigene_BMK.42791 和 T5_Unigene_BMK.41686、T4_Unigene_BMK.41300 和 T5_Unigene_BMK.38663 分别属于同一条基因，然后对这 3 对基因进行保守结构域的分析，进一步确定这 3 对基因都属于 *NAC* 基因家族。

通过保守功能域分析，发现在这 3 对基因之中有 2 对基因具有 NAC 家族转录因子 NAM 保守域（图 7-25），将这 2 对基因序列从转录组数据库中查找出来并比对分析（图 7-26，图 7-27）。图 7-25 和图 7-26 显示 T4_Unigene_BMK.39098 和 T5_Unigene_BMK.42136 均含有典型的 NAC 结构域，与对照相比较，在 T5_Unigene_BMK.42136 蛋白质序列的 N 端有 2 个氨基酸残基发生变异，C 端有 4

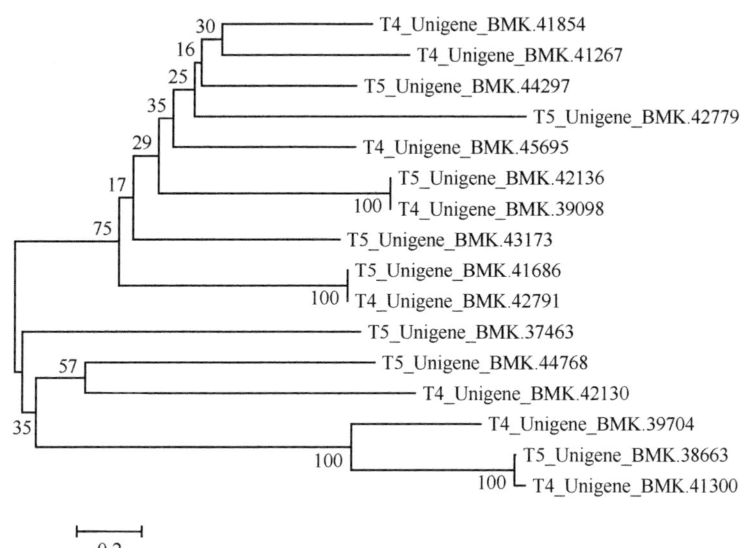

图 7-24 转录组数据库 NAC 系统进化树

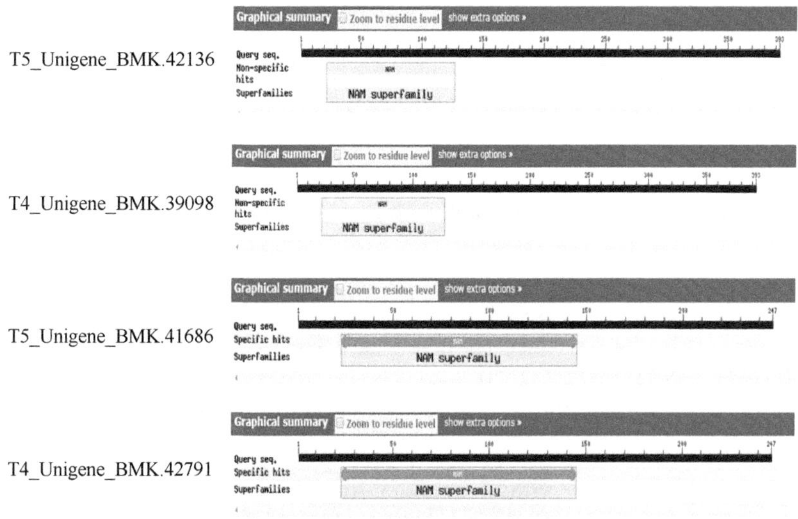

图 7-25 转录组数据库 NAC 保守域分析

个氨基酸残基发生变异；图 7-25 和图 7-27 显示 T4_Unigene_BMK.42791 和 T5_Unigene_BMK.41686 均含有典型的 NAC 结构域，与对照相比较，缬氨酸被替换为异亮氨酸，其中，异亮氨酸为脂肪族中性氨基酸，缬氨酸为中性氨基酸，均具有疏水性侧链；T4_Unigene_BMK.41300 和 T5_Unigene_BMK.38663 均未含有 NAC 保守功能域。

```
T5 Unigene BMK.42136   MCPPIPGLALLNISINDSWSAEELVRFVAERKAGDPLPQN   40
T4 Unigene BMK.39098   MCPPIPGLALLNISINDSWSAEELVRFVAERKAGDPLPQN   40
Consensus              mcppipglallnisindswsaeelvrfvaerkagdplpqn

T5 Unigene BMK.42136   VVVGVNVSLIDPRVSLGNIWYMNCSDDEQPYDNGENAIRN   80
T4 Unigene BMK.39098   VVVGVNVSLIDPRVSLGNIWYMNCSDDQQPYDNGENAIRN   80
Consensus              vvvgvnvslidprvslgniwymncsdd qpydngenairn

T5 Unigene BMK.42136   TENGYWKSVDVLRIPTSTAIVGVKISLEFYEGQAPSGKRT   120
T4 Unigene BMK.39098   TENGYWKSVDVLRIPTSTAIVGVKISLEFYEGQAPSGKRT   120
Consensus              tengywksvdvlriptstaivgvkislefyegqapsgkrt

T5 Unigene BMK.42136   GWVMHEYQVEQNNEAIVPQDYKSLCTIFLQGDKKLNAEDQ   160
T4 Unigene BMK.39098   GWVMHEYQVEQNNEAIIPQDYKSLCTIFLQGDKKLNAEDQ   160
Consensus              gwvmheyqveqnneai pqdykslctiflqgdkklnaedq

T5 Unigene BMK.42136   QISLNSNALNDRSESYLQYLAEIQEQDAAMNSQIVASNQQ   200
T4 Unigene BMK.39098   QISLNSNALNDRSESYLQYLAEIQEQDAAMNSQIVASNQQ   200
Consensus              qislnsnalndrsesylqylaeiqeqdaamnsqivasnqq

T5 Unigene BMK.42136   NLSSSKGQDKHKTHNAADAIAFHHALRNEAYIELNDLLSS   240
T4 Unigene BMK.39098   NLSSSKGQDKHKTHNAADAIAFHHALRNEAYIELNDLLSS   240
Consensus              nlssskgqdkhkthnaadaiafhhalrneayielndllss

T5 Unigene BMK.42136   EASASTSEYSSWRSMISEEYFDSDAILREILNDHNTTDEE   280
T4 Unigene BMK.39098   EASASTSEYSSWRSMISEEYFDSDAILREILNDHNTTDEE   280
Consensus              easastseysswrsmiseeyfdsdailreilndhnttdee

T5 Unigene BMK.42136   HKDCKSSIVAPTKSDHVVISLPEQGLVHNHDNNATVSGTS   320
T4 Unigene BMK.39098   HKDCKSSIAAPTKSDHVVISLPEQGLVHNHDNNATVSGTS   320
Consensus              hkdckssi aptksdhvvislpeqglvhnhdnnatvsgts

T5 Unigene BMK.42136   LEKSVPDGERDPHSNDGLQHNPSTSSCFPSSHVKRSRSNS   360
T4 Unigene BMK.39098   LEKSVPDGERDPHSNECPQHNPSTSSCFPSSHVKRSRSNS   360
Consensus              leksvpdgerdphsn   qhnpstsscfpsshvkrsrsns

T5 Unigene BMK.42136   SNSSQGSTKSPQRDRSISKFGKIGKKYCCFGS           392
T4 Unigene BMK.39098   SNSSQGSTKSPQRDRSISKFGKIGKKYCCFGS           392
Consensus              snssqgstkspqrdrsiskfgkigkkyccfgs
```

图 7-26　T4_Unigene_BMK.39098 和 T5_Unigene_BMK.42136 氨基酸比对分析

```
T5_Unigene_BMK.41686   MQLPMEGLPGPGACPLQAGLAGLPIGFRFRPTDEELLLHY   40
T4_Unigene_BMK.42791   MQLPMEGLPGPGACPLQAGLAGLPIGFRFRPTDEELLLHY   40
Consensus              mqlpmeglpgpgacplqaglaglpigfrfrptdeelllhy

T5_Unigene_BMK.41686   LRRKALSCPLPADIIPVADLARLHPWDLPGDTDGERYFFH   80
T4_Unigene_BMK.42791   LRRKALSCPLPADIIPVADLARLHPWDLPGDTDGERYFFH   80
Consensus              lrrkalscplpadiipvadlarlhpwdlpgdtdgeryffh

T5_Unigene_BMK.41686   LPATRCWRKGGGVSRAGGTGVWRVSGKEKLVIAPRCKRPV   120
T4_Unigene_BMK.42791   LPATRCWRKGGGVSRAGGTGVWRVSGKEKLVVAPRCKRPV   120
Consensus              lpatrcwrkgggvsraggtgvwrvsgkeklv aprckrpv

T5_Unigene_BMK.41686   GAKRTLVFCHRGGARTDWAMHEYRLLPASLDACAGAAKNS   160
T4_Unigene_BMK.42791   GAKRTLVFCHRGGARTDWAMHEYRLLPASLDACAGAAKNS   160
Consensus              gakrtlvfchrggartdwamheyrllpasldacagaakns
```

```
T5_Unigene_BMK.41686    LPHMSCHAAEAKDWVVCRIFKKTTPANRAGGGSAHLPHIR    200
T4_Unigene_BMK.42791    LPHMSCHAAEAKDWVVCRIFKKTTPANRAGGGSAHLPHIR    200
Consensus               lphmschaaeakdwvvcrifkkttpanragggsahlphir

T5_Unigene_BMK.41686    GTVRRRGDADMPSSPSPASSCVTEACNNGGDEEEEDSSSC    240
T4_Unigene_BMK.42791    GTVRRRGDADMPSSPSPASSCVTEACNNGGDEEEEDSSSC    240
Consensus               gtvrrrgdadmpsspspasscvteacnnggdeeeedsssc

T5_Unigene_BMK.41686    SVASNW                                      246
T4_Unigene_BMK.42791    SVASNW                                      246
Consensus               svasnw
```

图 7-27　T4_Unigene_BMK.42791 和 T5_Unigene_BMK.41686 氨基酸比对分析

T4_Unigene_BMK.39098 和 T5_Unigene_BMK.42136 均编码 393 个氨基酸（表 7-10），其中 T5_Unigene_BMK.42136 多编码 1 个酸性氨基酸，编码碱性氨基酸均为 35 个，均表现为酸性蛋白质；二级结构（表 7-11）显示两者表现出一样的规律，均是无规卷曲最多，其次为 α 螺旋和延伸链，β 转角最少；三级结构（图 7-28）显示均含有大量的无规卷曲及 α 螺旋，但是其空间结构有较大差异。T4_Unigene_BMK.42791 和 T5_Unigene_BMK.41686 均编码 247 个氨基酸（表 7-10），酸性氨基酸与碱性氨基酸均为 25 个与 32 个，碱性氨基酸多于酸性氨基酸，表现为碱性氨基酸；二级结构（表 7-11）显示两者具有同样的规律，无规卷曲最多，其次为 α 螺旋和延伸链，β 转角最少；三级结构（图 7-28）显示，两者蛋白质空间结构极为相似，但同样存在一些差异（图 7-28B）箭头所示。

表 7-10　NAC 转录因子编码蛋白的理化性质分析

基因名称	氨基酸个数	分子质量 /kDa	酸性氨基酸	碱性氨基酸	理论等电点	总亲水性平均系数
T5_Unigene_BMK.42136	393	43.5	53	35	5.13	–0.660
T4_Unigene_BMK.39098	393	43.6	52	35	5.19	–0.672
T5_Unigene_BMK.41686	247	26.6	25	32	8.92	–0.361
T4_Unigene_BMK.42791	247	26.5	25	32	8.92	–0.362

表 7-11　NAC 转录因子编码蛋白质的二级结构分析

基因名称	α 螺旋	β 转角	延伸链	无规卷曲
T5_Unigene_BMK.42136	114（29.01%）	27（6.87%）	83（21.12%）	169（43.00%）
T4_Unigene_BMK.39098	117（29.77%）	29（7.38%）	82（20.87%）	165（41.98%）
T5_Unigene_BMK.41686	67（27.13%）	20（8.10%）	38（15.38%）	122（49.39%）
T4_Unigene_BMK.42791	67（27.13%）	20（8.10%）	39（15.79%）	121（48.99%）

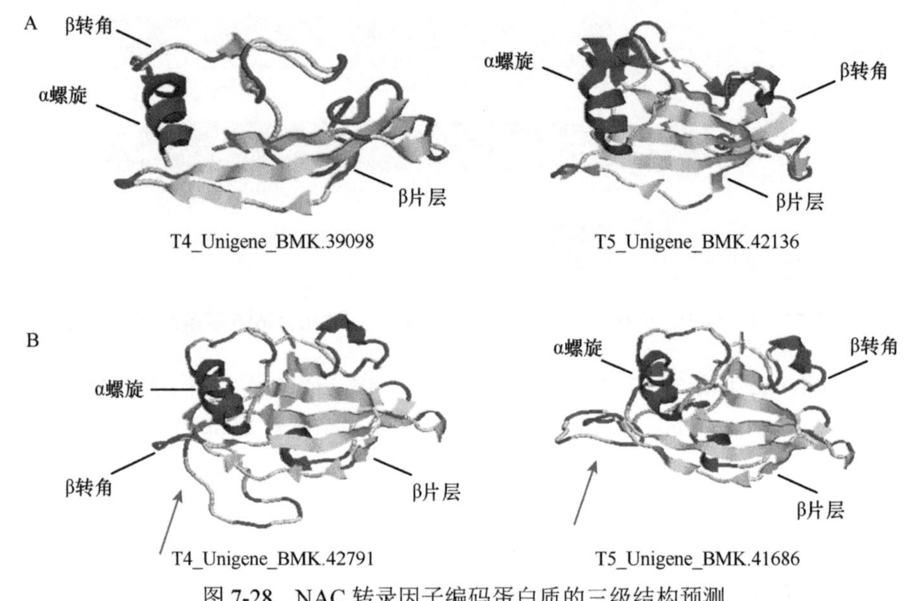

图 7-28 NAC 转录因子编码蛋白质的三级结构预测

将筛选出来的 *NAC* 基因通过 Blast P 在 NCBI 中进行相似性检索，搜索与其同源性较高的柳枝稷、玉米、水稻、拟南芥、陆地棉等不同物种 NAC 蛋白质序列，构建进化树（图 7-29），结果表明，T5_Unigene_BMK.42136、T4_Unigene_BMK.39098、T5_Unigene_BMK.41686、T4_Unigene_BMK.42791 与萜类生物合成相关的猕猴桃 *AaNAC4*（Nieuwenhuizen et al.，2015）基因及植株衰老相关基因陆地棉 *GhNAC7*（Shah et al.，2013）聚为一支，可能在萜类生物合成中行使部分功能。

3. WRKY 转录因子生物信息学分析

基于转录组数据库 Swiss-Prot 及 NR 注释结果，将从 CK 及 NO.30 两个转录组数据库中筛选出来的 WRKY 转录因子（核酸长度＞1000bp）进行系统进化树构建，发现有 2 对来自两个样本的 WRKY 聚类到一个分支（图 7-30），初步认为 T4_Unigene_BMK.43418 和 T5_Unigene_BMK.39189、T4_Unigene_BMK.34021 和 T5_Unigene_BMK.27067 分别属于同一条基因，然后对这 2 对基因进行保守结构域分析，进一步确定这 2 对基因都属于 WRKY 家族转录因子。

通过保守功能域分析，发现这 2 对基因具有 WRKY 家族转录因子保守结构域（图 7-31），将这 2 对基因序列从转录组数据库中查找出来并比对分析（图 7-32 和图 7-33）。结果显示，T4_Unigene_BMK.43418 和 T5_Unigene_BMK.39189 及 T4_Unigene_BMK.34021 和 T5_Unigene_BMK.27067 序列相似性分别为 65.76% 及 79.50%。对其进行一级结构、二级结构及蛋白质三级结构进行预测，同时通过进化树的构建预测其功能。

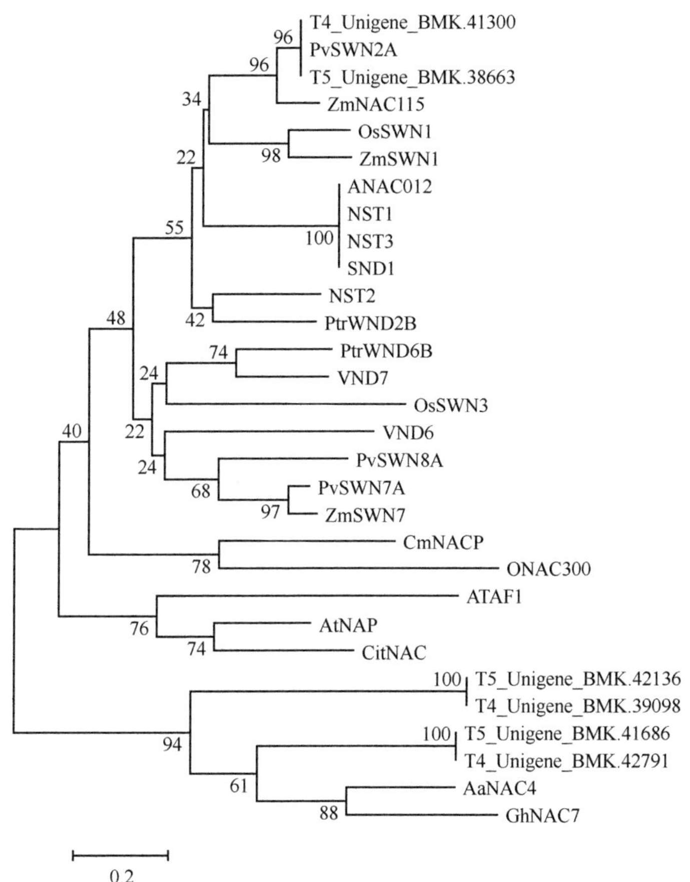

图 7-29　不同植物 NAC 氨基酸序列进化树构建

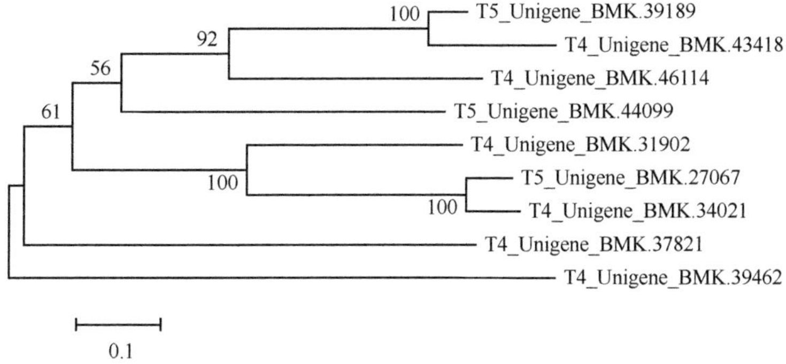

图 7-30　转录组数据库 WRKY 系统进化树

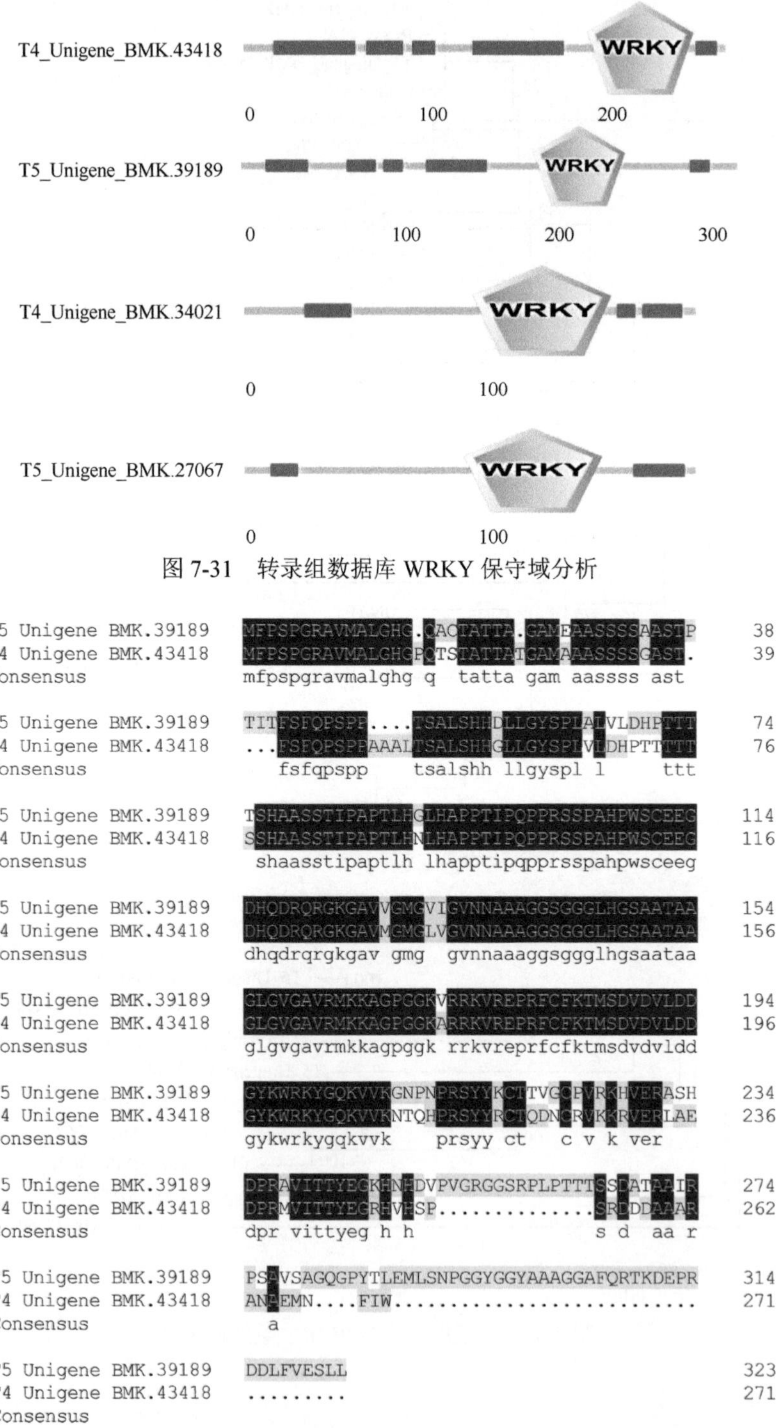

图 7-31　转录组数据库 WRKY 保守域分析

图 7-32　T4_Unigene_BMK.43418 和 T5_Unigene_BMK.39189 氨基酸比对分析

```
T5 Unigene BMK.27067   MAASLGLNPEAFFSSYPYSSPFLADYAPNLPAT....AAG    36
T4 Unigene BMK.34021   MAASLGLNPEAFFSPYPYSSPFLADYAPNFAATGATAAVA    40
Consensus              maaslglnpeaffs ypysspfladyapn  at    a

T5 Unigene BMK.27067   ADFSAELDDHHPFEYSPAPVFAGAGDDHSEKTMSCESDEK    76
T4 Unigene BMK.34021   ADFSAELDDCHPFEYSPAPVFAGGGDDHSGNSASCESDEK    80
Consensus              adfsaeldd hpfeyspapvfag gddhs    scesdek

T5 Unigene BMK.27067   GVGVIGRIGFRTRSEVEILDDGFKWRKYGKKAVKNSPNPR   116
T4 Unigene BMK.34021   RVRVNGRIGFRTRSEVEILDDGFKWRKYGKKAVKNSPNPR   120
Consensus               v v grigfrtrseveilddgfkwrkygkkavknspnpr

T5 Unigene BMK.27067   NYYRCSTEGCGVKKRVERDRDDPRYVITTYDGVHKHATPG   156
T4 Unigene BMK.34021   NYYRCSTEGCGVKKRVERDRDDPLYVVTTYDGVHNHAIPG   160
Consensus              nyyrcstegcgvkkrverdrddp yv ttydgvh ha pg

T5 Unigene BMK.27067   ..FGAAVLKYAGNYYSPPLSAGSPPAAYSAGSLLFSHRV    193
T4 Unigene BMK.34021   SSAAAAALQYEG.YYSPPRSAGSPPAAYT....LQAHCS    194
Consensus                  aa l y g yyspp sagsppaay    l  h
```

图 7-33　T4_Unigene_BMK.34021 和 T5_Unigene_BMK.27067 氨基酸比对分析

T4_Unigene_BMK.43418 和 T5_Unigene_BMK.39189 分别编码 271 个和 324 个氨基酸（表 7-12），其分子质量大小不一样，含有的酸性、碱性氨基酸数量都不相同，但均属于碱性氨基酸，其二级结构（表 7-13）表现出相似的规律，无规卷曲最多，其次为延伸链和 α 螺旋，β 转角最少，其氨基酸序列折叠形成的蛋白质三级空间结构较为相似，同时存在一些差异（图 7-34A）；T4_Unigene_BMK.34021 和 T5_Unigene_BMK.27067 编码相同的氨基酸数量 194 个，分子质量大小有差异，酸性氨基酸数量同为 23 个，碱性氨基酸数量分别为 20 个和 22 个，但均是酸性氨基酸数量大于碱性氨基酸数量，属于酸性氨基酸（表 7-12），二级结构（表 7-13）预测表现出相似的规律，无规卷曲所占比例最大，其次为 α 螺旋和延伸链，β 转角所占比例最小，蛋白质三级结构预测（图 7-34B）表明，其具有相似的蛋白质空间结构，但同时存在一些差异。

表 7-12　WRKY 转录因子编码蛋白质的理化性质分析

基因名称	氨基酸个数	分子质量 /kDa	酸性氨基酸	碱性氨基酸	理论等电点	总亲水性平均系数
T5_Unigene_BMK.39189	324	33.5	23	33	9.40	−0.399
T4_Unigene_BMK.43418	271	28.6	19	31	9.84	−0.514
T5_Unigene_BMK.27067	194	21.1	23	22	6.59	−0.533
T4_Unigene_BMK.34021	194	20.9	23	20	5.94	−0.558

表 7-13　WRKY 转录因子编码蛋白质二级结构分析

基因名称	α螺旋	β转角	延伸链	无规卷曲
T5_Unigene_BMK.39189	42（12.96%）	26（8.02%）	73（22.53%）	183（56.48%）
T4_Unigene_BMK.43418	61（22.51%）	25（9.23%）	47（17.34%）	138（50.92%）
T5_Unigene_BMK.27067	35（18.04%）	32（16.49%）	34（17.53%）	93（47.94%）
T4_Unigene_BMK.34021	41（21.13%）	21（10.82%）	26（13.4%）	106（54.64%）

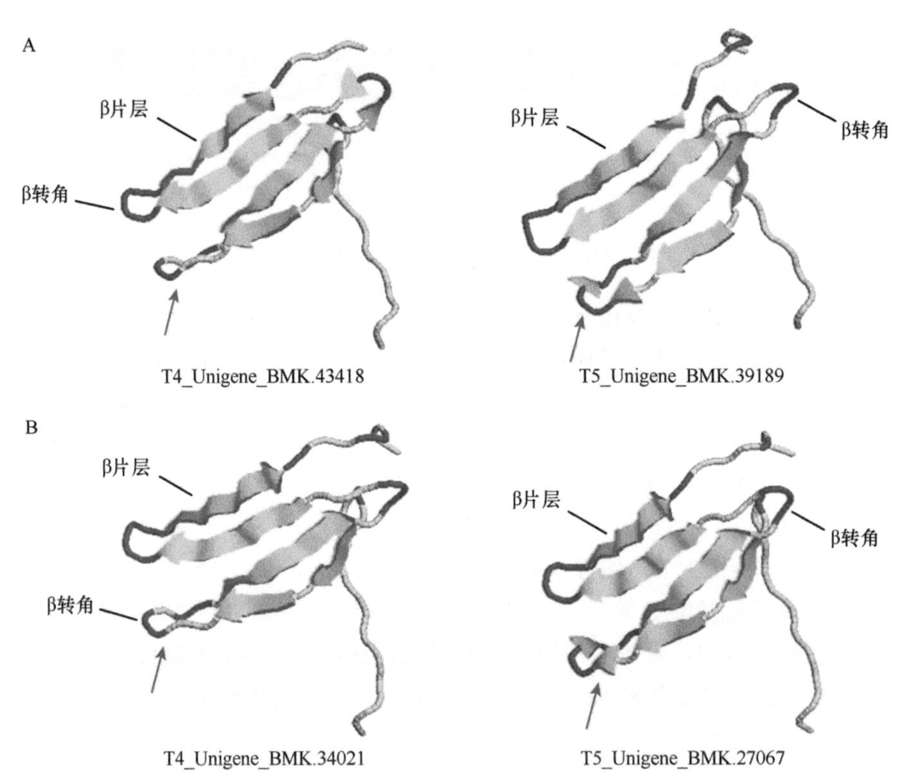

图 7-34　WRKY 转录因子编码蛋白的三级结构预测

将候选的 *WRKY* 基因 T4_Unigene_BMK.43418、T5_Unigene_BMK.39189 和 T4_Unigene_BMK.34021 和 T5_Unigene_BMK.27067 通过 Blast P 在 NCBI 中进行检索，搜索与其蛋白质序列同源性较高的玉米、小麦、拟南芥等多个物种氨基酸序列，MEGA 构建进化树（图 7-35），结果显示 T4_Unigene_BMK.34021 和 T5_Unigene_BMK.27067 与毛竹及慈竹的 WRKY1 聚为一支；T4_Unigene_BMK.43418 和 T5_Unigene_BMK.39189 未找到同源蛋白序列。其中慈竹 *WRKY1* 为本实验克隆基因（刘红梅，2015），其对盐胁迫及干旱胁迫有响应，但更详细的生物学功能需要进一步研究。

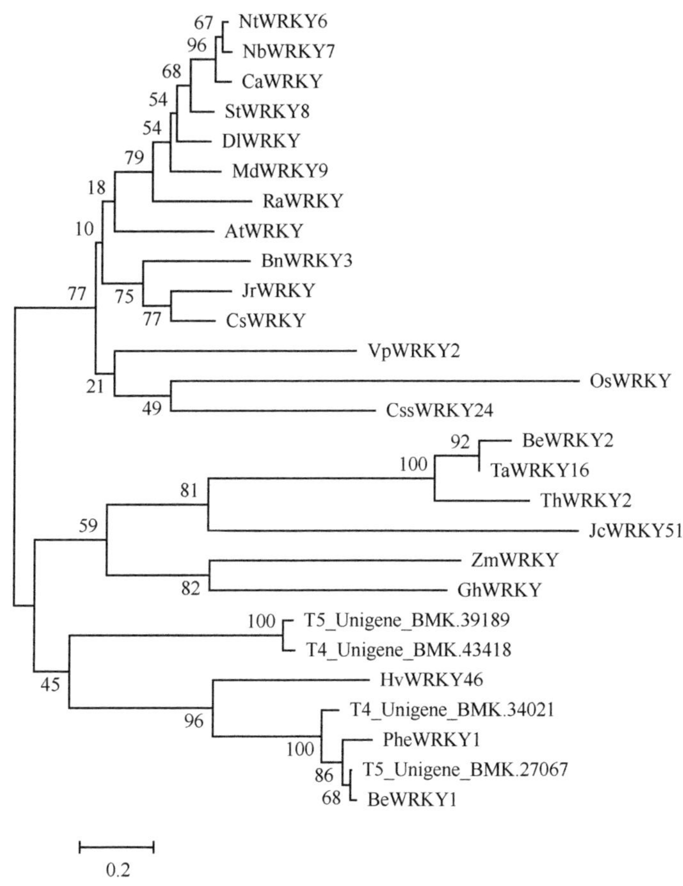

图 7-35　不同植物 WRKY 系统进化树构建

7.2.3　小结

基于转录组数据库 NAC、MYB 和 WRKY 转录因子生物信息学分析，筛选出在 CK 及梁山慈竹体细胞突变体 NO.30 植株中氨基酸序列发生变异的转录因子。T4_Unigene_BMK.46978 和 T5_Unigene_BMK.45130 属于 R2-R3 型 MYB 转录因子，有 19 个氨基酸表现出序列上的差异，然而其氨基酸一级结构、二级结构及三级蛋白质空间结构预测均显示出相似的特性，通过进化树分析表明，其可能在植株非生物胁迫中行使功能。NAC 转录因子 T5_Unigene_BMK.42136 和 T4_Unigene_BMK.39098 有 6 个氨基酸表现出序列上的差异，其二级结构元件所占比例显示出相同的规律，但有较大差异的蛋白质三维空间结构；T4_Unigene_BMK.42791 和 T5_Unigene_BMK.41686 有 1 个氨基酸表现出差异，在突变体 NO.30 中，异亮氨酸取代了 CK 中的缬氨酸，由于氨基酸疏水性的差异，其蛋白质三维空间结构虽然极为相似，同时存在一些微小的差异，这 4 条 NAC 转录因子初步推测其在植株衰老过程中行使其功能。WRKY 转录因子 T4_Unigene_BMK.43418 和 T5_Unigene_BMK.39189、T4_Unigene_BMK.34021 和 T5_Unigene_BMK.27067 序列相似性分别为 65.76%、79.50%，T4_Unigene_BMK.34021 和 T5_Unigene_BMK.27067 通过聚类分析，初步推测其在植株非生物胁迫响应中可能行使重要功能。

本节基于转录组数据库转录因子的生物信息学分析，从转录水平探讨突变体 NO.30 植株突变机制，然而所分析的每个基因在突变体 NO.30 植株体内行使的生物学功能，需要通过后期的实验来验证。

第 8 章　梁山慈竹新种质国际竹类新品种登录

针对竹浆优质用竹选育目标，对梁山慈竹突变体进行选育，经过 10 年的筛选和选育工作，目前从中选育出 9 个优质浆用梁山慈竹新种质，并于 2018 年和 2019 年完成了国际竹类新品种登录，具体情况如下。

8.1　国际竹类新品种登录‘西科 1 号’

栽培品种名： *Dendrocalamus farinosus*‘Xike 1’

国际登录编号： WB-001-2018-032

品种描述：

‘西科 1 号’由新种质 61-B 株系选育而来，其秆高 8 ～ 10m，直径 2.7 ～ 5.7cm，节间长 30 ～ 45cm，节内长 0.40 ～ 0.54cm，秆壁厚 0.40 ～ 0.54cm，枝下高 2.5 ～ 4.8m；梢端下垂，幼时被少量白粉；多分枝，分枝较纤细，2 ～ 3 年无明显主枝。箨环明显，被绣褐色细毛；箨鞘早落，革质，腹面无毛光滑，背面有棕色小刺毛，边缘有棕褐色睫毛状纤毛；箨片披针形，外翻，箨舌 2mm 左右，流苏状裂；叶片披针形，长 20 ～ 25cm，宽 3.5 ～ 5cm，质薄，先端渐尖、基部楔形，无毛，叶面光滑，被细茸毛，叶缘粗糙，主脉明显，次脉 6 ～ 8 对不明显，无横脉，叶柄长 1 ～ 2mm，叶鞘紧密包枝，叶舌平截形，顶端具稀疏白茸毛，叶耳不明显（图 8-1）。

竹丛

分枝

叶

图 8-1　'西科 1 号'

该品种具有高纤维素、低木质素的特征，硫酸盐浆的性能指标为耐破指数 5.33 kPa·m²/g、撕裂指数 16.96mN·m²/g、抗张指数 62.20N·m/g、黏度 862mL/g，达到国标 GB/T 24322—2009 优等品指标的要求（表 8-1），是优良的工业纸浆用竹；同时竹材性能好，秆壁厚，材质坚韧，破篾性好，可用于劈篾编织及人造板、胶合板加工；也可作为退耕还林优选竹种和庭园绿化竹种，并于 2018 年完成了国际竹类新品种登录（图 8-2）。

表 8-1　不同基因型梁山慈竹硫酸盐浆性能指标及纤维素和木质素含量

株系编号	基因型	耐破指数 /（kPa·m²/g）	撕裂指数 /（mN·m²/g）	抗张指数 /（N·m/g）	黏度 /（mL/g）	纤维素含量 /%	酸不溶木质素含量 /%	良浆得率 /%
61-B	西科 1 号	5.33	16.96	62.20	862	55.28	20.02	39.29
212-A	西科 2 号	4.06	10.96	59.25	834	52.24	19.72	41.61
30-B	西科 6 号	4.55	12.70	64.40	800	56.23	18.73	41.40
126-A	西科 7 号	4.58	9.86	59.85	815	53.75	19.95	41.70
	GB/T 24322—2009 优等品	4.00	8.50	58.00	700			

续表

株系编号	基因型	耐破指数 /（kPa·m²/g）	撕裂指数 /（mN·m²/g）	抗张指数 /（N·m/g）	黏度 /（mL/g）	纤维素含量 /%	酸不溶木质素含量 /%	良浆得率 /%
101-2-B	西科 4 号	3.87	10.58	54.69	854	58.66	15.39	37.43
90-3-B	西科 5 号	4.88	10.88	64.37	673	54.59	19.85	45.23
214	西科 8 号	4.05	9.28	55.13	994	55.73	17.38	36.92
64-A	西科 9 号	4.19	10.78	57.79	780	53.83	19.20	41.42
	GB/T24322—2009 一等品	3.50	6.50	50.00	550			
129-B	西科 3 号	3.34	8.14	50.50	826	53.25	15.47	43.45
	GB/T24322—2009 合格品	2.50	6.00	40.00	450			

图 8-2　梁山慈竹国际竹类新品种登录证书

8.2　国际竹类新品种登录‘西科 2 号’

栽培品种名： *Dendrocalamus farinosus* ‘Xike 2’

国际登录编号： WB-001-2018-033

品种描述：

‘西科2号’由新种质212-A株系选育而来，其株高10～12.5m，直径3.5～6.0cm；全秆共25～35节，节间长30～55cm，秆壁厚0.40～0.60cm，秆第10～第14节（秆高3.0～5.0m处）开始分枝；梢端下垂；多枝型，轮生状簇居，分枝较纤细，2～3年有明显主枝。箨环明显被紫褐色细毛，附有箨壳基部残留物；箨鞘早落，革质，腹面无毛光滑，背面有棕色小刺毛，边缘有棕褐色睫毛状纤毛；箨片披针形，长4.5～11.5cm，宽1.3～3.0cm，外翻；箨舌高0.5～0.6cm，边缘繸毛呈流苏状裂，长0.2～0.5cm；叶片披针形，长20～37cm，宽3.5～8cm，质薄，先端渐尖、基部楔形，无毛，叶面光滑，被细茸毛，叶缘粗糙，主脉明显，次脉6～8对不明显，无横脉，叶柄长1～2mm，叶鞘紧密包枝，叶舌平截形，顶端具稀疏白茸毛，叶耳不明显（图8-3）。笋期8～10月。

竹丛　分枝　芽

节间　竹箨

竹笋　节内　叶片

图8-3　‘西科2号’

该品种具有生物量大、高纤维素、低木质素的特征，其硫酸盐浆的性能指标为耐破指数 4.06kPa·m^2/g、撕裂指数 10.96mN·m^2/g、抗张指数 59.25N·m/g、黏度 834mL/g，达到国标 GB/T 24322—2009 优等品指标的要求（表 8-1），是优良的工业纸浆用竹；同时竹材性能好，秆壁厚，材质坚韧，破篾性好，可用于劈篾编织及人造板、胶合板加工；也可作为退耕还林优选竹种和庭园绿化竹种，并于 2018 年完成了国际竹类新品种登录（图 8-2）。

8.3　国际竹类新品种登录‘西科 3 号’

栽培品种名： *Dendrocalamus farinosus* ‘Xike 3’

国际登录编号： WB-001-2019-034

品种描述：

‘西科 3 号’由新种质 129-B 株系选育而来，其株高 8 ～ 12m，直径 1.5 ～ 2.7cm；全秆共 17 ～ 25 节，节间长 35 ～ 55cm，节内长 0.5 ～ 0.7cm，秆壁厚 0.20 ～ 0.50cm，秆第 10 ～第 12 节（高 3.0 ～ 5.0m）开始分枝；梢端下垂，幼时少量被白粉；芽是扁桃形，多枝型，轮生状簇居，有明显主枝，分枝较纤细。一年生的植株，其竹节下面部分呈浅紫色，尤其在秆环处。秆环隆起，略高于箨环；秆、箨环下具有 1 圈白粉，箨环下有 1 圈褐色微茸毛，箨环附有箨壳基部残留物；箨鞘长圆三角形，呈革质，腹面无毛光滑，背面有棕色小刺毛，边缘有棕褐色睫毛状纤毛；箨片长短不等，披针形，长 3 ～ 5.5cm，宽 1.0 ～ 2.2cm，翻卷；箨舌高 0.5 ～ 0.6cm，边缘缝毛呈流苏状裂，长 0.2 ～ 0.6cm；箨耳缺失；叶片披针形，长 15 ～ 30cm，宽 3.0 ～ 6.0cm，质薄，先端渐尖、基部楔形，无毛，叶面光滑，被细茸毛，叶缘粗糙，主脉明显，次脉 6 ～ 8 对不明显，无横脉，叶柄长 1 ～ 2mm，叶鞘紧密包枝，叶舌平截形，顶端具稀疏白茸毛，叶耳不明显（图 8-4）。笋期 8 ～ 10 月。

竹丛

分枝

图 8-4　‘西科 3 号’

该品种具有高良浆得率、高纤维素、低木质素的特征，其硫酸盐浆的性能指标为耐破指数 3.34kPa·m^2/g、撕裂指数 8.14mN·m^2/g、抗张指数 50.50N·m/g、黏度 826mL/g，达到国标 GB/T 24322—2009 合格品指标的要求（表 8-1），是很好的工业纸浆用竹；同时竹材性能很好，秆壁厚，材质坚韧，破篾性好，可用于劈篾编织及人造板、胶合板加工；也可作为退耕还林优选竹种和庭园绿化竹种，并于 2019 年完成了国际竹类新品种登录（图 8-2）。

8.4　国际竹类新品种登录‘西科 4 号’

栽培品种名：*Dendrocalamus farinosus* ‘Xike 4’

国际登录编号：WB-001-2019-035

品种描述：

‘西科 4 号’由新种质 101-2-B 株系选育而来，其株高 5 ～ 10m；直径 2.5 ～ 3.5cm；全秆共 20 ～ 26 节，节间长 35 ～ 50cm，节内长 0.5 ～ 1.0cm；壁厚 0.3 ～ 0.4cm。秆第 9 ～第 11 节（高 2.50 ～ 4.0m）开始分枝；梢端下垂或断梢，幼时少量被白粉；多枝型，20 条左右分枝，簇居，当年生无明显主枝，2 ～ 3 年有明显主枝，分枝较纤细。秆环隆起，略高于箨环，节内有少量的厚被白粉；箨环下有 1 圈明显的褐色微茸毛和少量的厚被白粉，箨环附有箨壳基部残留物；箨鞘长圆三角形，呈革质，腹面无毛光滑，背面有大量的棕色或浅黑色小刺毛（尤其是在箨的基部），边缘有棕褐色睫毛状纤毛；箨叶披针形，长 1cm 左右，翻卷；箨舌 2mm 左右，流苏状裂；箨耳无；叶片披针形，长 19 ～ 29cm，宽 3 ～ 5cm，质薄，先端渐尖、基部楔形，无毛，叶面光滑，被细茸毛，叶缘粗糙，主脉明显，次脉 6 ～ 8 对不明显，无横脉，叶柄长 1 ～ 2mm，叶鞘紧密包枝，叶舌平截形，顶端具稀疏白茸毛，叶耳不明显（图 8-5）。笋期 8 ～ 10 月。

图 8-5　‘西科 4 号’

该品种具有高纤维素、低木质素的特征，其硫酸盐浆的性能指标为耐破指数 3.87kPa·m^2/g、撕裂指数 10.58mN·m^2/g、抗张指数 54.69N·m/g、黏度 854mL/g，达到国标 GB/T 24322—2009 一等品指标的要求（表 8-1）。竹材性能好，材质坚韧，破篾性好，可用于制浆造纸、劈篾编织及人造板、胶合板加工，是优良的工业用竹；也可作为退耕还林优选竹种和庭园绿化竹种，可在我国西南、华南等地区的山地进行推广栽培，并于 2019 年完成了国际竹类新品种登录（图 8-2）。

8.5　国际竹类新品种登录‘西科 5 号’

栽培品种名： *Dendrocalamus farinosus* ‘Xike 5’

国际登录编号： WB-001-2019-036

品种描述：

‘西科 5 号’由新种质 90-3-B 株系选育而来，其秆直立，竹秆向分枝方向弯曲，株高 7 ～ 10m，直径 2.7 ～ 3.8cm，全秆共 24 ～ 32 节，秆梢微弯曲；节间长 33 ～ 46cm，幼时被少量白粉，成竹消失，秆壁厚 0.5 ～ 1.0cm；箨环附有箨鞘基部残留物；秆环隆起不明显，箨环下方有 1 圈褐色微茸毛；节内长 4 ～ 8mm，节内有 1 圈褐色微茸毛，节内突起；分枝习性高，通常在秆第 8 节始有分枝，每节以多枝簇生，主枝不明显，有主枝长 0.6 ～ 1.1m。箨鞘长三角形，呈革质，腹面无毛光滑，背面有棕色小刺毛（分布于箨的 1/2 处），边缘有棕褐色睫毛状纤毛；箨片长短不等，披针形，长 2 ～ 7.5cm，宽 1.0 ～ 2.8cm，翻卷；箨舌高 0.5 ～ 0.6cm，边缘缝毛呈流苏状裂，长 0.2 ～ 0.5cm；箨耳缺失；叶片披针形，长 14 ～ 25cm，宽 3.0 ～ 6.0cm，质薄，先端渐尖、基部楔形，无毛，叶面光滑，被细茸毛，叶缘粗糙，主脉明显，次脉 9 ～ 11 对，叶柄长 2 ～ 3mm（图 8-6）。笋期 7 ～ 9 月。

竹丛

分枝

图 8-6　‘西科 5 号’

该品种具有高良浆得率、生物量大、高纤维素、低木质素的特征，其硫酸盐浆的性能指标为耐破指数 4.88kPa·m^2/g、撕裂指数 10.88mN·m^2/g、抗张指数 64.37N·m/g、黏度 673mL/g，达到国标 GB/T 24322—2009 一等品指标的要求（表 8-1），是优良的工业纸浆用竹；同时竹材性能好，秆壁厚，材质坚韧，破篾性好，可用于劈篾编织及人造板、胶合板加工；也可作为退耕还林优选竹种和庭园绿化竹种，可在我国西南、华南等地区的山地进行推广栽培，并于 2019 年完成了国际竹类新品种登录（图 8-2）。

8.6　国际竹类新品种登录‘西科 6 号’

栽培品种名： *Dendrocalamus farinosus* ‘Xike 6’

国际登录编号： WB-001-2019-037

品种描述：

‘西科 6 号’由新种质 30-B 株系选育而来，其株高 7 ～ 10m，直径 3.0 ～ 4.5cm；全秆共 18 ～ 28 节，节间长 38 ～ 50cm，节内长 0.3 ～ 0.6cm，节内有 1 圈少量的白色微茸毛或白粉，秆壁厚 0.20 ～ 0.40cm，秆第 8 ～第 10 节（高 3.0 ～ 4.5m 处）

开始分枝；梢端下垂，幼时少量被白粉；多枝型，轮生状簇居，有明显主枝，分枝较纤细。秆环微隆起，秆环下具有 1 圈白粉；箨环下有少量的微茸毛和厚被白粉，但均不明显，箨环附有箨壳基部残留物；箨鞘长三角形，呈革质，腹面无毛光滑，背面有大量而密集的棕色小刺毛，边缘有棕褐色睫毛状纤毛；箨片长短不等，披针形，长 2.0 ～ 6.0cm，宽 1.0 ～ 2.5cm，翻卷；箨舌高 0.5 ～ 0.6cm，边缘繸毛呈流苏状裂，长 0.2 ～ 0.5cm；箨耳缺失；叶片披针形，长 18 ～ 30cm，宽 3.0 ～ 5.0cm，质薄，先端渐尖、基部楔形，无毛，叶面光滑，被细茸毛，叶缘粗糙，主脉明显，次脉 6 ～ 8 对不明显，无横脉，叶柄长 1 ～ 2mm，叶鞘紧密包枝，叶舌平截形，顶端具稀疏白茸毛，叶耳不明显（图 8-7）。笋期 8 ～ 10 月。

图 8-7 ‘西科 6 号’

‘西科 6 号’的 2 年生竹材具有高良浆得率、高纤维素和低木质素的特征，其硫酸盐浆的性能指标为耐破指数 4.55kPa·m^2/g、撕裂指数 12.70mN·m^2/g、抗张指数 64.40N·m/g、黏度 800mL/g，达到国标 GB/T 24322—2009 优等品指标的要求（表 8-1），同时制浆耗碱量少，是优良的浆用竹和工业用竹竹种；也可作为退耕还林优选竹种，可在我国西南、华南等地区的山地进行推广栽培，并于 2019 年完成了国际竹类新品种登录（图 8-2）。

8.7　国际竹类新品种登录‘西科 7 号’

栽培品种名：*Dendrocalamus farinosus* ‘Xike 7’

国际登录编号：WB-001-2019-038

品种描述：

‘西科 7 号’由新种质 126-A 株系选育而来，其秆直立，株高 5 ～ 8m，直径 3.0 ～ 4.0cm，秆壁厚 4 ～ 7mm；秆环隆起明显，秆环下方具有 1 圈褐色微茸毛；全秆共 17 ～ 25 节，节间长 30 ～ 42cm，节内长 0.4 ～ 0.8cm，节内有 1 圈浅褐色的微茸毛和少量的厚被白粉，秆第 10 ～第 12 节（高 2.0 ～ 4.0m 处）开始分枝；梢端弯垂，幼时少量被白粉；每节以多枝簇生，当年生无明显主枝，2 ～ 3 年有明显主枝，分枝较纤细。箨环附有箨鞘基部残留物，箨环下有 1 圈明显的褐色微茸毛和少量的厚被白粉；箨鞘长圆三角形，呈革质，腹面无毛光滑，背面有棕色小刺毛，边缘有棕褐色睫毛状纤毛；箨叶披针形，长 1cm 左右，翻卷；箨片外翻，且有纵向条纹；箨舌 2mm 左右，流苏状裂；箨耳无；叶片披针形，长 20 ～ 27cm，宽 3.0 ～ 4.0cm，质薄，先端渐尖、基部楔形，无毛，叶面光滑，被细茸毛，叶缘粗糙，主脉明显，次脉 6 ～ 8 对不明显，无横脉，叶柄长 1 ～ 2mm，叶鞘紧密包枝，叶舌平截形，顶端具稀疏白茸毛，叶耳不明显（图 8-8）。笋期 7 ～ 9 月，幼笋呈紫色，竹笋上端为浅紫色。

竹丛

分枝

叶片　竹箨　节内　竹笋　节间

图 8-8 ‘西科 7 号’

该品种具有高纤维素、低木质素的特征，其硫酸盐浆的性能指标为耐破指数 4.58kPa·m^2/g、撕裂指数 9.86mN·m^2/g、抗张指数 59.85N·m/g、黏度 815mL/g，达到国标 GB/T 24322—2009 一等品指标的要求（表 8-1），是优良的工业纸浆用竹；同时竹材性能好，秆壁厚，材质坚韧，破篾性好，可用于劈篾编织及人造板、胶合板加工；也可作为退耕还林优选竹种和庭园绿化竹种，并于 2019 年完成了国际竹类新品种登录（图 8-2）。

8.8　国际竹类新品种登录‘西科 8 号’

栽培品种名： *Dendrocalamus farinosus* ‘Xike 8’

国际登录编号： WB-001-2019-039

品种描述：

‘西科 8 号’由新种质 214 株系选育而来，其株高 8 ～ 10m，直径 3.0 ～ 4.5cm；全秆共 17 ～ 20 节，节间长 35 ～ 45cm，节内长 0.5 ～ 0.7cm，节内有少量的零星微茸毛或白粉，秆第10～第12节（高2.0～3.0m处）开始分枝；梢端下垂，幼时少量被白粉；多枝型，20条左右分枝，簇居，当年生无明显主枝，2～3年有明显主枝，分枝较纤细；节间圆筒形，表面光滑附有大量蜡被。秆环凸起不明显，略高于箨环；箨环显紫褐色，其下面的微茸毛少而不明显，附有箨壳基部残留物；箨鞘长圆三角形，呈革质，腹面无毛光滑，背面有棕色小刺毛，边缘有棕褐色睫毛状纤毛；箨叶披针形，长1cm左右，翻卷；箨舌2mm左右，流苏状裂；箨耳无；叶片披针形，长17～32cm，宽3.0～6.0cm，质薄，先端渐尖、基部楔形，无毛，叶面光滑，被细茸毛，叶缘粗糙，主脉明显，次脉6～8对不明显，无横脉，叶柄长1～2mm，叶鞘紧密包枝，叶舌平截形，顶端具稀疏白茸毛，叶耳不明显（图8-9）。笋期8～10月。

图8-9　‘西科8号’

该品种具有高纤维素、低木质素、生物量大的特征，其硫酸盐浆的性能指标为耐破指数 4.05kPa·m^2/g、撕裂指数 9.28mN·m^2/g、抗张指数 55.13N·m/g、黏度 994mL/g，达到国标 GB/T 24322—2009 一等品指标的要求（表 8-1），是优良的工业纸浆用竹，也可用于制浆造纸、劈篾编织及人造板、胶合板加工，可在我国西南、华南等地区的山地进行推广栽培，并于 2019 年完成了国际竹类新品种登录（图 8-2）。

8.9　国际竹类新品种登录‘西科 9 号’

栽培品种名： *Dendrocalamus farinosus* ‘Xike 9’

国际登录编号： WB-001-2019-040

品种描述：

‘西科 9 号’由新种质 64-A 株系选育而来，其株高 5 ～ 9m，直径 3 ～ 3.7cm；全秆约 22 节，节间长 40 ～ 48cm，节内长 0.5 ～ 0.7cm，节内有 1 圈白色微茸毛或白粉，且较多。秆第 9 ～第 11 节（高 2.5 ～ 4.0m 处）开始分枝；梢端下垂，无或极少量被白粉；多枝型，20 条左右分枝，簇居，当年生无明显主枝，2 ～ 3 年有明显主枝，分枝较纤细；秆环不凸起，略低于箨环。箨环下有 1 圈明显的褐色微茸毛和少量的厚被白粉，附有箨壳基部残留物；箨鞘长圆三角形，呈革质，腹面无毛光滑，背面有棕色小刺毛，边缘有棕褐色睫毛状纤毛；箨叶披针形，长 1cm 左右，翻卷；箨舌 2mm 左右，流苏状裂；箨耳无；叶片披针形，长 25 ～ 30cm，宽 5 ～ 6cm，质薄，先端渐尖、基部楔形，无毛，叶面光滑，被细茸毛，叶缘粗糙，主脉明显，次脉 6 ～ 8 对不明显，无横脉，叶柄长 1 ～ 2mm，叶鞘紧密包枝，叶舌平截形，顶端具稀疏白茸毛，叶耳不明显（图 8-10）。笋期 8 ～ 10 月。

竹丛

分枝

图 8-10　‘西科 9 号’

该品种具有高纤维素、低木质素、高良浆得率特征，其硫酸盐浆的性能指标为耐破指数 4.19kPa·m^2/g、撕裂指数 10.78mN·m^2/g、抗张指数 57.79N·m/g、黏度 780mL/g，达到国标 GB/T 24322—2009 一等品指标的要求（表 8-1），是优良的工业纸浆用竹，可以用于劈篾编织及人造板、胶合板加工；也可作为退耕还林优选竹种和庭园绿化竹种，适合在我国西南、华南等地区的山地进行推广栽培，并于 2019 年完成了国际竹类新品种登录（图 8-2）。

主要参考文献

岑晏平, 马乃训. 1987. 电导法测定竹种抗寒性的研究 [J]. 亚热带林业科技, 15(1): 47-51.

陈其兵, 高素萍, 刘丽. 2002. 四川省优良纸浆竹种选择与竹纸产业化发展 [J]. 竹子研究汇刊, 4: 128-132.

陈宇鹏. 2016. 不同形态氮肥对慈竹生长发育的调控效应 [D]. 西南科技大学硕士学位论文.

陈宇鹏, 曹颖, 胡尚连, 等. 2016. 基于高通量测序的慈竹笋转录组分析与基因功能注释 [J]. 生物工程学报, 11: 1610-1623.

崔敏. 2010. 毛竹竹龄对制浆性能的影响 [D]. 北京林业大学硕士学位论文.

笪志祥, 楼一平, 董文渊. 2007. 梁山慈竹在退耕还林中的水土保持效应研究 [J]. 浙江林业科技, 27(3): 23-27.

邓雪柯, 乔代蓉, 李良, 等. 2005. 低温胁迫对紫花苜蓿生理特性影响的研究 [J]. 四川大学学报, 42(1): 190-194.

丁灿, 杨清辉, 李富生, 等. 2005. 低温胁迫等对割手密和斑茅叶片游离脯氨酸含量的影响 [J]. 热带作物学报, 26(4): 52-56.

杜亮亮, 鲁专, 金爱武. 2010. 雷竹纤维素合成酶基因 cDNA 克隆与表达分析 [J]. 江西农业大学学报, 32(3): 535-540.

方伟, 何祯祥, 黄坚钦, 等. 2001. 雷竹不同栽培类型 RAPD 分子标记的研究 [J]. 浙江林学院学报, 18(1): 1-5.

方伟, 黄坚钦, 卢敏, 等. 1998. 17 种丛生竹竹材的比较解剖研究 [J]. 浙江林学院学报, 15(3): 225-231.

冯建灿, 张玉洁, 杨天柱. 2002. 低温胁迫对喜树幼苗 SOD 活性、MDA 和脯氨酸含量的影响 [J]. 林业科学研究, 15(2): 197-202.

冯声静. 2012. 四川盆地梁山慈竹地上部分生物量模型的研究 [D]. 四川农业大学硕士学位论文.

冯文英, 范景阳, 王正, 等. 2005. 两种丛生竹的化学组成和纤维特性研究 [J]. 世界竹藤通讯, 3(2): 22-25.

耿树香, 普晓兰, 王曙光. 2006. 巨龙竹种子、小穗外植体愈伤组织的诱导培养 [J]. 西部林业科学, 35(4): 78-83.

顾小平, 苏梦云, 岳晋军, 等. 2006. 几种丛生竹愈伤组织诱导与防褐变技术研究 [J]. 林业科学研究, 19(1): 75-78.

管永刚. 2003. 细小纤维功能的多重性与弊端 [J]. 黑龙江造纸, 31(1): 24-27.

贺杰, 王伟, 胡海燕, 等. 2010. 影响农杆菌介导的小麦遗传转化条件的研究 [J]. 种子, 29(5): 5-8.

胡尚连, 曹颖, 黄胜雄, 等. 2009. 慈竹 *4CL* 基因的克隆及其生物信息学分析 [J]. 西北农林科技大学学报 (自然科学版), 37(8): 204-210.

黄胜雄. 2008. 慈竹和硬头黄竹 *4CL* 基因及其上游序列克隆与表达载体构建 [D]. 西南科技大学硕士学位论文.

黄胜雄, 胡尚连, 孙霞, 等. 2008. 木质素合成酶 *4CL* 基因的遗传进化分析 [J]. 西北农林科技大学学报, 36(10): 199-206.

江泽慧, 于文吉, 余养伦. 2006. 竹材化学成分分析和表面性能表征 [J]. 东北林业大学学报, 34(4): 1-3.

姜勇. 2016. 慈竹 *BeCesA* 基因表达模式分析及其遗传转化毛白杨研究 [D]. 西南科技大学硕士学位论文.

蒋俊明, 李本祥, 蒋南青, 等. 2008. 2008 年南方雪灾对川南丛生竹的影响 [J]. 林业科学, 11: 141-144.

蒋瑶. 2008. 四川不同地区 3 个竹种遗传多样性及理化特性研究 [D]. 西南科技大学硕士学位论文.

蒋瑶, 胡尚连, 陈其兵, 等. 2008. 四川省不同地区梁山慈竹 RAPD 与 ISSR 遗传多样性研究 [J]. 福建林学院学报, 28(3): 276-280.

金川, 王月英, 戴本云. 2001. 中国丛生竹 [M]. 北京 : 中国农业科技出版社 : 11-15.

金顺玉, 卢孟柱, 高健. 2010. 毛竹木质素合成相关基因 *C4H* 的克隆及组织表达分析 [J]. 林业科学研究, 23(3): 319-325.

李建强. 2010. 内蒙古大青山白桦单木生物量模型及碳储量的研究 [D]. 内蒙古农业大学硕士学位论文.

李鹏, 杜凡, 普晓兰, 等. 2004. 巨龙竹种下不同变异类型的 RAPD 分析 [J]. 云南植物研究, 26(3): 290-296.

李淑娴, 尹佟明, 邹惠渝, 等. 2002. 用水稻微卫星引物进行竹子分子系统学研究初探 [J]. 林业科学, 38(3): 42-48.

梁钾贤, 陈彪. 2006. 光质对甘蔗愈伤组织分化出苗的影响 [J]. 中国糖料, 3: 9-15.

刘国华, 栾以玲, 张艳华. 2006. 自然状态下竹子的抗寒性研究 [J]. 竹子研究汇刊, 25(2): 10-14.

刘红梅. 2015. 基于慈竹转录组克隆 *WRKY* 基因及其遗传转化研究 [D]. 西南科技大学硕士学位论文.

刘慧英, 朱祝军, 吕国华, 等. 2003. 低温胁迫下西瓜嫁接苗的生理变化与耐冷性关系的研究 [J]. 中国农业科学, 36(11): 1325-1329.

刘庆, 何海, 沈昭萍. 2001. 成都地区慈竹生长状况及其与环境因子关系的初步分析 [J]. 四川环境, 20(4): 43-47.

刘秋芳, 张旭东, 周金星, 等. 2006. 我国竹子抗寒性研究进展 [J]. 世界林业研究, 5: 59-62.

马灵飞, 韩红, 徐真旺, 等. 1996. 部分竹材灰分和木质素含量的分析 [J]. 浙江林学院学报, 13(3): 276-279.

彭博, 王传贵, 张双燕. 2018. 四川两种竹材理化性质及纤维形态分析 [J]. 世界竹藤通讯, 16(3): 15-19.

彭小勇. 2007. 闽北杉木人工林地上部分生物量模型的研究 [D]. 福建农林大学硕士学位论文.

祁云霞, 刘永斌, 荣威恒. 2011, 转录组研究新技术: RNA-Seq 及其应用 [J]. 遗传, 33(11): 1191-1202.

任辉, 熊智新, 胡慕伊, 等. 2011. 分组主成分在杨木制浆综合评价中的应用 [J]. 中国造纸学报, 26(4): 32-37.
陶传涛, 丁在松, 李连禄, 等. 2008. 农杆菌介导玉米遗传转化体系的优化 [J]. 作物杂志, 4: 26-29.
藤井康代. 1994. 竹子节间伸长中维管束内木质素与酯化酚酸的分布 [J]. 竹类研究, 2: 59-66.
田海涛, 高培军, 温国胜. 2006. 7 种箬竹抗寒特性比较 [J]. 浙江林学院学报, 23(6): 641-646.
王宏芝, 魏建华, 李瑞芬. 2004. 农杆菌介导的小麦生殖器官的整体转化 [J]. 中国农业科技导报, 6(3): 22-26.
王华, 杨建峰. 2007. 植物抗寒基因工程研究进展 [J]. 现代农业科技, 23: 117-122.
王树力, 吴济生, 仲崇淇. 1997. 长白落叶松纸浆林木材材性及纸浆特性的研究 [J]. 林业科学, 33(3): 283-288.
王文久, 辉朝茂, 刘翠, 等. 1999. 云南 14 种主要材用竹化学成分研究 [J]. 竹子研究汇刊, 18(2): 74-78.
王学奎. 2006. 植物生理生化实验原理和技术 [M]. 北京 : 高等教育出版社 : 282-283.
韦善君, 孙振元, 巨关升, 等. 2005. 冷诱导基因转录因子 CBF1 的组成型表达对植物的抗寒性及生长发育的影响. 核农学报, 19(6): 465-468.
魏爱丽, 王志敏, 翟志席, 等. 2003. 土壤干旱对小麦旗叶和穗器官 C4 光合酶活性的影响 [J]. 中国农业科学, 10(5): 508-512.
吴继林. 2008. 大湖竹种园丛生竹种的收集及其耐寒性评价研究 [J]. 竹子研究汇刊, 1: 19-26.
吴涛, 卢娟娟, 丁雨龙. 2008. 金丝慈竹愈伤组织培养及植株再生研究 [J]. 林业科技开发, 22(2): 19-22.
吴益民, 黄纯农, 王军晖. 1998. 4 种竹子的 RAPD 指纹图谱的初步研究 [J]. 竹子研究汇刊, 17(3): 10-14.
刑新婷, 傅懋毅, 费学谦, 等. 2003. 撑篙竹遗传变异的 RAPD 分析 [J]. 林业科学研究, 16(6): 655-660.
薛月寒. 2013. 木薯 EST-SSR 标记与表型的关联分析 [D]. 海南大学硕士学位论文.
杨清, 彭镇华, 孙启祥, 等. 2007. 金平龙竹的化学成分与制浆性能 [J]. 东北林业大学学报, 35(8): 33-35.
袁金玲, 顾小平, 岳晋军, 等. 2009. 孝顺竹愈伤组织诱导及植株再生 [J]. 林业科学, 45(3): 35-40.
袁丽钗, 李雪平, 彭镇华, 等. 2010. 菲白竹组培苗白化、绿化突变体的超微结构及 15 个叶绿体编码基因的表达 [J]. 植物学报, 45(4): 451-459.
张光楚, 王裕霞, 谭源杰, 等. 2004. 从生竹的组培快繁技术 [J]. 竹子研究汇刊, 23(1): 13-20.
张宏健, 王文久, 杜凡. 1998. 云南 4 种典型材用丛生竹的化学成分 [J]. 云南林业科技, 4: 75-77.
张娟, 赵燕, 杨益琴. 2011. 四川竹子化学成分与纤维形态 [J]. 纸和造纸, 30(10): 33-35.
张玮, 谢锦忠, 吴继林, 等. 2009. 低温驯化对部分丛生竹种叶片膜脂脂肪酸的影响 [J]. 林业科学研究, 22(1): 139-143.
张喜. 1995. 贵州主要竹种的纤维及造纸性能的分析研究 [J]. 竹子研究汇刊, 14(4): 14-30.
张智俊, 杨洋, 何沙娥, 等. 2010. 毛竹纤维素合成酶基因 *PeCesA* 的克隆及组织表达谱分析 [J]. 园艺学报, 37(9): 1485-1492.
周建英, 曹颖, 孙霞, 等. 2010. 慈竹木质素合成酶基因 *4CL* RNAi 载体构建与烟草转化 [J]. 福建林业科技, 37(2): 28-32.

朱惠方, 腰希申. 1964. 国产 33 种竹材制浆应用上纤维形态结构的研究 [J]. 林业科学, 9(4): 311-331.

朱丽梅, 胥辉. 2009. 思茅松单木生物量模型研究 [J]. 林业科技, 34(3): 19-23.

Abe H, Yamaguchi-Shinozaki K, Urao T I T, et al. 1997. Role of *Arabidopsis* MYC and MYB homologs in droughtand abscisic acid-regulated gene expression[J]. Plant Cell Online, 9(10): 1859-1868.

Alexander M P, Rao T C. 1968. *In vitro* culture of bamboo embryos[J]. Current Science, 37: 415.

Andersons J, Spārniņš E, Joffe R, et al. 2005. Strength distribution of elementary flax fibers[J]. Composites Science & Technology, 65(3-4): 693-702.

Anterola A M, Lewis N G. 2002. Trends in lignin modification: a comprehensive analysis of the effects of genetic manipulations/mutations on lignification and vascular integrity[J]. Phytochemistry, 61: 221-294.

Armstrong C L, Green C E. 1985. Establishment and maintenance of firable, embryo genic maize callus and the involvement of L-proline[J]. Planta, 164: 207-214.

Barik D P, Mohapatra U, Chand P K. 2005. Transgenic grasspea (*Lathyrus sativus* L.): factors influencing *Agrobacterium*-mediated transformation and regeneration[J]. Plant Cell Rep, 24: 523-531.

Biswas S, Ahsan Q, Cenna A, et al. 2013. Physical and mechanical properties of jute, bamboo and coir natural fiber[J]. Fibers & Polymers, 14(10): 1762-1767.

Carlson P S. 1970 Induction and isolation of autotrophicmutants in somatic cell cultures *Nicotiana tabacum*[J]. Science, 168: 487-489.

Chang W C, Lan T H. 1995. Somatic embryogenesis and plant regeneration from root of bamboo (*Bambusa beecheyana*)[J]. J Plant Physiol, 145: 535-538.

Cheng M, Lowe B A, Michael Spencer T, et al. 2004. Invited review: factors influencing *Agrobacterium* mediated transformation of monocotyledonous species[J]. In Vitro Cell Dev Biol Plant, 40: 31-45.

Dekeyser R, Claes B, Marichal M, et al. 1999. Evaluation of selectable markers for rice transformation[J]. Plant Physiol, 90: 217.

Dong W J, Lin Y, Zhou M B, et al. 2011. Development of 15 EST-SSR markers, and its cross-species/genera transferability and interspecies hybrid identification in caespitose bamboo species[J]. Plant Breed, 130: 296-600.

Ehlting J, Buttner D, Wang Q, et al. 1999. Three 4-coumarate: coenzyme A ligases in *Arabidopsis thaliana* represent two evolutionarily divergent classes in angiosperms[J]. Plant J, 19: 9-20.

Evanno G, Regnaut S, Goudet J. 2005. Detecting the number of clusters of individuals using the software STRUCTURE: a simulation study[J]. Molecular Ecology, 14(8): 2611-2620.

Frame B R, Shou H X, Chikwamba R K, et al. 2002. *Agrobacterium tumefaciens*-mediated transformation of maize embryos using a standard binary vector system[J]. Plant Physiol, 129(1): 13-22.

Friar E, Kochert G. 1991. Bamboo germplasm screening with nuclear restriction fragment length polymorphisms[J]. Theor Appl Genet, 82: 697-703.

Friar E, Kochert G. 1994. A study of genetic variation and evolution of *Phyllostachys* (Bambusoideae, Poaceae) using nuclear restriction fragment length polymorphisms[J]. Theor Appl Genet, 89: 265-270.

Heinz D J, Mee G W P. 1969. Plant differentiation from callus tissue of Saccharum species[J]. Crop Science, 9(3): 346-348.

Heinz D J, Mee G W P. 1971. Morphologic, cytogenetic, and enzymatic variation in *Saccharum* species hybrid clones derived from callus tissue[J]. American Journal of Botany, 58: 257-262.

Hiei Y, Ohta S, Komari T, et al. 1994. Efficient transformation of rice (*Oryza sativa* L.) mediated by *Agrobacterium* and sequence analysis of the boundaries of the T-DNA[J]. Plant J, 6(2): 271-282.

Hu S L, Zhou J Y, Cao Y, et al. 2011. *In vitro* callus induction and plant regeneration from mature seed embryo and young shoots in a giant sympodial bamboo, *Dendrocalamus farinosus* (Keng et Keng f.) Chia et H. L. Fung[J]. African Journal of Biotechnology, 10(16): 3210-3215.

Huang D B, Wang S G, Zhang B C, et al. 2015. A gibberellin-mediated DELLA-NAC signaling cascade regulates cellulose synthesis in rice[J]. The Plant Cell, 27(6): 1681-1696.

Huang L C, Huang B L, Chen W L. 1989. Tissue culture investigations shoots and plants in excised shoot apices[J]. Environmental and Experimental Botany, 29: 307-315.

Huang L C, Murashige T. 1983. Tissue cultrue investigations of bamboo. I. Callus cultures of bambusa, Phyllostachys and Sasa[J]. Botanical Bulletin of Academia Sinica, 24: 31-52.

Ishida Y, Saito H, Ohta S, et al. 1996. High efficiency transformation of maize (*Zea mays* L.) mediated by *Agrobactericum tumefaciens*[J]. Nat Biotechnol, 14: 745-750.

Jin P L, Ruth K, Ohn S, et al. 2000. A study of genetic variation and relaionshipswithin the bamboo subtribe bambusinae using amplified fragment length polymorphism[J]. Annals of Botany, 85: 607-612.

Karp A, Maddock S E. 1984. Chromosome variation in wheat plantsregenerated from cultured immature embryos[J]. Theor. Appl. Genet , 67: 249-255.

Kodama H, Hamada T, Horiguchi G, et al. 1994. Genetic enhancement of cold tolerance by expression of a gene for chloroplast ω-3 fatty acid desaturases in transgenic tobacco[J]. Plant Physiol, 105(2): 601-605.

Lai C C, Hsiao J Y. 1997. Genetic variation of *Phyllostachys pubescences* (Bambusoideae Poaceae) in Taiwan based on DNA polymorphisms[J]. Bot Bull Acad Sin, 38: 145-152.

Lai L B, Nadeau J A, Lucas J, et al. 2005. The Arabidopsis R2R3 MYB proteins FOUR LIPS and MYB88 restrict divisions late in the stomatal cell lineage[J]. The Plant cell,17: 2754-2767.

Lee D, Ellard M, Wanner L A, et al. 1995. The *Arabidopsis thaliana* 4-coumarate:CoA ligase (4CL) gene: stress and developmentally regulated expression and nucleotide sequence of its cDNA[J]. Plant Mol Biol, 28(5): 871-884.

Lee D, Meyer K, Chapple C, et al. 1997. Antisense suppression of 4-coumarate:coenzyme A ligase activity in *Arabidopsis* leads to altered lignin subunit composition[J]. Plant Cell, 9: 1985-1998.

Liu L, Cao X L, Bai R, et al. 2012. Isolation and characterization of the cold-induced phyllostachys edulis AP2/ERF family transcription factor, peDREB1[J]. Plant Molecular Biology Reporter, 30: 679-689.

Malay D, Samik B, Amita P. 2005. Generations and characterization of SCARs by cloning and sequencing of RAPD products: a strategy for species specific markers development in bamboo[J]. Annals of Botany, 95(5): 835-841.

Medina J, Bargues M, Terol J, et al. 1999. The *Arabidopsis* CBF gene family is composed of three gene sencoding AP2 domain -containing proteins whose expression is regulated by low temperature but not by abscisic acid orde hydration[J]. Plant Physiol, 119: 463-470.

Nieuwenhuizen N J, Chen X Y, Wang M Y, et al. 2015. Natural variation in monoterpene synthesis in Kiwifruit: transcriptional regulation of terpene synthases by NAC and ETHYLENE-INSENSITIVE3-like transcription factors[J]. Plant Physiology, 167: 1243-1258.

Owensl D, Smigockia C. 1988. Transformation of soybean cells using mixed strains of *Agrobacterium tumefaciens* and phenolic compounds[J]. Plant Physiol, 88: 570-573.

Ozawa K. 2009. Establishment of a high efficiency *Agrobacterium*-mediated transformation system of rice (*Oryza sativa* L.)[J]. Plant Science, 176: 522-527.

Peng Z, Zhang C, Zhang Y, et al. 2013. Transcriptome sequencing and analysis of the fast growing shoots of moso bamboo (*Phyllostachys edulis*) [J]. PLoS One, 8(11): e78944.

Rai V, Ghosh J S, Pal A, et al. 2011. Identification of genes involved in bamboo fiber development[J]. Gene, 478: 19-27.

Richmond T. 2000. Higher plant cellulose synthases[J]. Genome Biology, 1(4): 1-5.

Saxena I M, Brown Jr. M R. 2008. Biochemistry and molecular biology of cellulose biosynthesis in plants: prospects for genetic engineering[J]. Advances in Plant Biochemistry and Molecular Biology, 1: 135-160.

Shah S T, Pang C Y, Fan S H, et al. 2013. Isolation and expression profiling of GhNAC transcription factor genes in cotton (*Gossypium hirsutum* L.) during leaf senescence and in response to stresses[J]. Gene, 531: 220-234.

Somerville C. 2006. Cellulose synthesis in higher plants[J]. Annual Review of Cell & Developmental Biology, 22(1): 53-78.

Stocking J, Gilmour S J, Thomashow M F, et al. 1997. *Arabidopsis thaliana* CBF1 encodes an AP2 domain-containing transcriptional activator that binds to C-repeat/DRE, acis-acting DNA regulatory element that stimulates transcription in response to low temperature and water deficit[J]. Proc Natl Acad Sci USA, 94: 1035-1040.

Swain S S, Sahu L, Barik D P, et al. 2010. *Agrobacterium*×plant factors influencing transformation of 'Joseph's coat'(*Amaranthus tricolor* L.)[J]. Scientia Horticulturae, 125: 461-468.

Taji T, Ohsumi C, Hchi S, et al. 2002. Important roles of drought and cold inducible genes for galactinol syntheses in stress tolerance in *Arabidopsis thaliana*[J]. Plant J, 29(4): 417-426.

Tang D Q, Lu J J, Fang W, et al. 2010. Development, characterization and utilization of GenBank microsatellite markers in *Phyllostachys pubescens* and related species[J]. Mol Breed, 25: 299-311.

Tasy H S, Yeh C C, Hsu J Y. 1990. Embryogenesis and plant regeneration from anther culture of bamboo (*Sinocalamus latiflora* (Munro) McClure)[J]. Plant Cell Rep, 9(7): 349-351.

Trujillo E, Moesen M, Osorio L, et al. 2014. Bamboo fibers for reinforcement in composite materials: Strength Weibull analysis[J]. Composites Part A Applied Science & Manufacturing, 61(6): 115-125.

Wang W J, Hui C M, Liu C, et al. 1999. A study on the chemical composition of 14 timber bamboo species in Yunnan Province[J]. Journal of Bamboo Research, 18(2): 74-77.

Watanabe M , Ito M , Kurita S. 1994. Chloroplast DNA phylogeny of Asian bamboos (Bambusoideae, *Poaceae*) and its systematic implication[J]. J PLANT RES, 107: 253-261.

Woody S H, Phillips G C, Woods J E, et al. 1992. Somatic embryogenesis and plant regeneration from zygotic embryo explants in Mexican weeping bamboo, *Otatea acuminata aztectorum*[J]. Plant Cell Rep, 11(56): 257-261.

Wu B S H, Xia Y F, Fu M Y, et al. 1995. Chemical composition of bambusa distegia wood[J]. Journal of Zhejiang Forestry College, 12(3): 281-285.

Wu C J, Cheng Z Q, Huang X Q, et al. 2004. Genetic diversity among and within populations of *Oryza granulate* from Yunnan of China revealed by RAPD and ISSR markers: implications for conservation of the endangered species[J]. Plant Sci, 167: 35-42.

Ych M L, Chang W C. 1986. Plant regeneration through somatic embryogenesis in callus culture of green bamboo (*Bambuss oldhamii* Munro)[J]. Theor Appl Genet, 73: 161-163.

Ych M L, Chang W C. 1986. Somatic embryogenesis and subsequent plant regeneration *Munro* var. *beecheyana*[J]. Plant Cell Rep, 5: 409-411.

Ych M L, Chang W C. 1987. Plant regeneration via somatic embryogenesis in mature embryo-derived callus culture of *Sinocalamus latiflora* (Munro) McMlure[J]. Plant Science, 51: 93-96.

Zhang LC, Zhao GY, Xia C, et al. 2012. A wheat R2R3-MYB gene, TaMYB30-B, improves drought stress tolerance in transgenic *Arabidopsis*[J]. Journal of experimental botany, 63(16): 5873-5885.

Zhang S, Zhou J, Han S, et al. 2012. Four abiotic stress-induced miRNA families differentially regulated in the embryogenic and non-embryogenic callus tissues of *Larix leptolepis*[J]. Biochemical and Biophysical Research Communications, 398: 355-360.

Zhao C, Avci U, Grant E H, et al. 2008. XND1, a member of the NAC domain family in *Arabidopsis thaliana*, negatively regulates lignocellulose synthesis and programmed cell death in xylem[J]. The Plant Journal : for Cell and Molecular Biology, 53(3): 425-436.

Zhao Q, Nakashima J, Chen F, et al. 2013. Laccase is necessary and nonredundant with peroxidase for lignin polymerization during vascular development in *Arabidopsis*[J]. Plant Cell, 25(10): 3976-3987.

Zhao Z Y, Gu W N, Cai T S, et al. 2002. High throughput genetic transformation mediated by *Agrobacterium tumefaciens* in maize[J]. Mol Breeding, 8(4): 323-333.

Zhong R, Lee C L, Ye Z H. 2010. Evolutionary conservation of the transcriptional network regulating secondary cell wall biosynthesis[J]. Trends in Plant Sci, 15(11): 625-632.

Zhong R, Morrison W H III, Freshour G D, et al. 2003. Expression of a mutant form of cellulose synthase AtCesA7 causes dominant negative effect on cellulose biosynthesis[J]. Plant Physiol, 132: 786-795.

缩 略 词

4CL（4-coumarate CoA ligase, 4-香豆酸 CoA 连接酶）
ABA（abscisic acid, 脱落酸）
AS（acetosyringone, 乙酰丁香酮）
bZIP（basic leucine zipper, 一类转录因子）
C3H（coumarate 3-hydroxylase, 香豆酸-3-羟化酶）
C4H（cinnamate-4-hydroxylase, 肉桂酸-4-羟化酶）
Cab（chlorophyll a/b binding protein, 捕光叶绿素 a/b 结合蛋白基因）
CAD（cinnamoyl alcohol dehydrogenase, 肉桂酰乙醇脱氢酶）
Carb（carboxybenzylpenicillin, 羧苄青霉素）
CBF（C-repeat binding transcription factor, 一类转录因子）
CCoAOMT（caffeoyl-CoA-3-*O*-merhyltranferase, 咖啡酰-CoA-3-*O*-甲基转移酶）
CCR（cinnamoyl CoA reductase, 肉桂酰 CoA 还原酶）
cDNA（complementary deoxyribonucleic acid, 互补脱氧核糖核酸）
CDS（coding sequence, 编码序列）
COG（cluster of orthologous groups of proteins database, 蛋白质直系同源簇数据库）
COMT（caffeicacid-3-*O*-methyltransferase, 咖啡酸-3-*O*-甲基转移酶）
Csl（cellulose synthase-like protein, 纤维素合酶相似蛋白）
CTAB（hexadecyltrimethylammonium bromide, 十六烷基三甲基溴化铵）
DNA（deoxyribonucleic acid, 脱氧核糖核酸）
F5H（ferulate 5-hydroxylase, 阿魏酸-5-羟化酶）
FDR（false discovery rate, 错误发现率）
GO（gene ontology, 基因本体联合会所建立的数据库）
KEGG（kyoto encyclopedia of genes and genomes, 处理基因组、生物通路、疾病、药物和化学物质之间联系的集成数据库）
LAC（laccase, 漆酶）
LB（细菌培养基）
mRNA（message ribonucleic acid, 信使核糖核酸）
MYB（含有 MYB 结构域的一类转录因子）
NAC（NAM, ATAF1/2, and CUC2 domain transcription factor, NAM、ATAF1/2 和 CUC2 域转录因子）

NCBI（National Center of Biotechnology Information, 国家生物技术信息中心）
NR（non-redundant protein sequence database, NCBI 非冗余蛋白质数据库）
NT（nucleotide sequence database, 核酸序列数据库，部分非冗余的，为 NR 的子集）
ORF（open reading frame, 可读框）
PAL（phenylalanine ammonialyase, 苯丙氨酸裂解酶）
PSⅡ（photosystem Ⅱ, 光系统Ⅱ）
RACE（rapid amplication of cDNA ends, cDNA 末端快速扩增技术）
RNA（ribonucleic acid, 核糖核酸）
RNAi（ribonucleic acid interference, 核糖核酸干扰）
RNA-Seq（转录组测序技术）
RPKM（read per kilobase per million mapped reads, 估计基因的表达量）
RT-PCR（reverse transcription-polymerase chain reaction, 逆转录-聚合酶链反应）
SSR（simple sequence repeat, 锚定简单重复序列）
SUS（sucrose synthase, 蔗糖合成酶）
trEMBL（蛋白质序列数据库 Swiss-Prot 的增补本）
UDP（uridine diphosphate, UDP 核糖）
UDPG（uridine diphosphate glucose, 尿苷二磷酸葡萄糖）
Unigene（unique gene, 意为广泛通用的基因数据库）
WRKY（是一类转录因子，几乎所有的成员都有 WRKYGQK 这样的 7 肽，故命名为 WRKY）